教育部高等学校轻工类专业教学指导委员会"十三五"规划教材

制浆造纸概论

龚木荣　编　著

中国轻工业出版社

图书在版编目（CIP）数据

制浆造纸概论/龚木荣编著. —北京：中国轻工业
出版社，2024.9

"十三五"普通高等教育本科规划教材

ISBN 978-7-5184-2367-5

Ⅰ.①制… Ⅱ.①龚… Ⅲ.①制浆造纸工业-高等学
校-教材 Ⅳ.①TS7

中国版本图书馆 CIP 数据核字（2019）第 014097 号

责任编辑：林 媛

策划编辑：林 媛 责任终审：滕炎福 封面设计：锋尚设计

版式设计：霸 州 责任校对：吴大鹏 责任监印：张 可

出版发行：中国轻工业出版社（北京鲁谷东街5号，邮编：100040）

印　　刷：河北鑫兆源印刷有限公司

经　　销：各地新华书店

版　　次：2024 年 9 月第 1 版第 6 次印刷

开　　本：787×1092　1/16　印张：15

字　　数：384 千字

书　　号：ISBN 978-7-5184-2367-5　定价：45.00 元

邮购电话：010-85119873

发行电话：010-85119832　010-85119912

网　　址：http://www.chlip.com.cn

Email：club@chlip.com.cn

前　言

作为可持续发展工业的典范，国内造纸业经过近 20 年的快速发展，发生了根本性的改变。以连续蒸煮、全无氯漂白、稀释水流浆箱、高速双面脱水成形、靴式压榨、膜转移表面施胶、全封闭单网干燥、软压光、自动换卷卷取等为代表性的先进工艺及设备，使得造纸业脱胎换骨，成为一个新型产业，造纸植物纤维在纸厂得到了完全利用。近些年，现代化的废纸、废水、废气处理工艺及设备的应用，使纸厂成为治污的生态型企业，供给侧的改革也导致造纸的原料和产品结构持续得到调整。可以说造纸业的变化及现状，颠覆了人们对传统造纸业的认识。笔者所写本书即是为适应这种变化而作。本书概要叙述了整个制浆造纸过程及基本原理，包括造纸植物纤维原料的一些相关知识。书中力求纳入最新造纸技术，摈弃一些非主流或过时技术。和现代造纸一样同为抄纸法的古法造纸，是我国历史文明的传承，也部分选编收入此书，其直观易懂，更易被初学者借鉴来理解现代造纸。

纸和人们的生活息息相关，可以说每天都离不开纸。造纸产业是与国民经济和社会事业发展密切相关的重要基础原材料产业，其产业关联度大。造纸又属技术密集型产业，许多技术在造纸业都得到渗透和应用，所以造纸业涉及的人员混杂多行，这其中有些人是非造纸专业人员，他们需要简单了解一些制浆造纸方面的知识，本书可以为他们学习提供便利。《制浆造纸概论》原本为轻化工程专业非制浆造纸方向的学生而设，通过学习本书，了解并掌握制浆造纸的基本过程和原理。通常专业课的系统学习都安排在较后的大三和大四，其间一些专业课教授过程相互衔接也不是太好，作为轻化工程专业制浆造纸方向的学生，刚入校时也有必要对自己未来所学专业知识有一些初步的学习和了解，便于后面深入学习和时间规划。其他如纺织、古籍修复等专业的学生也可以参阅本书。

感谢南京林业大学轻工学院金永灿教授、苏二正教授、戴红旗教授、童国林教授等对此书的修改提出的宝贵意见。感谢中国轻工业出版社为本书的顺利出版所付出的辛勤劳动。

由于时间仓促及笔者学识有限，书中难免有不完善和差错之处，敬请专家和读者批评指正。

龚木荣

2019 年 1 月

目　　录

第一章 古法造纸

中国是一个拥有五千年悠久历史文化的文明古国，造纸术、印刷术、指南针、火药四大发明促进了人类文明的进步与社会的发展。纸张出现之前，曾经有过不同的记事材料如甲骨、金石、缣帛，简牍，这些材料分别有不同的缺点，如：容字少，笨重而不便携带，不能舒卷，所占体积大，价贵，受墨难，不易保存寿命短。而后发明的纸张则完全不同前者，纸张表面平滑、容易受墨，幅面大容字多，质轻柔软耐折，便于携带，寿命长，用途广泛。成为后来人们记录历史、宣传思想、讲学知识的主要媒介，而且还成为后来的书画、印刷、包装、卫生等文化、日用不可缺少的物品。

蔡伦作为造纸术的发明人，得到了世界的肯定。麦克•哈特的《影响人类历史进程的100名人排行榜》中，蔡伦排在了第7位。美国《时代》周刊公布的"有史以来最佳发明家"中蔡伦上榜。2008年北京奥运会开幕式，特别展示了蔡伦发明的造纸术。

第一节 古法造纸的主要工序

古法造纸采用手工做法，有一整套生产工序，不论采用何种原料，抄造何种纸张，基本步骤都是大同小异，虽然工序各有不同，但有几道主要的工序。这些主要的生产工序有泡料、煮料、洗料、晒白、打料、捞纸、榨干、焙纸。古法抄制的纸张具有一些特殊的性能，是机制纸难以企及的，比如：适合长纤维抄造，纸中纤维排布无方向性，白度稳定，质量稳定适合长期保存，松厚度高，形稳性好，柔软耐折叠，不透明度高，透气性强等。

一、泡 料

不同原料按等级分开，扎成小捆，泡在水池里，浸泡的目的，是把原料中的可溶性杂质溶（除）去，为制造良好的纸浆打下基础。浸泡的时间随原料品种不同而异。毛竹砍下后要在石灰水里浸泡半个月左右（图1-1）；稻草扎捆在河水里一般泡7～10d；树枝、麻秆浸泡的时间则在10d左右。

图1-1 石灰水浸泡竹子

二、煮 料

用草木灰或石灰的水溶液在高温下处理原料，将粘连在纤维之间的果胶、木素等除掉，使纤维分散开而成为纸浆。煮料过程也随原料不同而有很大差别，煮桑皮先用石灰水泡10min，再放进煌锅里与石灰水处理5d（图1-2），取出后还堆置发酵。稻草只需要少许石灰稍微蒸煮或堆放发酵，即可成为纸浆。

图1-2 槶锅煮料示意图

三、洗　　料

把蒸煮后的浆料放入布袋内，经过水的冲洗和来回摆动，把纸浆中夹杂的石灰渣及煮料溶解物等洗净（图1-3）。

四、晒　　白

晒白的目的是把本色纸浆（灰白、浅黄到棕色不等）变为白色纸浆。

传统的晒白法是把洗净的浆料放在向阳处（图1-4），直接利用日光照射约达2～3个月的时间甚至半年，直到纸浆颜色变白为止。在这个自然漂白的过程中，有光反应作用、生物酶的酶解作用、空气中氧气等的氧化作用，这些作用导致纸浆中的木素化学结构发生变化而变白。上述这些作用过程是很缓慢的。

五、打　　料

用人力、水碓、石碾等把浆料捣打成泥膏状，如图1-5至图1-8所示使浆料中的纤维分丝和帚化，能够交织成具有一定强度的纸页，打料是人工造纸操作中最繁重的一道工序。

图1-3 洗料

图1-4 山坡上晒白浆料

图1-5 石碾压磨浆料

图1-6 水碓

图 1-7 水沟里的水为旁边水碓的动力源

图 1-8 水碓捶打浆料

六、捞 纸

捞纸又叫入帘或抄纸。先把纸浆和水放入抄纸槽内，使纸浆纤维游离地悬浮在水中；然后把竹帘投入抄纸槽中抬起，让纤维均匀地平摊在竹帘上，形成薄薄的一层湿纸页；最后把抄成的湿纸移置在抄纸槽旁的湿纸堆上。如图 1-9 至图 1-11 所示。

图 1-9 捞纸用的活动竹帘，由竹丝编织而成

图 1-10 两人协同荡帘、捞纸

七、榨 干

把湿纸页内多余的水分挤压出去，使湿纸具有一定的强度，以利于刷纸干燥（图 1-12）。当抄造的湿纸页累积到数千张时，利用压榨设施施加适当的压力，使纸内的水缓慢地流出（图 1-13）。压榨时不可加压过猛，否则会影响湿纸页的质量；压榨后湿纸所含水分也不宜过多或过少，以防分纸时揭破或焙纸时发生脱落。

图 1-11 揭帘——将捞出的湿纸移置到湿纸堆上，一起榨干

八、焙 纸

焙纸也称烘纸或晒纸，即把湿纸页变成可以使用的干产品。焙纸的方法是把经过榨干的湿纸一张一张地分开（图 1-14），再将其刷贴在烘墙外面，利用壁内烧火的热量，传递到外壁，蒸发纸内的水分，使纸页变干（图 1-15）。

图 1-12　榨干湿纸

图 1-13　加压榨干

图 1-14　揭纸——从榨干的湿纸堆上揭下

图 1-15　在烘墙上刷平、焙纸

焙纸时烘墙表面温度不可过高，不然纸页易起皱和发脆。

第二节　古纸的主要纤维原料及其大致分类

传统手工纸按原料分不出十个字："麻构竹藤桑，青檀稻瑞香"，进一步按手工纸的原材料分麻纸，皮纸，藤纸，竹纸，宣纸。宣纸也算皮纸，因其往往含有部分稻草浆，通常另列出来。

一、麻　纸

以麻类植物的韧皮纤维为原料所造，麻类纤维处理过程简单。麻纸是中国古代图书典籍的用纸之一，是一种大部分以黄麻、布头（麻布）、破履为主原料生产的强韧纸张。

麻纸特点：

麻纸的特点是纤维长，纸面粗涩（纸表有小疙瘩），纸质坚韧，虽历经千余年亦不易变脆、变色；外观有粗细厚薄之分，又有"白麻纸""黄麻纸"之别；背面未捣烂的黄麻、草迹、布丝清晰可辨，可作为可靠的古籍鉴定依据之一。

隋唐五代时的图书（碑帖装裱）多用麻纸，宋元时已不占主要地位，明清时麻纸的使用更为稀少。

二、皮　纸

以树木韧皮纤维为原料抄造。相对于麻浆，皮浆由于细而柔软，易抄制高级纸张，皮纸主要原料分两类：

　　桑科植物：构树（图 1-16）、桑树。

　　瑞香科植物：瑞香、结香等树。

　　构皮纸在文献中也常被称作棉纸，约起源于汉蔡伦时期，五代十国时期南唐著名的澄心堂纸，明朝的《永乐大典》用纸都是用构皮浆抄制的。

　　桑皮纤维表面裹有一层透明胶衣，桑皮纸常有丝质光泽，曾被称为蚕茧纸，乾隆高丽纸就是这类纸。

图 1-16　构树

三、藤　　纸

　　藤纸是以藤类植物的韧皮为原料抄造主要有葛藤、紫藤、黄藤等，亦称"剡藤""剡纸""溪藤"，唐宋时在剡溪一带曾极度辉煌，后因对当地的藤类植物过度砍伐而消失。

四、竹　　纸

　　竹纸就是以竹子为原材料造的纸。主要原料为毛竹，此外还有苦竹、绿竹、慈竹、黄竹等。

　　竹纸的主要产地是四川省夹江县以及浙江省富阳市，富春竹纸主要产于富春江南岸山区及青云、龙羊、新登等地。

五、宣　　纸

　　产于安徽泾县，是中国古代用于书写和绘画的纸。安徽泾县原属宁国府，产纸以府治宣城为名，故称"宣纸"，也称"泾县纸"。

第三节　宣纸的制造工艺及其性能特点

一、宣纸的纤维原料

　　严格来说，宣纸该属于皮纸，早期宣纸由纯青檀皮抄造，是名副其实的皮纸。后来加入了稻草，纸张特性跟皮纸也有较大差距，所以单分出来，作为一个特殊的种类。图 1-17 为青檀树，图 1-18 为青檀皮及其成浆后的燎皮，图 1-19 为稻草（沙田稻草）及其成浆后的燎草。图 1-20 为燎草形态图。

图 1-17　青檀树

图 1-18　青檀皮及其成浆后的燎皮

图 1-19 稻草（沙田稻草）及其成浆后的燎草

图 1-20 燎草形态图

宣纸在明朝以前全是用青檀皮纤维抄制，但到了清朝就改变了用料比例，有了全皮、半皮、七皮三草的区别。由于青檀皮有限，以青檀皮和沙田稻草按照不同的比例混合造纸，可以得到不同性能的宣纸。皮多则纸坚韧，草多则纸柔软，也有利于改进宣纸吸水性过快的缺点，皮草结合，则宣纸兼坚韧与柔软于一身，宜于书画。沙田草有成浆率高、纤维韧性强、不易腐烂、容易提炼白度（指日光漂白）等优点。所以说，宣纸是一种混料纸，其中草是不可或缺的重要原料。根据配料比例宣纸可分为：

① 棉料：青檀皮约占 30%～40%；稻草约占 60%～70%；

② 净皮：青檀皮约占 60%～80%；稻草约占 20%～40%；

③ 特净：青檀皮约占 85%～95%；稻草约占 5%～15%。

二、宣纸的制造工艺过程

宣纸也称为泾县纸，在清末时成为大宗出口商品，引起中外人士的喜爱，人们对其制造技术存有一种好奇之心，外国纸商也一心想仿制。

其实泾县纸制造技术并无任何神秘或特殊之处，像明清其他皮纸一样，其制造过程早在明代成化十一年（1475）及万历廿五年（1579）史上有透彻记载，其原料配比于明崇祯十年（1637）由宋应星披露，只要将楮皮（构皮）代之以青檀皮，则泾县纸的制造过程不难理解。

泾县纸场是在吸收了当地和全国其他地方造皮纸技术经验的基础上逐步形成自己的造纸生产格局，后来居上，终于登上皮纸的最高宝座地位。

从历史发展看，泾县纸是对徽州和广信府贡纸的改进品种。其成功在于吸收了宣德纸制造中精工细作的优点，而又克服了不计时日与工本的缺点，因而制定出在技术与经济上均称合理的生产方案。宣德纸是明朝宣德年间，在江西新建县西山纸场用构树皮生产的纸，永乐大典是由宣德纸所书。传统的宣纸制法是：把青檀皮和沙田稻草经过石灰腌泡、缓和蒸煮、日光漂白、石碓打浆、竹帘入槽、榨贴焙干等 18 道工序，100 多道操作制成，生产周期长达 300d 左右。其生产工艺大致如下：

① 春、夏季砍青檀枝条，去枝丫、叶子，剥檀皮前扎成小捆；

② 放入锅内用清水蒸煮 4 个时辰（8h）；

③ 取出青檀皮并进行捶打，扯成细丝，使青皮脱落；

④ 皮料扎成捆，在池塘中沤制半月左右；

⑤ 捞出皮料，以石灰浆浸渍，堆置一个月，使灰汁浸透皮料；

⑥ 浸有石灰浆的皮料成捆放入锅中蒸煮；

⑦ 取出，河水中漂洗，脚踩，除去杂质；

⑧ 洗后皮料摊放在河边或山坡上，暴晒、雨淋 3～6 个月，适时翻动，达到自然漂白作用；

⑨ 漂白后的料取回，水洗，剔除白料上的有色物及其他杂物；

⑩ 物料用水碓反复捣细成泥，边捣边翻动，所有皮料捣匀；

⑪ 捣后物料放入布袋中，在河内漂洗，边洗边揉动；

⑫ 洗净的白料放入纸槽，注入山间泉水，搅匀，制成纸浆；

⑬ 纸浆中加入杨桃藤或毛冬青等植物纸药黏液，搅匀；

⑭ 用纸帘从纸槽中捞纸；

⑮ 湿纸捞出并滤水后，在案板上层层叠在一起；

⑯ 将叠在一起的湿纸用木制压榨器压榨去水，静置过夜；

⑰ 松开压榨机，逐张揭下半干的湿纸，摊放在火墙上烘干；

⑱ 烘干后取下，堆齐，切平四边，盖印、打包，百张一刀。

以上所述仅为纯皮料纸生产过程，如果再配入稻草，则处理稻草还要一套生产工序，但较为简单。传统泾县纸生产过程中消耗时间最多的步骤是自然漂白，因这不是靠人力而是靠自然力来实现的，这成为制约生产周期的限制因素。之所以需要这道工序，是因为以石灰水或草木灰水为蒸煮剂，化学作用不够强烈，不足以使纤维更洁白、柔软、细腻。

三、纸药的作用及施胶工艺

（一）纸药的作用

将纸料放进纸槽，加水、加纸药，然后搅拌均匀——打槽，打槽后开始捞纸。纸药为植物杨桃藤或黄蜀葵在水中浸出的黏稠液汁，如图 1-21 所示。

打槽时加入纸药可使纸料悬浮分散，提高纸的匀度，提高捞纸时纸帘的滤水速度，增加纸的强度。由于纸药增加了纤维之间的滑爽，便于揭帘和揭纸晒干。

图 1-21　纸药——杨桃藤浸出的黏稠液汁

（二）施胶、染色及砑花等工艺

唐代明确将文化用纸区分为"生纸"与"熟纸"。生纸是直接从纸槽抄出后经烘干而成的纸，未作任何加工处理；熟纸是对生纸作若干加工处理后的纸，或在纸浆中加入某种制剂后形成的纸。生纸通过技术处理变为熟纸的目的是：用人工方法阻塞纸面纤维间的无数毛细孔，改善纸的品质和形象，以便在运笔时不致因走墨而发生洇染或作画时发生颜料的漫浸。

生纸变成熟纸一般要经过施胶、染色、加蜡、填粉等技术处理。

早在晋代就有了施胶技术。早期的施胶剂是植物淀粉糊剂，分两种方式施胶，一是将淀粉糊液直接掺入纸浆中，搅匀后进行抄纸。淀粉粒子进入纤维之间的毛细孔，当湿纸烘干时，这些胶体粒子熔融，在纸面上形成一层光滑的胶膜。这层胶膜使纸张更挺，写字时也不容易产生"洇水"现象。这种方法简单易行，但难以保证纸的两面均匀施胶。另一种方法是将施胶剂淀粉糊液刷在纸面上，再用滑石研光，效果好，但耗工时，成本高。用淀粉施胶过的纸不能长久存放。否则纸张会产生卷曲，淀粉层易开裂，墨迹脱落。后来，在纸浆中加入黄蜀葵、杨桃藤之类植物浸泡出来的黏液，作为悬浮分散剂，或者用明矾的水溶液加上植物黏液，让纸张在这种胶矾水中拖湿处理，所得的施胶效果比用淀粉要好得多。直到唐代，纸工们开始采用动物胶即明胶施胶。明胶是由动物的皮、骨、韧带、腱等用沸水煮成的。将明胶加入纸浆中，再加明矾，以确保明胶沉淀到纤维表面。这种胶也可直接涂于纸面上，与使用淀粉胶的方法是一样的。

染色、砑花、洒金等技术只是为了美化纸的外观，适用于一些特殊的需要。染色技术是使用天然颜料将素色纸染成有色纸的方法，既增加了纸的美观又改善了纸的性能。南北朝时流行使用以黄蘗汁染成黄色的染黄纸，黄蘗汁既是黄色染料又能杀虫防蛀，对保护纸张和书籍具有良好的功效。黄色不刺眼，可长时间阅读而不伤目。在黄纸上写字，如有笔误，可用雌黄涂后再写，所谓"信笔雌黄""信口雌黄"由此而来。砑花技术是将雕有纹理或图案的木版用强力压在纸面上，使纸面呈现出无色的纹理或图案。填粉目的是增加纸的不透明度，防止透印；涂蜡则是为了增加纸的透明性，纸面光滑，具有防水性能。

四、宣纸的特性

宣纸"韧而能润、光而不滑、洁白稠密、纹理纯净、搓折无损、润墨性强"，突出地说就是"墨分五色，纸寿千年"。所谓"墨分五色"，一笔落成，深浅浓淡，纹理可见，墨韵清晰，层次分明；所谓"纸寿千年"即耐老化、不变色、少虫蛀、寿命长，有"纸中之王、千年寿纸"的誉称。宣纸除用于题诗作画外，还用于书写外交照会，保存高级档案和史料。我国流传至今的大量古籍珍本、名家书画墨迹，大都用宣纸保存，依然如初。

宣纸根据加工不同可分为生宣、熟宣和笺纸。

生宣是没有经过任何处理，保留了渗化、吸水等特性，润墨性很强。用淡墨水写时，墨水容易渗入，化开。用浓墨水写则相对容易。创作书画时，需要掌握好墨的浓淡程度，方可得心应手。

熟宣是在生宣上加刷一层胶矾，纸质较生宣为硬，吸水能力弱，使得使用时墨和色不会洇散。熟宣宜于绘工笔画而非水墨写意画，但久藏会出现"漏矾"或脆裂。

笺纸是用生宣按不同用途，通过印刷、染色、加料、擦腊、砑光、泥金、泥金银粉、洒金银箔片、描金银图案等方法制成的纸。

主要参考文献

[1] 潘吉星. 中国造纸史 [M]. 上海：上海人民出版社，2009.
[2] 东方暨白. 造纸术的历史 [M]. 郑州河南大学出版社，2017.
[3] 刘仁庆. 中国古纸谱 [M]. 北京：知识产权出版社，2009.

第二章　造纸植物纤维原料

造纸工业的木材原料主要依靠人工速生林木。我国森林覆盖率较低，并承担保护人类生态环境的功能，可采伐的资源有限，且森林资源分布不均衡，主要的森林资源分布在东北、西南和东南等省份。大力发展造纸用速生丰产林基地，实施林纸一体化，逐步增加造纸用木材原料的比重，是我国造纸原料发展的基本政策。但我国又是个农业大国，农业禾草类资源丰富，有很大的潜力。合理利用禾草类原料制浆造纸，对我国造纸工业的发展具有重要的战略意义。

2017 年全国纸浆消耗总量 10051 万 t，木浆 3152 万 t，占纸浆消耗总量 31%，其中进口木浆占 21%、国产木浆占 10%；废纸浆 6302t，占纸浆消耗总量 63%，其中进口废纸制浆占 21%、国产废纸制浆占 42%；非木浆 597 万 t，占纸浆消耗总量 6%，其中稻麦草浆占 2.5%、竹浆占 1.6%、苇（荻）浆占 0.7%、蔗渣浆占 0.9%、其他非木浆占 0.3%。从这些浆料的消耗，大致分别对应相应的植物纤维原料的消耗比例，也可据此算出相应的纤维原料的消耗量。

第一节　造纸用植物纤维原料的分类及纤维形态

一、造纸用植物纤维原料的分类

制浆造纸所用的植物原料都是纤维含量较高的、已成熟的植物茎秆、韧皮或叶片，所以可用于造纸的植物纤维原料主要是裸子植物和被子植物。

1. 木材纤维原料

（1）针叶材

主要有云杉、冷杉、铁杉、红松、落叶松、马尾松、云南松、思茅松、湿地松、火炬松、樟子松、柳杉、中国杉和水杉等。

（2）阔叶材

主要有杨木、桉木、相思木、桦木、鹅掌楸、榉木、榆木等。

2. 非木材纤维原料

（1）禾本科植物

竹子、芦苇、荻、稻草、麦草、蔗渣、玉米秆、高粱秆、芒秆、棉秆等。

（2）韧皮类纤维

大麻、亚麻、苎麻、红麻、黄麻、桑皮、构皮、檀皮、棉秆皮等。

（3）叶类纤维

龙须草、剑麻等。

（4）籽毛纤维

棉花、棉短绒、破布等。

二、植物纤维原料的细胞种类和纤维形态

1. 针叶材

构成针叶材的主要细胞种类单一，细胞排列比较规则。管胞是组成针叶材的主要细胞，约占总材积的90％以上，其次是薄壁细胞，约占总材积的1％～7％。细胞形态如图2-1所示。

（1）管胞

管胞是针叶材最主要的纤维细胞，占针叶材细胞总数的90％～95％（面积法）。木射线薄壁细胞占细胞总数的1.5％～7.0％，针叶木一般不含导管。

管胞是针叶木中沿树干轴向排列的，细长且壁厚，两端封闭，内部中空，细胞壁上有纹孔。管胞的平均长度变异很大，不仅因生长环境、立地条件、树龄和树种不同而异，而且在株间、株内的不同部位也存在差异。在一个生长周期内，早材管胞略短，胞腔较大，胞壁较薄，两端为钝楔形，径向直径大于弦向直径；晚材管胞略长，胞腔较小，胞壁较厚，两端为尖楔形，弦向直径大于径向直径。

管胞既是针叶木中的水分输导组织，又是支撑组织，是决定木材性能的主要因素，管胞是针叶材的特征细胞。

（2）木射线

针叶木的木射线由射线管胞和射线薄壁细胞组成。射线管胞是厚壁细胞，射线薄壁细胞是横向生长的，是木射线的主要部分。

（3）轴向薄壁细胞

轴向薄壁细胞在针叶材中数量不多，聚集成为轴向薄壁组织，轴向薄壁细胞是长方体，横切面呈长方矩形。

图2-1中细胞在针叶材细胞壁上的分布情况见图2-2。

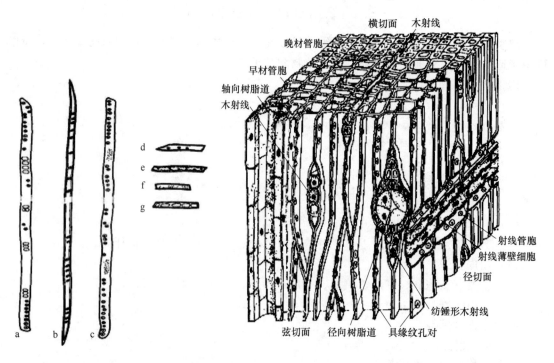

图2-1　针叶材主要细胞形态
a—早材松木管胞　b—晚材松木管胞
c—早材云杉管胞　d—云杉射线管胞
e—松木射线管胞　f—云杉射线薄壁细胞
g—松木射线薄壁细胞

图2-2　针叶木的显微结构示意图

2. 阔叶材

阔叶材属被子植物的双子叶植物，是由前裸子植物进化而来，因而阔叶材的内部构造比针叶材复杂，针叶材的细胞组成类别少，排列整齐，木材常无特征性外观；阔叶材却是由比例变化较大的不同类别的细胞组成。

与针叶木相比，阔叶木显微结构复杂，排列不规则，材质不均匀。阔叶木的组成分子有导管、木纤维、轴向薄壁组织、木射线及管胞等。

（1）导管分子

导管分子是构成导管的结构单元，在木材中属于轴向细胞，上、下端各有一个或数个穿孔。导管是由一连串导管分子通过它们的穿孔彼此相连而成的管状输导组织，约占木材总体积的20%。导管末端是以无隔膜的孔洞相通，树木生长过程中起输导作用，横切面上导管分子的截面为孔状，称为管孔。通常将阔叶材称为孔材，针叶材称为无孔材。导管分子为阔叶材的特征细胞。

（2）木纤维

木纤维是两端尖削、长纺锤形、腔小壁厚的细胞，是阔叶材的纤维细胞，约占木材体积的50%。

木纤维比针叶材管胞短，阔叶材的木纤维在横切面上趋于圆形，但在晚材边缘处，径向扁平，与针叶材晚材很相似。此种纤维的特征是具有厚的细胞壁，厚壁纤维的主要功能是机械支持。阔叶树材的密度和强度是由纤维和导管的体积比来确定，一般来说，木纤维的类别、排列方式和数量与木材的密度、硬度及强度等物理力学性质有密切联系，厚壁纤维的比例越高，木材的强度也越大。

在造纸工业中常将阔叶材称为短纤维材，针叶材称为长纤维材。在生长轮明显的树种中，晚材纤维的长度比早材长，生长轮不明显的树种则不明显。在木材的横切面上，木纤维的平均长度以髓心周围最短，在未成熟材向成熟材过渡过程中，长度逐渐增加，以后纤维长度的增长则迅速减缓而稳定。

（3）轴向薄壁组织

阔叶材的薄壁组织远比针叶材丰富，其分布形态也多种多样，是鉴定阔叶树材的重要特征之一。按薄壁组织在树材中的走向可分为轴向薄壁细胞和射线薄壁细胞。前者沿木纹方向排列。阔、针叶材轴向薄壁组织的细胞形态相似。在阔叶材的纵切面，由细胞形态，很容易分辨出轴向薄壁，其量约占木材体积的1%～24%。

（4）木射线

阔叶材的木射线比较发达，含量较多，为阔叶材的主要组成部分，约占木材总体的17%，也是识别阔叶材的重要特征。木射线的大小，是指木射线的宽度与高度，其长度

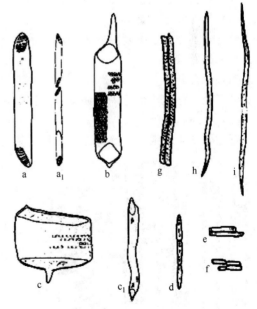

图 2-3　阔叶材细胞形态
a—桦木早材导管　a_1—桦木晚材导管　b—杨木早材导管
c—橡木早材导管　c_1—橡木晚材导管
d—橡木轴向薄壁细胞　e—橡木射线薄壁细胞
f—桦木射线薄壁细胞　g—橡木管胞
h—桦木管胞　i—桦木韧型纤维

不能测定。阔叶材的木射线，比针叶材宽得多，但各种树种差异很大，其宽度由一个细胞到数十个细胞组成。

阔叶材细胞形态如图 2-3 所示。

3. 禾本科植物茎秆

禾本科植物茎秆的横切面，有 4 种组织：表皮细胞、基本薄壁组织、维管组织和机械组织。

（1）表皮细胞

表皮细胞包括长细胞（锯齿状细胞）和短细胞，短细胞包括栓细胞（栓质化，脂肪类化合物）及硅细胞（硅化，SiO_2）。

表皮组织是禾本科植物茎秆最外层的细胞，由表皮膜、表皮细胞、硅质细胞和栓质细胞组成。表皮细胞并排排列，紧密地堆积在一起，其功能是保护茎秆的内部组织。表皮细胞的胞壁厚薄不一，靠外层较厚，内层较薄。图 2-4 为甘蔗茎表皮细胞。

长细胞的两侧形态与原料种类有关，有平坦形，微波形，急波形，方齿形和锯齿形，边缘多呈锯齿形，故称锯齿细胞。短细胞分为硅质细胞和栓质细胞，由于硅质化和栓质化的结果，表皮层能防止茎秆内部水分过度蒸发和病菌的侵入。

（2）纤维细胞

纤维细胞较木材中的纤维细、短，壁上为单纹孔或无纹孔。纤维细胞占细胞总质量的 $40\% \sim 60\%$，纤维长度多在 $1.0 \sim 2.0 mm$，宽度一般为 $10 \sim 20 \mu m$，纤维壁较厚，腔径较小（如毛竹）。

（3）薄壁细胞

形态大小各异，壁薄，有纹孔或无纹孔。薄壁细胞形状多样（圆形、椭圆形、多面体等），壁薄，易破碎，单纹孔，主要功能为贮藏养料。

薄壁细胞的长度很小，细胞壁薄，是禾草类纤维制浆造纸的主要障碍之一。

（4）导管分子

导管分子存在于维管束中木质部，较木材中的细长，两端平直，导管分子构成了输送养分、水分的通道。

（5）筛管分子

筛管分子存在于维管束中韧皮部，壁薄，未木质化，易破碎流失。

（6）石细胞

石细胞是非纤维状厚壁细胞，较小，易流失，竹类较多。

图 2-4　甘蔗茎表皮细胞

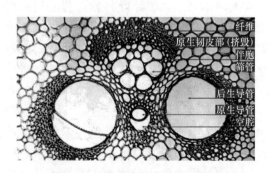

图 2-5　毛竹茎维管束的微观构造

纤维
原生韧皮部（挤毁）
伴胞
筛管
后生导管
原生导管
空腔

毛竹茎维管束的微观构造如图 2-5 所示，毛竹主要细胞形态如图 2-6 所示，蔗渣主要细胞的形态如图 2-7 所示。

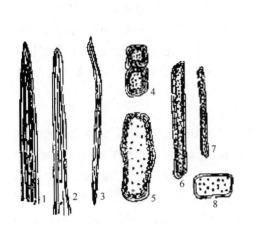

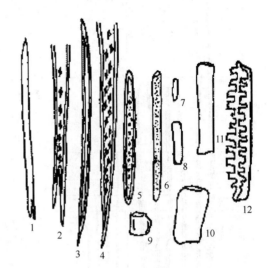

图 2-6　毛竹主要细胞形态
1,2—纤维　3—具横隔的纤维
4~6—石细胞　7,8—薄壁细胞

图 2-7　蔗渣主要细胞的形态
1—末端分叉的纤维　2—1 的部分放大　3—纤维
4—3 的部分放大　5~11—薄壁细胞　12—茎的表皮细胞

第二节　植物纤维的形态与纸张性能的关系

在植物的纤维原料中，除籽毛纤维（棉花和棉短绒）是以单根纤维存在外，其他植物原料中的纤维都是以聚集状态存在的。制浆过程就是将聚集状态的纤维分离成单根纤维。制浆方法有化学法、机械法或两者相结合的方法即化学机械法。无论哪种方法制得的浆料中的纤维，与植物原料中的纤维是不同的，例如，经过化学制浆的植物纤维，一般都没有初生壁；磨木浆中的纤维通常已受到不同程度的破坏；经过打浆的纤维 S_1 层（次生壁外层）已受到不同程度的崩裂和位移等，但其基本形态特征与植物纤维原有的形态特征有密切关系。

纤维的形态特征，即指纤维的长度、宽度及长宽比，细胞壁的厚度及壁腔比，细胞壁的多层结构及微纤丝的走向和纤丝角等。

一、纤维长度、宽度及长宽比

1. 纤维的长度与宽度

纤维长度是指纤维原料的原始的、完整的纤维长度，指纤维伸直而未伸长时的两端距离。而纸浆的长度则是指所有纤维的长度，包括完整的和生产过程中受损伤的纤维长度。植物原料的纤维绝对长度是最基本最重要的纤维形态指标，对纸张的撕裂度、裂断长和耐折度等强度性质都有很大影响。但天然单根纤维的长度是不均一的，在一定的长度范围内形成一定的长度分布，所以一般用平均长度来表示。不同品种针叶木和阔叶木的纤维长度如图 2-8 所示。

纤维长度还影响纸张的匀度，长纤维抄纸的匀度较差，通常配入一些短纤维以提高纸的匀度。

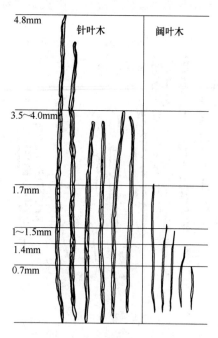

图2-8 不同品种针叶木
和阔叶木的纤维长度

纤维的宽度是指纤维中段直径大小。单根纤维的长度或宽度指标的测定对于纤维的应用价值并无实际意义，通常我们说的纤维长度和宽度均为统计意义上的纤维性能指标。纤维长度或宽度常用数均长度（宽度）和质均长度（宽度）两种方法加以表征。

由于数量平均长度（宽度）受样品细小级分的影响很大，特别是磨木浆等生产过程的纤维形态变化尤为突出，故常用质量平均长度来表示，这样更合理、科学。

2. 纤维的长宽比

纤维的长宽比是指纤维的长度与纤维宽度之比值。一般认为长宽比大的纤维有利于造纸成形过程中纤维相互交织，纤维分布细密，成纸强度高。特别是撕裂度、裂断长、耐折度等强度指标。一般认为长宽比小于45的纤维原料，不适合制浆造纸。但这也不是绝对的，有不少例外的情形，如某些禾本科原料的纤维长度接近于阔叶木纤维，但其宽度较小，故其长宽比反而大，其纸张的物理强度却不如针叶木和阔叶木；又如，马尾松、落叶松的长宽比都比鱼鳞松大，

但实际使用效果不如鱼鳞松；稻草长宽比大于甘蔗渣，但使用效果不如甘蔗渣好。分析纤维形态的优劣，要综合考虑纤维形态的其他指标，全盘考虑才有合理的评价。

二、纤维细胞的壁腔比

纤维细胞壁的厚度及细胞腔直径的大小与纸的性质密切相关。各种原料纤维细胞壁厚度一般平均为 $2\sim10\mu m$。木材的早材纤维细胞腔直径平均为 $25\sim40\mu m$，而晚材纤维为 $10\sim20\mu m$，禾草类纤维多在 $3\sim6\mu m$。纤维细胞壁与细胞腔直径的比值称壁腔比。

细胞壁薄而腔大的纤维柔软，易压溃，纤维之间结合面大，纸张成形紧密，表面光滑，除撕裂度外，其他强度较好。壁厚腔小的纤维僵硬，难压溃，纤维之间有效接触面少，所抄的成纸结构松厚，表面粗糙，不透明度高，除撕裂度（只有撕裂度直接取决于细胞壁的厚度）外，其他与纤维结合有关的强度，如抗张强度、耐破度、耐折度等，都会下降。因此，用晚材纤维抄造的纸张，除撕裂度外，其他强度指标均低于用早材纤维抄造的纸张。所以造纸用针叶材的晚材率一般应在 $15\%\sim50\%$ 的范围，以 20% 为宜。但纤维的壁腔比并不是越小越好，太小，则纤维本身的强度差，特别是纸的挺度差，尽管其柔软性好，成纸的紧度好，但强度不高。

三、杂细胞对制浆造纸的影响

在植物纤维原料中，一切细而长的细胞，如针叶材的管胞，阔叶材的木纤维，禾本科植物的纤维细胞及细长的导管分子通称为纤维。其他非纤维状的细胞称为非纤维细胞或杂细胞。

杂细胞包括针叶木中的薄壁细胞；阔叶木中的导管分子、薄壁细胞；禾草类原料中的薄

壁细胞、表皮细胞、导管分子、石细胞等。一般针叶木中非纤维细胞含量很少，只有 1.5％
左右，阔叶木为 20％～30％，竹类含 20％～35％，禾草类原料最多，一般都在 40％～
60％。非纤维细胞本身大多壁薄，腔大，长度短小，本身不具有强度。制浆时会吸收大量的
蒸煮药液，洗浆时滤水困难，降低黑液的提取率。抄纸时由于杂细胞形态短小，浆料的滤水
不好，难脱水，抄造过程中湿纸幅黏压榨辊，易断头，纸机车速难提高，成纸的强度和不透
明度下降。

第三节　植物纤维原料主要的化学成分

一、主要化学成分概述

植物纤维原料的主要组分是纤维素、半纤维素和木素，质量占植物纤维原料的 80％～
95％，此外还含有一些其他少量成分，这些成分主要是能够被水、稀酸、稀碱或中性有机溶
剂提抽出的有机物，也含有少量无机物。无机物成分主要是钾、钙、钠、镁的碳酸盐、硅酸
盐和磷酸盐等。上述组成见图 2-9。

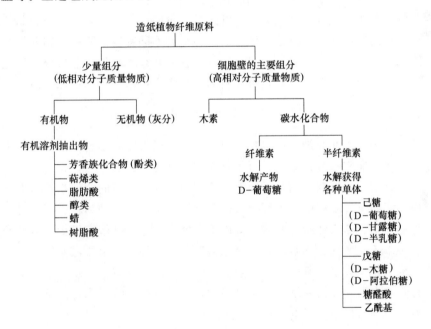

图 2-9　造纸植物纤维原料的化学组成

二、纤　维　素

纤维素是由 β-D-葡萄糖单元通过 1→4 苷键连接而成的线型高分子化合物。纤维素是自
然界贮量最丰富的可再生资源。

纤维素是线型高分子化合物，其化学分子式为 $(C_6H_{10}O_5)_n$，n 为聚合度。由质量分数
分别为 44.44％、6.17％、49.39％的碳、氢、氧三种元素组成。

纤维素用 Haworth 式表示的结构式如图 2-10 所示。

葡萄糖基的数目称为纤维素分子的聚合度，以 DP 表示。但每根纤维素分子的聚合度是
不一样的，因此，通常所测定纤维素的聚合度是以它的平均值表示。天然木材纤维素的平均

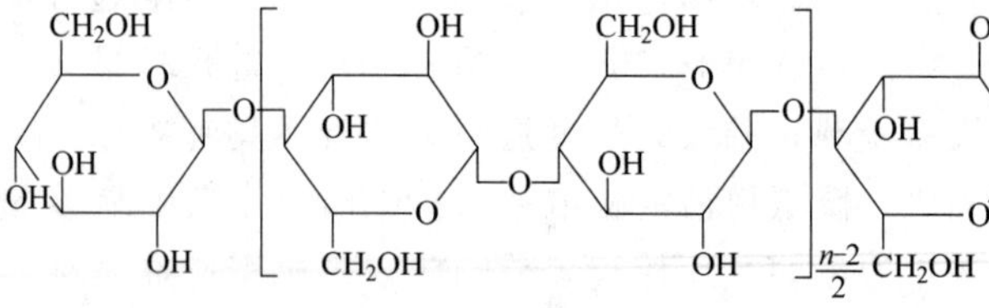

图 2-10 纤维素大分子化学结构式

DP 约 8000～10000，高的能达到 15000；天然草类纤维素的 DP 约 6000～7000。对于同一植物原料而言，一般次生壁纤维素分子长短比较均匀，平均 DP 也比较高；初生壁纤维素分子长短差别较大，平均 DP 也比较低。纤维素不溶于大多数溶剂，包括强碱在内。

纤维素大分子构成了原纤丝。原纤丝（宽度 3.5nm）聚集在一起形成微纤丝（宽度 12nm），是细胞壁中的骨架物质。

纤维素大分子间形成氢键的多少、强弱不同，形成了结晶区和无定形区。

结晶区：氢键多且集中，分子排列紧密、有规则；

无定形区：氢键少且分散，分子排列疏松，规则性差。

纤维素是纸张的主要成分，纤维原料的纤维素含量的高低，是评价该原料制浆造纸价值基本依据。原料中的纤维素经过制浆和漂白后，会受到不同程度的降解，因此纸浆中纤维素的聚合度会降低。在一般情况下，纤维素是制浆过程中必须尽量保护的成分，以免造成纸浆得率、强度下降，生产成本提高。禾本科原料的纤维素含量稍低于木材原料。

三、半 纤 维 素

半纤维素是细胞壁中非纤维素高聚糖（习惯上不包括果胶和淀粉）的总称。由两个或两个以上的糖基组成，通常有分枝结构，可用热水或冷碱提取。

半纤维素不是均一的聚糖，而是一组复合聚糖的总称。在不同的植物原料中，半纤维素的聚糖种类也不相同。针叶材中的半纤维素以聚己糖为主，聚戊糖为辅。阔叶材中的半纤维素以聚戊糖为主，聚己糖为辅。竹类茎秆则以聚戊糖为主体，己聚糖极少。半纤维素的聚合度较低，DP<200（多数为 80～120），易吸水润胀，溶于稀碱，易被酸水解。

由于半纤维素容易吸水，所以对于一般造纸用浆来说，保留一定量的半纤维素，有利于打浆，节省打浆动力消耗，提高纸页的结合强度，所以在符合纸张质量的条件下，应尽量多保留半纤维素，以提高得率，降低成本。

四、木 素

木素是由苯丙烷单元通过醚键和碳碳键连接而成的，具有三度空间网状结构的芳香族高聚物。木质素和半纤维素在一起，填充在细胞壁的微纤丝之间，同时也存在于胞间层。

不同原料的木素含量及组成不同，针叶材木素含量最高，一般可达 30% 左右，结构单元主要为愈创木基丙烷（G）；阔叶材木素含量一般为 20%～28%，结构单元主要为紫丁香基丙烷（S）和愈创木基丙烷；禾本科植物茎秆的木素含量一

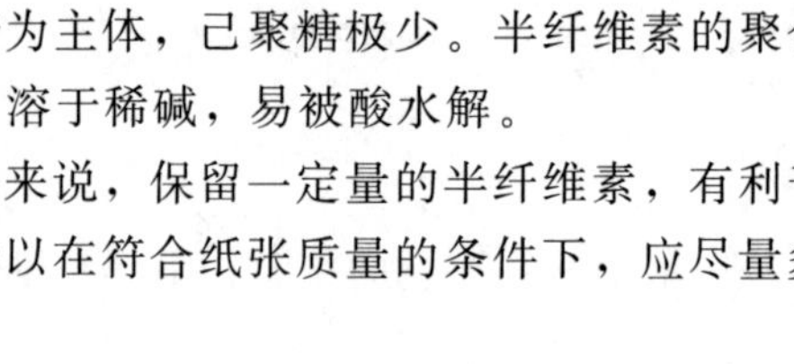

愈创木基丙烷　　紫丁香基丙烷　　对-羟基苯基丙烷

图 2-11　木素的三种基本结构单元

般为 15%～25%，结构单元为愈创木基丙烷、紫丁香基丙烷和对-羟基苯基丙烷（H）。木素的三种结构单元如图 2-11 所示，云杉木素结构模型如图 2-12 所示。

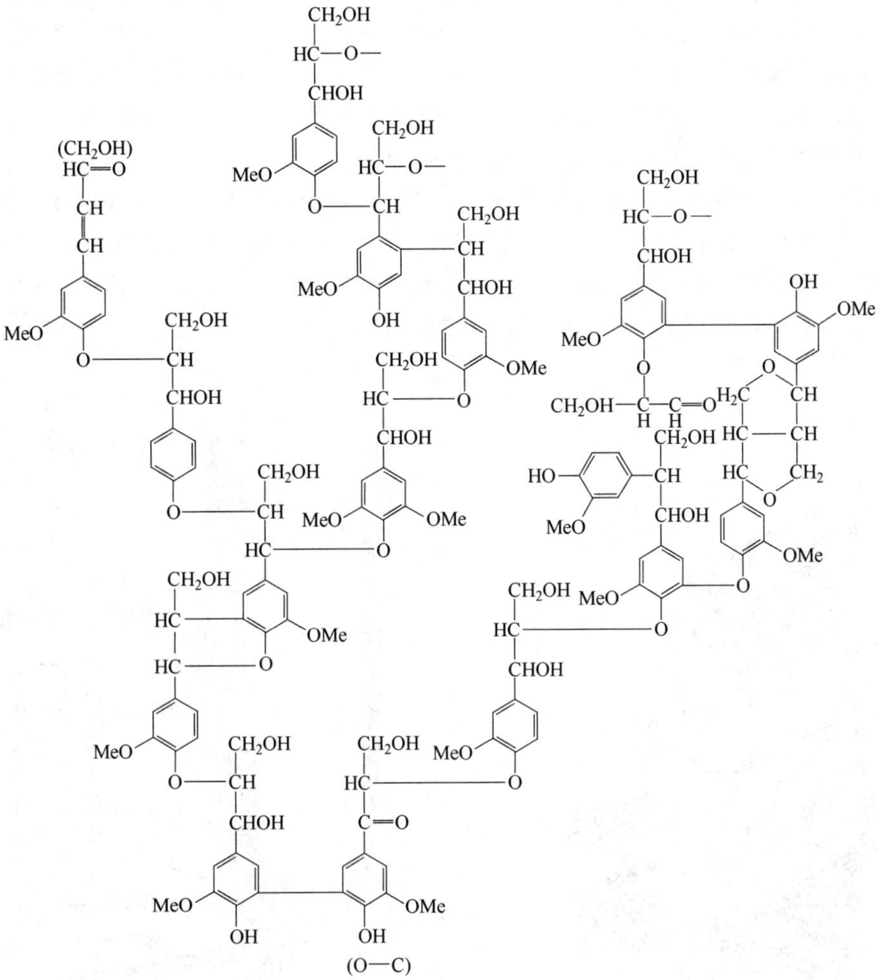

图 2-12　云杉木素结构模型

木素是纸张颜色的来源，阻碍纤维之间的结合，对纸张强度不利，是制浆过程中必须尽量去除的物质。但纸浆中保留少量木素有利于提高纸浆得率，提高纸张的松厚度和不透明度。

五、木材纤维细胞壁的超微结构及成分

植物由许多细胞组成，针叶材以管胞为主；阔叶材中以木纤维为主；禾草类以纤维细胞为主。植物纤维细胞壁的层状结构是指这些细胞的细胞壁具有多层构造；相邻细胞之间的连接层称为胞间层（M），细胞壁区分为初生壁（P）和次生壁（S），次生壁又可分为 3 层（S_1 次生壁外层；S_2 次生壁中层；S_3 次生壁内层），见图 2-13。这些层彼此在结构和化学组成上各不相同。微细纤维在围绕细胞轴方向呈右旋或左旋排列。在偏光显微镜下能够看到各层微纤丝角度的差异，该差异导致了木材物理性质的差异。

植物细胞壁主要分成初生壁和次生壁，相邻细胞之间是胞间层。胞间层位于相邻细胞之

间，起连接作用。在细胞的生长初期，它主要由果胶类物质组成，但是细胞停止生长后该层高度木质化。除细胞角隅区较厚外，胞间层的厚度为 $0.2\sim1.0\mu m$。木素作为细胞之间的黏合剂、刚性原料和保持性物质，主要存在于胞间层中。初生壁是细胞生长过程中形成的，紧贴着胞间层，在原生的纤维细胞中，胞间层与初生壁很难分开。初生壁是一个 $0.1\sim0.2\mu m$ 的薄层，由纤维素、半纤维素、果胶、蛋白质等组成，木素镶嵌其中。纤维素在初生壁的外侧是由松散、漫无规则的微纤丝构成，形成一个不规则的网络。次生壁是细胞停止生长时沉积在初生壁内侧的壁层，这一层厚度更大、刚性更强。

纤维素大分子聚集在一起形成微纤丝，是细胞壁中的骨架物质。胞间层不含微纤丝；初生壁中微纤丝较松散；次生壁中特别是中层，微纤丝呈有规则排列，且和纤维轴向的平角较小。所以纤维素在原料纤维细胞壁中的分布具有明显的规律性，自外至里，纤维素含量逐步升高，次生壁中，特别是中层和内层，纤维素的含量最高（图 2-14）。

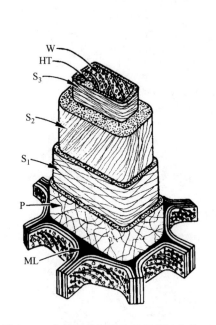

图 2-13 木材纤维细胞壁的超微结构模型

ML—胞间层 P—初生壁 S_1—次生壁外层

S_2—次生壁中层 S_3—次生壁内层

HT—螺旋增厚 W—瘤层

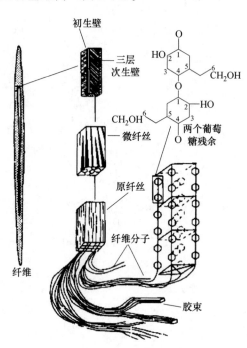

图 2-14 纤维素的显微和亚显微结构

主要参考文献

［1］ 中国造纸协会. 中国造纸工业 2017 年度报告 ［J］. 中国造纸，2018 (5)，76-78.

［2］ 李忠正. 植物纤维素资源化学 ［M］. 北京：中国轻工业出版社，2012.

［3］ 陈嘉川，刘温霞，杨桂花，等. 造纸植物资源化学 ［M］. 北京：科学技术出版社，2012.

第三章 备 料

造纸植物纤维原料在制浆之前，要进行一些必要的处理，除去树皮、树节、穗、鞘、髓、尘土和砂石等杂质，并将原料按要求切成一定的规格。

备料的过程分为三步：

① 原料的贮存；

② 原料的处理；

③ 料片的输送和贮存。

不同的原料，这些处理过程是不一样的。

第一节 原料的贮存

一、原料贮存的目的

（1）维持正常的连续生产

无论是草类纤维原料还是木材，其采伐或收割都有一定的季节性。比如，对于木材原料，夏季雨水多，山区的道路泥泞路滑，大型采伐机械难于开进林区，但一旦到了寒冷的冬季，天寒地冻，便于机械开进林区，是采伐的最佳季节。而对于一年生的禾本科植物，只有到了季节才能收割，但造纸的生产过程是一年四季连续的。考虑收购期，禾本科植物纤维原料和木材原料都需约半年的贮存期。

（2）改进纤维原料的质量

原料在贮存过程中，经风化、自然发酵等作用，可减少并均匀原料水分，降低树脂等对制浆有害成分的含量。如草类纤维和木材纤维含有果胶、淀粉、蛋白质、脂肪和树脂等物质，蔗渣含有糖分，经过一段时间贮存后，让其自然发酵除去这些物质，提高蒸煮过程中化学药液对原料的渗透作用，提升煮浆的均匀性，并降低碱耗。

二、原木贮存的方法

原木的贮存有两种方式：即水上贮存方式和地上贮存方式，我国南方一些木浆厂采用了水上贮存的方式，而北方各木浆厂大都采用地上贮存的方式，现分述于下：

（1）原木的水上贮存

原木的水上贮存，一般均利用湖泊或河湾作水上贮木场．也可利用天然谷地修筑堤坝形成人工湖作为水上贮木场。

原木进行水上贮存，可以省去繁重的搬运操作，提高劳动生产率，同时有均匀水分，防止木材变质腐烂的作用，特别是对我国南方用马尾松生产磨木浆和硫酸盐化学浆有良好的效果，但也存在有原木树脂难以降低和原木沉底，污泥较多的缺点。

（2）原木进行地上贮存

原木进行地上贮存（图3-1），能达到降低原木水分和有害树脂的作用，这对生产亚硫酸盐化学木浆有一定的必要性。但在我国南方使用马尾松的情况下，由于夏季天气潮湿，地

图 3-1　原木的地上贮存

上贮存的马尾松往往容易腐烂或者产生严重的蓝变现象。

原木地上贮存，一般要建立贮木场，贮木场的大小要根据原木来厂运输条件和生产要求而定，一般总要有三个月左右的贮存量。

原木在贮木场贮存，一般均需堆垛。

目前，我国原木的堆垛方法主要有两种：

① 层叠法：适合于长原木的堆垛，原木系纵横交错上堆成垛。这种垛的通风情况良好，但堆积密度系数（又称实积系数，指单位堆积体积中原木的实积数的比率，以小数或百分数表示）小，仅 0.46～0.52，因此，这种堆垛方法需要较大的贮木场面积。

② 平列法，适合于长原木或短原木的堆垛，原木系顺堆成垛，这种垛的通风情况不如层叠法良好，但堆垛的堆积密度系数较大，达 0.6～0.7。为了使垛的两端稳固，可以在垛的两端采取层叠法堆垛，中间则用平列法堆垛。

原木堆垛长度一般不超过 300m，高度 8m，人工堆垛时长度不超过 100m，高度约为 4m，短原木堆垛时每垛长度一般不大于 30m，高度不大于 4m，并且注意各垛之间应有 25m 宽的防火带。

三、非木材原料的贮存

非木材原料的种类很多，造纸常用的原料有稻麦草、芦苇、芒秆、蔗渣、废麻、破布及竹类等。

除长原竹以外，一般都应先经打捆或打包后才进行堆垛贮存（图 3-2），破布、废麻等一般都存在室内，其他则贮存于室外。

稻麦草可采用草房式堆垛法，草垛不宜太大，一般草垛长为 30～40m，底宽为 12～15m，高约 6～9m，每垛贮存量为 300～400t，对一些散装稻麦草，堆垛比较小，每垛堆存量为 100～150t；为减少雨淋对垛堆稻麦草的影响，有采用上大下小的草房钵形堆垛法，这种堆垛法可减少受潮作用，但堆垛操作是麻烦的。

运进原料场的芦苇，水分含量一般比稻草低，易于保管。因此每个垛的堆存量有时比稻麦草大得多，高达 500～1000t。

根据纸厂规模大小与具体情况不同，可各自采用可大可小的每垛堆存量，但我们必须注意下列几点：

① 在堆垛贮存时，应尽量按产区、品种、新草与陈草的不同分别堆放。

② 在堆垛贮存时，原料的水分含量不宜超过

图 3-2　蔗渣打包后贮存

15％，水分含量太高，必须晒干后再行堆垛，否则会因发酵而引起自燃。

③ 在堆垛贮存时，必须力求干整，逐步收缩成尖顶，各处松紧一致，避免发生倾斜倒塌。

④ 垛堆顶面要严密封盖，防止雨水漏入。

第二节　备料工艺过程

一、木材原料的备料

木材原料一般的备料流程如下：

原木→拉木机→锯木机→剥皮机→削片机→木片筛→木片仓→蒸煮车间

1. 剥皮

由于外皮的纤维含量低，杂质含量高，对制浆造纸过程带来很多困难。因此，在生产质量要求高的纸浆时，外皮一般都要去掉。原木去皮的作用：降低尘埃度；降低药品消耗；不易霉变腐烂；均衡水分。

人工剥皮损失少，剥得干净，但是劳动强度大，劳动产率低。机械剥皮的方法，按工作原理可分为刀式剥皮机，摩擦剥皮机和水力剥皮机三类。最普通的一种摩擦剥皮机是圆筒式剥皮机。

圆筒剥皮机是除去外皮的有效设备，特别是连续式圆筒剥皮机其结构见图3-3。

圆筒剥皮机的工作原理，主要是靠筒内木段与木段相互摩擦，以及圆筒内壁上的定刀和原木产生摩擦，以去掉外皮（内皮不能去），因此，进入圆筒剥皮机前的木段最好是先浸过水的；或是从水上贮木场运来的木段。

圆筒剥皮机运转时，圆筒两端各有一喷水管喷水，一面冲洗原木除去泥砂，一面使树皮及木渣从圆筒壁间隙中排出（图3-4）。

图 3-3　圆筒剥皮机

图 3-4　圆筒剥皮机去皮机理

2. 削片

为了适应化学木浆和各种高得率化学木浆蒸煮，以及满足木片磨木浆的生产需要，原木、枝丫材或板皮等废料都要进行削片，并要求削出的木片长短厚薄一致、整齐，木片的规格一般为：长15～20mm，厚3～5mm，宽度虽不限，但也希望不超过20mm。原木木片的合格率要求大于85％，板皮木片合格率要求大于75％。

现时采用的削片机，多数是圆盘削片机，根据圆盘上安装刀数的多少，常分为普通削片机（4～6把刀）和多刀削片机（8～16把刀）两种。这两种削片机的喂料方式又有斜口（或

图 3-5　普通斜口削片机

倾斜）喂料和平口（或水平）喂料两种。长原木的削片，一般都采用平口喂料，短原木和板皮的削片可采用斜口喂料，也可采用平口喂料的方式，普通斜口削片机见图 3-5。削片机的削片过程如图 3-6 所示。

原木切片（木片）质量对制浆有几方面的影响：a. 影响药液的渗透；b. 影响木片在料仓中的流动性，避免"架桥"现象；c. 影响装锅量；d. 碎细片及粉末增多，抽液时变实，药液循环困难，部分木片会过煮。

3. 木片的再碎与筛选

削片机出来的木片，规格大小不一。除合格木片外，还有粗大片、碎木屑、木节等。容易蒸煮时产生未蒸解分，或者蒸煮操作难于掌握，所以需要经过筛选，常用的设备有平筛和圆筛两种，平筛有高频振框式和摇摆式，圆筛有单层和双层两种，其作用原理都是借木片的大小不同，用筛板使它分离。木片筛如图 3-7 所示。

图 3-6　削片机的削片过程

粗片

合格木片

细料

图 3-7　木片筛

从木片筛选出来的粗大片、木条等，其中有 80%～90% 是有用的木材，但需经再碎，使成为符合要求的木片，这既保证了木片的质量，也可使木材损失率降低到 1.0%～1.5%。再碎设备有锤式再碎机、圆筒式重片机和角形刀破碎机等。

二、草类纤维原料的备料

草类纤维原料的备料是为蒸煮提供一定长度的草片，并除去草类原料中的大部分穗、节、髓、谷粒以及混杂在草料中的尘土、砂石等杂质。由于草类原料性质和特点差别大，不同草类原料的备料方法有所不同。

1. 稻麦草原料的备料

稻麦草原料的备料有干法、湿法、干湿结合法三种。

（1）干法备料

干法备料流程见图 3-8：

干法备料的主要工艺有：a. 切料（刀辊切草机）；b. 筛选与除尘（除尘机，旋风分离器，水膜除尘器），其刀辊切草机见图 3-9。

水膜除尘器的工作原理是，将来自旋风分离器排出的含尘空气，或直接来自切草机各部

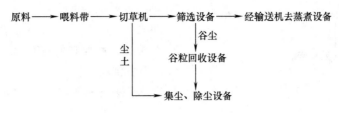

图 3-8 干法备料流程

位吸风器送来的含尘空气，在除尘器内与喷散成雾状、膜状或帘状的清水相接触，从而把空气中的含尘凝聚或黏附起来，随水排走。3～10μm 的尘埃可以大部分除去，其净化效率可达 69.5%，净化后的气体含尘量低达 4mg/m³，可直接排入空气中，不致污染大气；此外还有类似工作原理的泡沫除尘器，也起到一定效果。

为了提高蒸煮装料量. 并有利于蒸煮药液的均匀渗透，及对连续式蒸煮的均匀喂料，应将稻麦草切短到一定程度，草片长度一般要求为 20～40mm，合格率达 80%～85%。

干法备料有以下特点：

a. 动力消耗低；b. 操作简单；c. 设备投资少；d. 除尘效率低；e. 噪音大；f. 环境污染严重。

（2）湿法备料

湿法备料过程见图 3-10，这是瑞典 Sunds 公司制造的湿法备料系统，整捆草料投入水力碎解机中，利用转子的旋转冲击及底部磨板的磨削和剪切作用，将整根草秆疏解裂断，并把草叶撕碎。碎解的草料连同水一起通过底部筛板被泵送至螺旋脱水机脱水，再经过圆盘压榨机进一步挤压脱水，使草片干度达到 20%～25%。

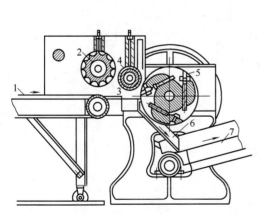

图 3-9 刀辊切草机

1—喂料带 2,4—喂料压辊 3—底刀
5—飞刀辊 6—挡板 7—出料带

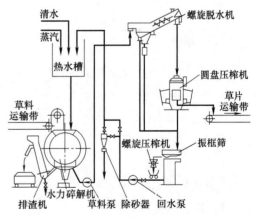

图 3-10 麦草湿法备料工艺流程

湿法备料的有以下特点：

① 除尘效率提高 18%～20%；

② 生产能力提高；

③ 浆料易洗易漂，节省约 15% 有效氯；

④ 劳动条件改善（消除飞尘，改善环境）；

切苇机 ——→ 筛选与除尘 ——→ 苇片送蒸煮

　　　　　　↓

　　　　苇末、尘土处理系统

图 3-11　芦苇干法备料流程

如图 3-11 所示。

芦苇、荻、芒秆等原料，没有稻麦草那样松软，它秆直挺硬，芦苇经切苇机切断后，附在苇片上的苇膜，不是很容易就从苇片上松落下来，经一般的筛选或旋风分离器不能很干净地将苇膜除去；因此，在备料上的工艺流程虽与稻草一样，但所用设备的结构是有所差别的，如图 3-12 为刀盘切苇机。

（2）干湿结合法备料

干湿结合法备料见图 3-13，芦苇等原料干法切片后送水力碎浆机或经圆筛后再送水力碎解机碎解和洗涤，以提高净化效果和蒸煮质量。

⑤ 动力消耗大；

⑥ 投资大。

2. 芦苇、芒秆原料的备料

（1）干法备料

芦苇的干法备料与草类原料相似，其备料流程

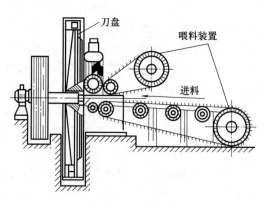

图 3-12　刀盘切苇机

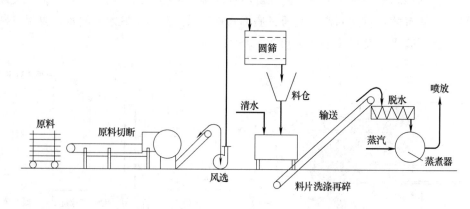

图 3-13　干湿结合法备料流程

3. 其他非木材植物纤维原料的备料

（1）竹子的备料

采用刀辊（盘）切竹机切片，主要工艺过程轧竹、喂料、削片，竹片规格：长 20～30mm，老竹子切片长度为 15～25mm，通过筛选撕丝除髓。

（2）蔗渣的备料

蔗渣的备料主要是除髓，共有三种方法：半湿法（或半干法）、干法和湿法。

半湿法除髓：糖厂榨糖后立即除髓，水分 50% 左右，采用锤式除髓机或立式除髓机除髓。

干法除髓：干法贮存后除髓，水分一般 25% 以下。

湿法除髓：水力碎浆机中进行。

第三节 料片的输送和贮存

一、料片的输送

料片的输送有气流输送、胶带输送机输送、埋刮板输送机输送、斗式提升机输送。

（1）气流输送

气流输送即用风机通过风管进行输送，气流输送有以下优点：

① 设备简单，投资少，维修费用低；

② 运输线路可自由选择，可充分利用空间，占地面积小；

③ 可作长距离、定量、集中或分散输送；

④ 输送过程中可通过旋风分离器除杂。

缺点：动力消耗大，管道易磨损，料片水分大时易堵塞风管，排风不良时飞尘较多影响环境等。很多工厂放弃气流输送。

（2）胶带输送

胶带输送料片用得较多，具有结构简单，动力消耗少，生产能力大，输送距离长，噪声小，维修周期长等优点，是一种成熟的物料输送方法。其布置形式有四种，即水平式、倾斜式、倾斜转水平式、水平转倾斜式（图 3-14）。

（3）埋刮板输送

埋刮板输送是一在封闭的矩形断面壳体内借助于刮板链条的连续运转输送物料的输送方法，是刮板链条埋在物料之中进行输送（图 3-15）。

图 3-14 胶带输送

图 3-15 埋刮板输送

（4）斗式提升机输送

斗式提升机是由装有若干盛斗的无端带（或链）回绕上部的驱动鼓轮（或链轮）和下部的强紧鼓轮（或链轮）所构成，整个提升机装有金属外壳。料片的各种输送方法如图 3-16 所示。

二、料片的贮存

对于中小型草浆厂，采用边切料边送料装锅的方法，不设料仓，有的将料仓设置在蒸煮器的顶部，这是一种过程性料仓，容积小，料片贮量很小。

对于采用木材制浆，往往浆厂购进的纤维原料是木片而不是原木，因此要有大型的地面料仓。

典型木片料仓形状有：圆形料仓、方形料仓、圆形倒锥料仓、方形倒锥料仓、单面倾斜方形料仓、圆方组合料仓等。不同的料仓的出料方式不同，从上方进料。

木片料仓分封闭式和开放式，后者容积更大。

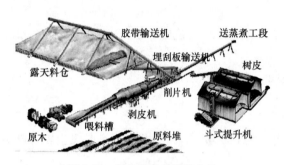

图 3-16　料片的各种输送方法

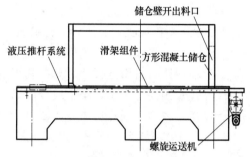

图 3-17　方形活底料仓的出料方式

方形活底料仓的仓底为方形或长方形，底部有往复运动的液压推杆出料装置，同时在液压推杆的外端设置一台横向的螺旋输送机或皮带输送机（如图 3-17），将液压推杆送出的木片输送至下一个工位，方形活底料仓一般为混凝土结构，"活底"对料层的扰动作用主要是水平方向交错剪切和垂直振动，扰动高度可达到 6000mm 左右，可有效地防止料片"架桥"影响输送。方形活底料仓一般适用于料仓容积 1000～2000m³、木片洁净度差的工况。

实际运用时采用先堆存后筛选，一个堆场多座料垛，先进先出。特点：木片水分均匀，木片密度变化较小，木片尺寸分布更均匀，从而使蒸煮均匀（卡伯值变化范围减小），细浆得率提高。大型露天堆场如图 3-18 所示。

封闭式料仓（图 3-19）易保持木片及周围环境清洁干净。

图 3-18　大型露天堆场

图 3-19　封闭式圆形料仓（直径 37m）
及其底部螺旋出料装置

主要参考文献

[1]　詹怀宇. 制浆原理与工程（第三版）[M]. 北京：中国轻工业出版社，2011.

[2]　詹怀宇，刘秋娟，靳福明. 制浆技术 [M]. 北京：中国轻工业出版社，2012.

[3]　周乐才. 封闭木片料仓"防架桥"和"破桥"技术的研究和应用 [J]. 中华纸业，2015，36（18）：36-40.

第四章 碱法制浆

化学法制浆是用化学药剂在特定条件下处理植物纤维原料，使其中的绝大部分木素溶出，纤维彼此分离成纸浆的生产过程。主要的化学制浆方法有两种：碱法和亚硫酸盐法。碱法制浆主要是烧碱法和硫酸盐法，硫酸盐法制浆是现在流行的制浆方法。

烧碱法蒸煮所用的化学药剂主要成分是 NaOH，也有少量 Na_2CO_3。此法主要适用于稻草、麦草、棉、麻等非木材纤维原料，也可用于蒸煮阔叶木，但针叶木一般不宜用此法，因针叶木木素含量高，用此法碱耗高，漂白困难，得率低。

硫酸盐法所用的蒸煮液的主要成分是 NaOH＋Na_2S，也含有少量 Na_2CO_3、Na_2SO_4 和 Na_2SO_3 等，由于在碱回收过程中以廉价的硫酸钠作为补充药品，故称为硫酸盐法。此法应用范围很广，既适于处理针叶木，又适于处理阔叶木及草类原料，硫酸盐浆强度大，成浆色深，硫酸盐法纸浆得率与强度均高于烧碱法，由于碱回收技术及多段漂白技术的发展，硫酸盐浆不仅可抄造强韧的本色包装纸、工业技术用纸及纸板，而且可以生产高白度的漂白浆，尤其是硫酸盐浆强度大，特别适合于高速纸机造纸。因此，硫酸盐法制浆的发展速度大大超过了其他化学制浆法，成为目前最重要的制浆方法。硫酸盐木浆生产流程见图 4-1。

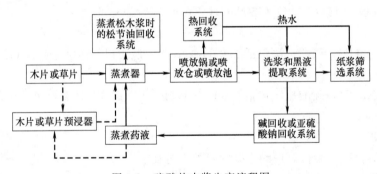

图 4-1　硫酸盐木浆生产流程图

第一节　碱法蒸煮

一、碱法蒸煮常用名词术语

蒸煮是用化学药品的水溶液（蒸煮液）与植物纤维作用，其主要目的是除去木素，使纤维发生彼此分离。在碱法蒸煮过程中，经常碰到下列名词术语：

1. 绝干原料与风干原料

绝干原料是指不含水分的植物纤维原料。风干原料是指水分含量为 10％ 的植物纤维原料。

2. 蒸煮液

系原料蒸煮时所用的碱液，通常蒸煮液是由白液和一定量的黑液混合而成，或用烧碱与硫化钠配制而成。烧碱法蒸煮液的主要化学成分为 NaOH，此外还含有一定量的 Na_2CO_3。

硫酸盐蒸煮液的主要化学成分为 $NaOH + Na_2S$，此外尚含有 Na_2CO_3、Na_2SO_4、Na_2SO_3、$Na_2S_2O_3$ 等。

3. 绿液

指硫酸盐蒸煮黑液经碱回收炉系统处理后，从碱回收炉中以熔融状态流出，溶解于稀白液或水中所得的溶液。绿液的主要成分为 $Na_2CO_3 + Na_2S$，也有一定量的 Na_2SO_4、Na_2SO_3、$Na_2S_2O_3$ 和 $NaOH$。

4. 白液

系绿液（苏打液）用 $Ca(OH)_2$ 苛化所得的溶液，供蒸煮用的原始药液。

5. 黑液

指蒸煮后从纸浆中分离出来的残液。黑液中通常尚含有一定的碱量，此项碱称为残碱。

6. 总药品量

指上述碱液（蒸煮液、绿液、白液或黑液）中所含的全部钠盐，故又称总钠盐，以 Na_2O（或 $NaOH$）百分含量或每升若干克表示之。

7. 总碱量

烧碱法指 $NaOH + Na_2CO_3$，硫酸盐法指 $NaOH + Na_2S + Na_2CO_3 + Na_2SO_4 + Na_2SO_3$。均以 Na_2O（或 $NaOH$）表示。

8. 总可滴定碱

指碱液中可滴定的总碱，烧碱法是指 $NaOH + Na_2CO_3$，硫酸盐法指 $NaOH + Na_2S + Na_2CO_3 + Na_2SO_3$。均以 Na_2O（或 $NaOH$）表示。

9. 活性碱

烧碱法指 $NaOH$，硫酸盐法包括 $NaOH + Na_2S$。通常以 Na_2O（或 $NaOH$）表示。

10. 有效碱

烧碱法指 $NaOH$，硫酸盐法包括 $NaOH + 1/2Na_2S$。通常以 Na_2O（或 $NaOH$）表示之，亦可用 Na_2S 表示。

11. 活性度

指碱液中活性碱含量占总可滴定碱含量的百分比。

12. 硫化度

系硫酸盐法采用的术语，指碱液中 Na_2S 含量占活性碱 $NaOH + Na_2S$ 含量的百分比。计算时 $NaOH$ 和 Na_2S 均换算为 Na_2O（或 $NaOH$）。

13. 耗碱量

指蒸煮时实际消耗的活性碱质量对绝干原料质量的百分比。

14. 液比

系蒸煮中绝干原料质量（公斤或吨）与蒸煮总液量的体积（升或米^3）之比，总液量应包括原料中之水分和加入蒸煮器内的全部蒸煮液。

15. 纸浆得率

纸浆得率又称收获率。纤维原料经蒸煮后所得绝干（或风干）粗浆质量对未蒸煮前绝干（或风干）原料质量的百分比，一般称为粗浆得率。粗浆经筛选后所得的细浆的绝干（或风干）质量对蒸煮前绝干（或风干）原料质量的百分比，称为细浆得率。

16. 纸浆硬度

纸浆硬度是表示原料经蒸煮后所得纸浆中残留的木素和其他还原性有机物的量，它相对的表示原料蒸煮过程中除去木素的程度，即所谓蒸解度。因此，硬度大的纸浆其蒸解度低。纸浆硬度的测定是利用木素和某些有机物能与氧化剂作用的原理，根据一定量的纸浆在特定条件下所消耗的氧化剂的量来确定硬度的值。由于所用氧化剂的不同，测定的条件不同，故有多种硬度表示方法。常用高锰酸钾来测定高锰酸钾值、卡伯值、贝克曼价。

二、蒸煮液对木片或草片的浸透作用

蒸煮液对纤维料片的浸透作用有两种方式：主体渗透和溶质扩散。

（1）主体渗透

动力为毛细管作用力，流量与单根毛细管半径的四次方成正比，不同原料或相同原料的不同部位，毛细管的大小不同；原料中的空气对毛细管作用有妨碍，实际蒸煮时可将原料先进行汽蒸，或者蒸煮过程中小放汽突然减压，以消除或减少料孔中的空气。

阔叶木的毛细管浸透是通过导管进行的；针叶木不含导管，药液从开口管胞进入细胞腔，然后通过多孔性的纹孔膜进入相邻的细胞腔。毛细管的浸透作用随材种及边材、心材的不同而有差别。

（2）溶质扩散

动力是蒸煮药液的浓度差；扩散速率取决于总的开孔横截面积、药液在料片周围和在料片内部的浓度梯度，与单根毛细管无关。

当原料含水分高至饱和点时（即毛细管中充满水），则完全为扩散浸透。扩散作用取决于药液离子浓度梯度，毛细管有效截面积，药液离子的活性以及药液的温度等。

总的来说，不管药液 pH 的大小如何，毛细管浸透比扩散浸透快。

三、蒸煮的化学反应过程

碱法蒸煮的目的，是利用碱的作用根据不同类型的纸浆需要适当地除去原料中的木素，使纤维间结合力下降，从而削弱纤维间的结合力，促使其解离成浆或为以后通过机械处理使之解离成浆创造条件，同时使原料中的树脂、蜡、脂肪等皂化除去。在这些反应的同时，也不可避免地有纤维素、半纤维素的降解。

由于烧碱法和硫酸盐法药液的化学成分不同，在蒸煮过程中，化学反应有相同点也有不同处。共性是所有药品都具有碱性，通过化学反应，在木素大分子中引入亲液性的基团，使木素大分子降解，碎片化，变成相对分子质量较小、结构比较简单、易溶的碱木素和硫化木素。不同点是烧碱法蒸煮的反应试剂是 OH^- 离子；而硫酸盐法蒸煮的反应剂除了 OH^- 外，还有 Na_2S 水解产生的 HS^- 离子，HS^- 离子能与木素迅速反应，生成硫化木素，从而使木素脱得比较快，缩短了纤维原料与高温碱液的接触时间，有利于保护碳水化合物。因此，采用硫酸盐法制浆，不仅可以缩短蒸煮时间，而且还能提高成浆得率和物理强度。

（一）蒸煮过程中总的化学反应进程

（1）木材纤维原料碱法蒸煮脱木素反应历程

木材纤维原料硫酸盐法蒸煮时，脱木素反应的历程可以分为三个阶段：初始脱木素阶段、大量脱木素阶段、残余木素脱除阶段。

在 100℃ 以前，蒸煮液浓度有所下降，但木素基本没有溶出，此阶段碱液向原料内部浸透，主要溶解的物质是原料的淀粉、果胶、脂肪、树脂及低相对分子质量的半纤维素。

初始脱木素阶段：100～150℃ 这一升温阶段，蒸煮液浓度继续下降，但木素溶出仅

26.6%（对原木素）。

大量脱木素阶段：150～175℃（最高温度），木素溶出 63.2%（对原木素），此时，木片已分散成浆。

残余木素脱除阶段：碱液浓度继续下降，但木素溶出只有 8%（对原木素），这一阶段碳水化合物降解较多。

（2）草类原料碱法蒸煮脱木素反应历程

大量脱木素阶段：开始升温到 100℃（竹 160℃）左右，木素脱除 60% 以上。

补充脱木素阶段：100℃左右继续升温至最高温度（150～160℃），木素总的脱除率达 90% 以上，原料分散成浆

残余木素脱除阶段：保温阶段，木素脱除 5% 以下。

综上所述，木素和碳水化合物在蒸煮过程的溶解是有阶段性的，这就说明不同蒸煮得率的情况下，纸浆的组成将是不同的，纸浆的特性也有所不同。

（二）脱木素反应

脱木素反应：是蒸煮过程中最重要的反应，反应的结果是木素大分子裂开，生成碱木素或碱木素与硫化木素，从原料中溶解出来，接着原料纤维便分离成浆。

蒸煮过程的反应是非均相反应。其过程是：植物纤维原料固相与蒸煮液液相之间的接触，木素在固相状态吸收碱液；接着，木素与 NaOH、NaSH 发生化学反应，分别生成碱木素与硫化木素；最后是碱木素与硫化木素从原料内部扩散出来，溶于碱液中。

NaOH 与木素的作用，主要是裂开木素结构中的酚醚键及木素与碳水化合物之间的键，使木素大分子碎裂成较小的分子溶于碱液中。

木素的缩合反应：蒸煮过程中形成的木素碎片，在缺碱升温的条件下相互间会产生缩合反应，结果形成了新的木素大分子，难溶于碱液之中。

木素发色团的形成：碱法蒸煮会使木素形成一些无色基团，在一定条件下，无色基团又会变成有色基团，使纸浆的颜色变深，这在碱法蒸煮尤其硫酸盐法蒸煮时尤其严重。

碱性蒸煮过程中木素碎片化的产物见图 4-2。

（三）纤维素的反应

一般来说，在碱的作用下纤维素比木素、半纤维素稳定。但是，在纤维胞间层的木素已被除去，半纤维素也被除去较多量，继续进行脱除细胞壁中的木素时，纤维素将受到降解，结果降低纸浆的聚合度和得率，影响纸浆的物理强度。纤维素降解的程度，与用碱量、蒸煮温度和蒸煮时间等有关。

NaOH 对纤维素的作用主要有三个反应：剥皮反应、终止反应（即稳定反应）和碱性水解。

剥皮反应——纤维素大分子的还原性葡萄糖末端基对碱不稳定，被逐个的剥离而溶于蒸煮液中，剥去的还原性葡萄糖末端基重排为异变糖酸。当纤维素大分子的一个还原性葡萄糖末端基剥去后，在大分子链上又出现另一个还原性葡萄糖末端基，继续进行剥皮反应，剥去还原性葡萄糖末端基。这种还原性葡萄糖末端基逐个剥落的反应，称为剥皮反应。

终止反应——在剥皮反应进行的同时，还发生终止反应，即在碱性蒸煮条件下，对碱不稳定的纤维素大分子的还原性末端基，转为对碱稳定的偏变糖酸末端基，使剥皮反应终止。

碱性水解——纤维素大分子的甙键的碱性水解在蒸煮升温阶段，进行较慢，而在高温作用下，葡萄糖甙键碱性水解裂开加速，使纤维素的聚合度迅速下降。碱性水解的结果增加了

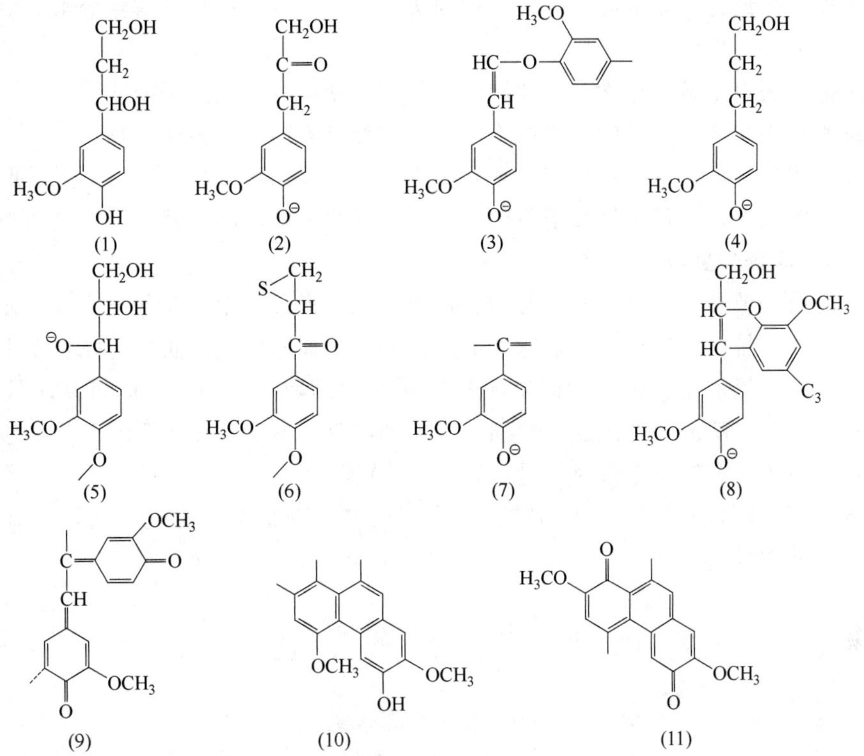

图 4-2 碱性蒸煮过程中木素碎片化的产物

（1）～（7）木素碎片 （8）木素碎片间的缩合产物 （9）～（11）产生的发色基团

新的还原性末端基，为剥皮反应的进行提供了新的条件，而如果碱性水解裂开的部位在靠近大分子链的端部，则水解所产生的短链分子可直接溶于碱液，可见碱液水解为害不小。

研究表明，在 150℃ 以下，碱性水解慢，剥皮反应是纤维素降解的主要反应；而在 170℃ 时葡萄糖甙键发生碱性水解较快，使暴露出更多的还原性末端基，进一步促进了剥皮反应。所以，蒸煮时最高温度及保温时间的控制必须适宜，以防碱性水解对碳水化合物的过分损伤。

（四）半纤维素的反应

半纤维素是不均一聚糖，半纤维素的大分子由两种或两种以上的单糖基组成。针叶木、阔叶木与草类原料中的半纤维素结构不同，单糖基组成不同，用同一种蒸煮方法所得纸浆中含有的半纤维素组成不同。由于每种聚糖对酸对碱的稳定不同，同一种原料采用不同蒸煮方法，所得纸浆含有的半纤维素的组成不同。

半纤维素的剥皮反应、终止反应及碱性水解原理与纤维素相同，但反应的程度有差别。半纤维素的大分子中有多种糖基与甙键，它们在碱法蒸煮中的碱性降解程度差别很大，在硫酸盐蒸煮中聚葡萄糖甘露糖损失很大，而聚木糖的损失较小，聚木糖是各种植物原料硫酸盐浆的重要组成成分，尤其对阔叶木和草类原料来说，硫酸盐浆中的半纤维素主要是聚木糖，聚己糖含量极少，针叶木则除含部分聚木糖外，有较多的聚己糖。因此，在造纸用浆的碱法蒸煮中，多保留些聚木糖具有很大意义，这不仅可提高得率，亦可提高造纸用浆的质量。

针叶木的聚葡萄糖甘露糖、聚半乳糖葡萄糖甘露糖与聚木糖相比，容易被碱降解，蒸煮中大部分损失掉。针叶木中聚木糖比阔叶木的聚木糖具有较大的抗碱性；在硫酸盐蒸煮中针叶木的聚木糖损失的比例较阔叶木的聚甘露糖损失少一些。针叶木聚甘露糖溶出后也可以沉淀在纤维上。

碱法蒸煮中还有不发生化学变化的碱抽提作用，使部分聚糖溶于碱液中。

半纤维素在碱法蒸煮过程中，最终降解产物与纤维素碱降解最终产物一样，主要是异变糖酸、乳酸、甲酸、乙酸等，这些有机酸在蒸煮过程中要消耗大量碱液，因此采取有效措施减少聚糖的降解损失，不仅可提高纸浆得率，改进纸浆性能，亦可减少有效碱的消耗。

（五）其他成分的反应

针叶木含有松节油、树脂酸和脂肪酸。松节油在蒸煮过程中不起化学反应，在升温过程受热挥发，放气时排出，经热交换器冷凝成液体回收。树脂酸和脂肪酸与碱液发生皂化反应形成硫酸盐皂溶于黑液中。黑液中的硫酸盐皂在蒸发黑液至一定浓度时可从黑液中分离出来，硫酸盐皂可用硫酸分解而生成塔罗油，塔罗油经真空蒸馏获得树脂酸、脂肪酸。硫酸盐皂产量与树种有关，在制松木浆时产量可达 $80\sim100kg/t$ 浆。

阔叶木及草类原料一般不含树脂酸，只含脂肪酸，碱法蒸煮时也皂化，但其皂化物量少，不能从黑液中分离。

第二节　蒸煮工艺

一、间歇式蒸煮

立式蒸锅：间歇式蒸煮一般采用立式蒸煮锅蒸煮，通常有好几台立式蒸锅。蒸煮锅是圆柱形的，有一个锥形底和半球形或锥形的圆顶锅体，外敷保温层。它的容积随工厂的规模而变化，蒸煮锅的上部有一个大的带有法兰盘的开口以及一个可移动的锅盖，用以装纤维原料和作入口用。为了达到高的木片装料密度，装料时可以使用蒸汽或机械装锅器。蒸煮锅分为上锅体和下锅体，锅体上设有抽液滤网，用于蒸煮药液的循环和锅外加热。

药液循环装置由加热器、循环泵、循环管道等组成。间接加热系统通过循环滤网从蒸煮锅内抽出药液，药液通过热交换器加热后，从蒸煮器上部和下部入口，打回到蒸煮器内部。

间歇式蒸煮器还有蒸球，但用得很少，慢慢被淘汰。

间歇式蒸煮操作示意图如图 4-3 所示。

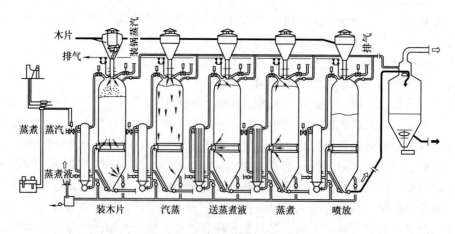

图 4-3　间歇式蒸煮操作示意图

料片在立式蒸锅中的蒸煮过程和相关工艺如下：

（1）装锅

木片从蒸煮锅上面的木片仓通过装锅器（气动旋流器）装入蒸煮锅，或者皮带输送系统直接装入蒸煮锅。装木片时可以用蒸汽使木片向锅的外沿运转，保证木片降落时在锅的径向均匀分布，从而增加装锅量。同时，蒸汽装锅还可以超到预热和汽蒸的作用。装锅密度为针叶木 $180\sim220kg/m^3$，阔叶木片 $220\sim240kg/m^3$，整个装锅过程大约耗时 $20\sim30min$。在装料过程中，空气从锅内抽出去。当木片装够量以后，蒸煮锅盖关闭。

（2）预汽蒸

使蒸煮锅加热到100℃或更高，可置换出木片内的空气。汽蒸所用的蒸汽压力略高于大气压的饱和蒸汽。排气阀开着，使空气和挥发性的萜烯以及蒸汽不断排出。冷凝水不断从底部排放。当蒸锅内的温度达到100℃，并且冷凝水排放口有蒸汽冒出时，汽蒸结束，这一过程需 $20\sim30min$。

（3）送液及药液加热、循环

向锅内送蒸煮液，直到白液量和液比达到规定的量。木片层在送液时会有些压实，料位可能下降，若只从顶部加液，则料位下降更明显。当蒸煮液的液位高于药液循环的滤网带的位置时，立即开始药液循环。锅内的顶部通常留有一定的空间，使气体和残留的空气分离，然后从锅顶的排气管线上排除。送液可在 $15min$ 之内完成。热交换器蒸汽阀门打开，加热升温开始。热交换器一般装有两个蒸汽头，一个用于低压（$0.2\sim0.3MPa$）蒸汽，另一个用于中压蒸汽（$1.0\sim1.2MPa$）。循环开始时用低压蒸汽，直到循环液的温度达到130℃左右。然后，中压蒸汽打开，升温至设定的蒸煮温度。整个加热过程需要 $90\sim150min$。其时间长短取决于热交换器的大小和循环速率。热交换器的冷凝水送回锅炉。有时，蒸煮锅没有热交换器，在循环中直接通蒸汽加热，这导致蒸汽凝结水会稀释蒸煮液。这种蒸煮锅里面不装满木片，蒸汽直接从锅的底部通汽管加入，这样，热的液体能够翻动锅内料片，使整个蒸煮锅内的温度分布均匀。

（4）小放汽

为了有效地升温，在升至一定温度时，进行小放汽，以排除蒸煮器内的空气，避免产生"假压"，妨碍温度的上升。

另外，小放汽时由于锅内自然沸腾，可起到减少锅内温差与浓度差的作用，有利于药液浸透和均匀蒸煮。

（5）在最高温度（压力）下的保温

保温的目的是延续蒸煮过程，进一步除去原料木素，使原料纤维解离成浆。保温时间的长短与原料种类、用碱量、最高温度及纸浆质量要求等有关。

（6）大放汽和放料喷放

蒸煮可以通过大放汽使温度下降 $10\sim20℃$ 而终止。打开喷放阀，借助于锅内的余压把浆和废液喷放到常压喷放锅里。闪蒸的蒸汽和挥发性气体由闪蒸罐蒸汽分离器分离后进入热回收系统。大放汽需要 $5\sim15min$，喷放 $15\sim20min$。为了使压紧的木片柱在喷放前瞬间松散开来，一种方法是从蒸煮锅顶部注入冷黑液，可迅速减压，导致蒸煮锅内翻腾；二是向锅的锥底部通入生蒸汽，以松散喷放出口附近的木片柱。在喷放的过程中，喷放管线上和喷放锅入口处，由于湍流和蒸汽的急骤蒸发产生的剪切作用，木片浆料分离成纤维。

（7）热量的回收

每个蒸煮车间通常只有一台喷放锅，它的容积必须满足几台蒸煮锅蒸煮的需求。喷放锅设有锥形分离器，使得进入闪蒸蒸汽冷凝系统的蒸汽不含纤维。喷放锅内浆的浓度取决于纸浆得率、初始液比和闪蒸出去的蒸汽量，通常是 10%～15%。分离出来的闪蒸蒸汽量是重要的能源。大约蒸煮所用热量的 2/3 能变成低压闪蒸汽。通过喷放热回收系统，这些热量变成热水被回收。闪蒸汽在直接接触式冷凝器或表面冷凝器中冷凝，以蒸汽的冷凝水或温水（40℃）作为冷凝介质，冷凝蒸汽加热循环水。喷放冷凝系统的操作温度为 90℃。如果使用直接接触式冷凝器，冷凝水会含有黑液、挥发性气体以及纤维等杂质。这种水不能作为生产过程用水。热的含有杂质的冷凝水一般用间隙式换热器换热，产生工艺过程用水。未冷凝的气体含有松节油和不凝性臭气。这些气体泵送至操作温度足够低、能够冷凝萜类物质的间壁换热器。这些不凝性气体主要是硫醚，也会有二氧化碳和氮气，泵送至大气或者至臭气收集和销毁（燃烧）系统。间歇式蒸煮热回收系统如图 4-4 所示。

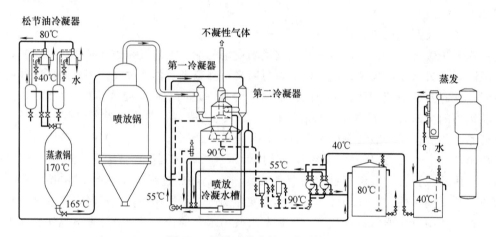

图 4-4 间歇式蒸煮热回收系统

二、连续蒸煮系统

（一）立式连续蒸煮

连续蒸煮是指纤维料片连续不断地通过含有部分或全部被高温蒸煮液充满的锅体各个部位，在这个过程中，完成料片的蒸煮和浆料中黑液的提取。

连续蒸煮器有立式和管式两类，立式连续蒸煮器是主要的连蒸设备。立式连续蒸煮器是基于木片连续不断地通过部分或全部被液体充满的蒸煮器，维持木片柱运动的驱动力是充分浸透的木片与周围液体的密度差以及流体的曳力和重力。立式连续蒸煮已成为现代造纸业的主流蒸煮制浆设备。

整条连续蒸煮生产线一般包括以下几部分：料片仓、汽蒸室、预浸渍塔（不一定有）、蒸煮塔、药液加热及循环装置、带扩散洗涤的贮浆塔等。

如图 4-5 及图 4-6 所示，该连续蒸煮器主塔自上而下包括以下几个区：浸渍区、顺流蒸煮区、逆流洗涤区、稀释冷却喷放区。分布于其间的是蒸煮药液的抽提滤板，用于相关部位液体的加热及循环利用。

立式连续蒸煮过程和相关工艺如下：

（1）汽蒸

由木片计量装置送出的木片进入低压喂料器，它将木片送至水平、压力汽蒸器。此过程

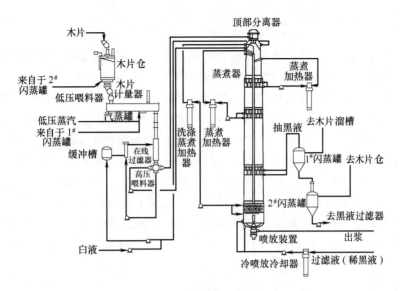

图 4-5 单塔液相连续蒸煮器

的压力为 100~150kPa，汽蒸器为水平螺旋输送装置，在木片汽蒸过程中，木片被移动至垂直的溜槽，通过溜槽，木片进入高压喂料入口，在溜槽内控制好液体。

木片靠重力降落至溜槽并与蒸煮液首次接触。蒸煮液的循环路线是由溜槽流经高压喂料器，再通过在线排液器返回溜槽。在溜槽底部的木片靠重力和循环蒸煮液的曳力的共同作用而进入高压喂料器。高压喂料器传送木片由低压到高压（超过 1MPa）。蒸煮液体将木片从高压喂料器冲到（输送）到蒸煮塔的顶部（图 4-7）。塔顶上方的螺旋分离器将蒸煮液与木片分离，液体返回至高压喂料器的入口处，同时将木片分散于蒸煮器顶部。在喂料系统加入

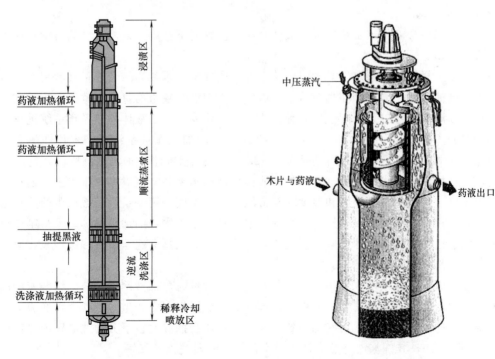

图 4-6 单塔液相连续蒸煮器功能分区   图 4-7 顶部分离器

部分或全部白液（蒸煮化学药液）。

（2）浸渍

蒸煮器顶部是浸渍区，该区的高度是为从顶部到第一段抽液滤板。送到分离器顶部的固液混合物的温度决定了该区域的起始温度。此温度通常为 $115\sim125℃$，此温度取决于汽蒸罐内的蒸汽压力、进喂料槽系统的白液量和白液的温度以及喂料系统的自然降温等因素。在这个区域内，在温度达到蒸煮最高温度之前，蒸煮化学品要能够扩散到木片中心。在反应之前化学药品扩散到木片内，使得木片内脱木素程度差别最小，确保料片蒸煮的均匀性。满负荷运转时，蒸煮器的容积能使木片在浸渍区的停留时间为 $45\sim60min$，紧接着浸渍区的下方是蒸煮区 4 组抽液滤板中的第一组抽液滤板。它们是位于蒸煮器内部的环形滤板。

木片在进入蒸煮器顶部之后形成木片柱，并垂直向下移动，蒸煮器内充满液体从而产生液压，液压使系统压力增加。除了少量木片带入的和蒸煮过程中放出的气体以外，蒸煮器内基本上是固液二相系统。液相占据了木片柱内的空隙。通常称为未结合的或"自由"的液体。

（3）顺流蒸煮

木片在圆筒形蒸煮器内向下运动，蒸煮器的外壳上通常设有一圈或几圈药液循环滤板（篦子），药液通过滤板被抽出来，经过加热或补充化学药品后，再通过中心管循环回到蒸煮器内。通过控制循环药液来实现蒸煮器内蒸煮条件准确控制。木片运动的速率控制着蒸煮的时间，温度控制着脱木素的速率。

在蒸煮过程中，直到蒸煮终点大放气减压或"喷放"之前，木片仍保持其原有尺寸，并没有发生纤维化。木片具有两相：纤维与胞间层组成的固相和称为结合液体的液相。木片内部固态物料的质量分数通常在 $0.1\sim0.35$，这取决于多种因素，如原始木材的密度和制浆过程中的化学反应程度。随着蒸煮的进行，木材各组分溶解到周围的液相中，木片中固态物料的质量分数逐渐降低。

尽管木片和结合液体（木片内部的液体）始终垂直向下移动，而木片外的自由液体可以向任意方向运动。

滤板可以选择性地将游离的蒸煮液体从木片柱内抽出，木片与结合液呈柱状留在蒸煮器内。蒸煮液被抽出后，通过泵和加热器，并由中心管布液装置重新进入蒸煮器内木片柱的中心，完成蒸煮液的循环以及分配。以这种方式，木片柱使用外部液体加热循环系统进行间间加热，最终的蒸煮温度一般为 $150\sim170℃$。两组这样的加热循环系统可将木片加热到蒸煮最高温度。在顺流蒸煮区的停留时间是 $1.5\sim2.5h$，第三组抽滤板抽出蒸煮废液，这一区域是抽提区。在抽提区，未结合液（木片外的液体）被抽出来并从蒸煮系统排出去。通过串联的 2 台闪蒸罐，从蒸煮最高压力和温度降至常压和饱和温度。第一组闪蒸罐产生的蒸汽返回到汽蒸罐、木片仓，或者同时返回到汽蒸罐和木片仓，用于木片的加压预蒸。来自第二组闪蒸罐的蒸汽适用于木片仓木片的常压预汽蒸。将冷却后的闪蒸液送至蒸发和碱回收工段。

（4）逆流洗涤

当顺流蒸煮区内提取液流量超过未结合自由液体流量时，抽液网下方的未结合液会向上流动并向蒸煮区流动。因此该抽液过程会在蒸煮器抽液滤板下方产生逆流，这种逆流会产生一个洗涤区，这样木片在蒸煮器底部得到了洗涤。木片在抽提滤板下方的洗涤区内停留的时间可以达到 $1\sim4h$，其洗涤液是蒸煮器之后本色浆第一段洗涤的滤液。

靠近蒸煮器最底部是洗涤循环系统，也是最后一组抽液滤板。该循环使得逆流洗涤滤液

（黑液）的温度达到130℃以上。

（5）稀释、冷却和喷放

对于逆流洗涤，洗涤滤液从蒸煮器底部泵入。蒸煮器底部也就是稀释冷却和喷放区。在此区域，形成了自由液体向上流至洗涤区与其向下流入喷放管线的交流。即温度小于80℃的滤液（洗涤液）泵入蒸煮器底部，此洗涤液的一部分逆流向上流入蒸煮器的木片柱，这些向上流动的洗涤液组分在洗涤循环中得到加热，从而提高了逆流洗涤区的洗涤效率。加入底部的滤液稀释和冷却完全蒸煮过的木片。将所得到的冷却了的木片与洗涤液的混合物用刮除装置从蒸煮器底部的出口排出，排放温度通常是85～90℃。经过喷放阀的减压作用将完全蒸煮的木片分散成浆，以8％～12％的浓度喷放至连续扩散洗涤器或送入喷放锅。

连续蒸煮器可能有单独的预浸渍器，其具有或没有药液循环。蒸煮器可以调整，使其在逆流区还保持蒸煮，改良的蒸煮系统的洗涤区被转变为蒸煮区。如图4-8所示。

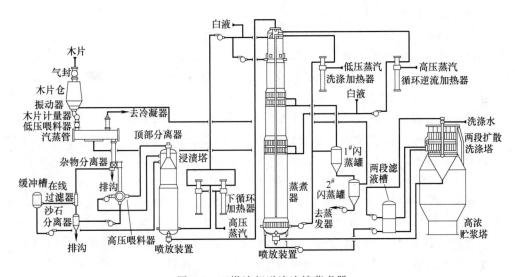

图 4-8 双塔液相逆流连续蒸煮器

（二）横管式连续蒸煮

我国的造纸纤维原料中，草类原料占有一定的比例，而横管式连续蒸煮器特别适合于质量轻、松散、较易成浆而滤水性差的麦草、蔗渣、芦苇等非木材纤维原料。

Pandia连续蒸煮器蒸煮管由2～8根组成，如图4-9所示，蒸煮管直径最大达1.5m，长度超过15m，生产能力可达300t/d以上。其蒸煮特点是可以进行汽相高温快速蒸煮，蒸煮温度175～190℃，蒸煮时间较短，按原料浸渍条件及成浆质量要求不同，蒸煮时间为10～50min。

国产的横管式连续蒸煮器，适于各种非木材纤维原料生产化学浆或半化学浆。配用热磨机也适用于木片CTMP（化学热磨机

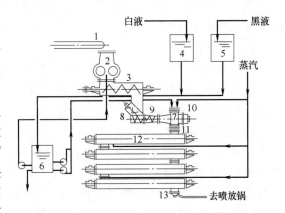

图 4-9 Pandia 连续蒸煮器（日产 62.5t 风干浆）
1—输送机 2—双辊计量器 3—双螺旋预浸渍器
4—白液罐 5—黑液罐 6—药液混合器 7—竖管
8—预压螺旋 9—螺旋进料器 10—气动止逆阀
11—伸缩补偿器 12—蒸煮管 13—翼式出料器

械浆）的生产。生产能力为化学浆 50～150t/d，化学机械浆 50～200t/d。与湿法备料配套在原料水分高达 75% 的情况下可正常运行，可采用冷喷放，还可安装于半露天场所。

1. 横管式连续蒸煮过程和相关工艺

（1）料片计量

从料仓来的原料，经输送机 1 送到双辊计量器 2 进行计量。双辊计量器是由两个彼此相向旋转的辊子组成，两辊的转速与辊间的距离可以调节，以适应不同的纤维原料和生产能力。其转速为 0.46～2.78r/min，功率为 5.5kW。经双辊计量器计量的原料连续定量地落入双螺旋预浸渍器 3，同时送入蒸煮液进行浸渍。

（2）预浸渍

白液和黑液分别引入罐 4 和罐 5，再在药液罐 6 中混合，然后泵送到预浸渍器作预浸渍用，或直接泵入竖管 7 的顶部，供蒸煮用。原料在预压螺旋 8 初步压实，该螺旋螺距 250mm，与水平面倾斜 45°角，可调速。

（3）形成料塞防反喷

原料再送进螺旋进料器 9 中，经挤压最后由螺旋末端挤入料塞管，形成密封料塞，以密封蒸煮空间的蒸煮压力，螺旋挤出多余药液，由螺旋进料器外壳上的开孔流出。螺旋进料器的结构非常重要，螺旋的螺距及其外径与根径的锥度设计，应使螺旋槽内的原料各向均匀压缩，从而使原料在螺旋槽内相对运动减少到最低的限度。螺旋末端有一实心轴延伸到料塞管中，用于消除形成的为料塞中央部分较软的现象，防步反喷。同时，压缩比的大小也很重要，草类原料需要更大的压缩比，一般为 1∶8，因为草类料塞要封住 0.686～0.784MPa 的蒸煮压力，需要 500～600kg/m³ 的密度，而草类原料的密度小，只有 60～80kg/m³，芒秆为 90～110kg/m³，所以草类原料需压缩 7～8 倍。如果蒸煮压力小，压缩比可能小些。此外为了防止原料打滑，螺旋外壳表面设有防滑条。螺旋与外壳防滑条间隙通常为 0.8～2.0mm。在进料器料塞管对侧装有气动止逆阀 10，其作用是便于原料造塞，保持料塞一定的紧密度，防止螺旋进料器的反喷，当料塞过松时，螺旋进料器的电流低于设定值，装在止逆阀气缸压缩空气管路上的电磁阀，在时间继电器与电流继电器的作用下关闭止逆阀。在正常生产时，止逆阀退回气动装置一侧，以使原料连续进入蒸煮管。第一根蒸煮管与竖管 7 之间设有伸缩补偿器 11。

（4）升温蒸煮

料塞经扩散落入蒸煮管 12 后开始恢复到正常密度，同时由直接蒸汽加热升温。四根蒸煮管的结构相同，管内有螺旋输送器，不仅可以输送原料，还起搅拌混合的作用。蒸煮器的充满系统一般为 0.5～0.7。

（5）浆料的喷放

成浆由最后一根管落入翼式出料器 13，经可调节的喷放阀喷放到喷放锅。翼式出料器里面装有翼式搅拌器，转速 300r/min 左右，用以将浆料初步碎解并刮至喷放器。翼式出料器的外壳上装有两个喷放阀，其中一个为备用，浆料通过其闸门的可调孔喷入喷放锅。

（6）冷喷放技术

也可采用冷喷放技术进行喷放。冷喷放是在最后一条蒸煮管至翼式出料器之间的竖管上注入 85℃ 左右的稀黑液，将浆料稀释到 8% 左右的浓度，并保持竖管内料位稳定，利用蒸汽管压力喷放。冷喷放能提高浆料的物理强度，并阻止蒸煮管内蒸汽随浆料一起喷放至喷放锅，降低废气污染。

2. 改良的横管连续蒸煮

图 4-10 为改良的横管式连续蒸煮器的结构及工作原理。和图 4-9 相比，有以下几方面的改良：

① 用立式汽蒸仓取代了卧式螺旋预热器；

② 采用压力浸渍器取代了 T 形管（斜管），以利于竹片和木片等结构紧密原料的蒸煮液快速浸透；

③ 卸料器内设有重物分离器（旋转的旋翼），可防止底部浆料堵塞并分离杂质，使浆料顺利从喷放阀排出。

此外还有采用双喷放技术，从第一蒸煮管到第二蒸煮管，两蒸煮管间的第一次喷放

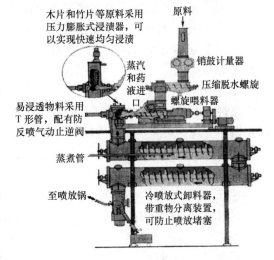

图 4-10　改良横管式连续蒸煮器

导致突然减压，有助于打开纤维束，促进纤维进一步吸收碱液，实现均匀蒸煮。

第三节　纸浆的洗涤、净化和筛选

植物纤维原料经过化学蒸煮以后，得到 50% 的纸浆，有近于 50% 左右的物质溶解于蒸煮液中，这种蒸煮终了排出的蒸煮液称为废液。在碱法制浆时称为黑液，在酸法制浆时称为红液。这些废液中所含的固形物有机组分主要是制浆中形成的木素和聚糖的降解产物，约占 65%～75%，其余无机物，约占 25%～35%。

废液中所含的木素、糖类等溶出物质及化学药品，在蒸煮结束后，通过洗涤，将其与纸浆尽量分离，以便达到如下目的：

① 保证纸浆的洁净，并使废液保持尽可能高的浓度，以利于废液的综合利用、化学药品与热能的回收，或进行其他适当处理，以解决蒸煮废液这个制浆厂的主要污染源。

② 避免了废液带入筛选工序。造成操作上的困难（例如，黑液引起的泡沫，红液引起的腐蚀等问题），同时，也防止了废液带入漂白工序，影响纸浆的质量，增加漂剂消耗。

筛选也是制浆过程中不可缺少的重要环节，无论化学的、机械的或化学与机械相结合的制浆方法，均不可能立即得到均匀分散的纤维，浆料中必然夹杂着各种分散程度不同的粗纤维束、碎片、树皮、木节或草节、细小的非纤维细胞。这些统称为浆料中纤维性的杂质，另外，还有非纤维性的杂质，例如树脂、泥沙、碎石、铁屑、煤尘等。根据纸浆质量的要求，这些纤维与非纤维性的杂质，必须通过筛选、净化工序使其与合格的纸浆纤维分离除去，否则，不仅影响纸浆质量，同时还会损坏设备，增加漂白药品的消耗，造成生产上的障碍。

一、常用洗涤、筛选与净化术语

（一）纸浆洗涤的指标

1. 洗净度

表示纸浆洗净的程度。一般有以下几种表示方法：

① 以洗涤后随纸浆所带走的清液中的残碱含量（Na_2O g/L）表示。

② 以洗后每吨风干纸浆所带走的残碱量（Na_2O kg/t 浆）表示。

③ 以洗后纸浆消耗 $KMnO_4$ 的量表示，一般用在酸法纸浆厂，如酸法木浆要求洗至 100mg/L 以下。

2. 置换比

洗涤过程中，纸浆中含溶解的固体物的实际减少量，与理论上可能的最大减少量之比。可以用以评价洗涤系统，或单台设备的洗涤效果。

3. 稀释因子

每吨风干浆洗涤用水量与洗后纸浆含水量之差，以米³/吨风干浆或公斤水/公斤风干浆表示。

稀释因子与纸浆的洗净度，及送去药品回收的废液浓度有密切关系。稀释因子大，纸浆洗净度高，废液浓度则降低。

4. 洗涤效果的指标

（1）洗涤效率（η）：

表示洗涤过程废液中固形物质量的相对百分率。

$$\eta = \frac{100m}{m_0}100\% \tag{4-1}$$

m_0、m——分别为洗涤前后浆料中废液含固形物的质量，g

（2）提取率

以碱法纸浆为例

$$提取率 = \frac{本期送回收车间黑液中的碱量}{本期蒸煮用碱量} \times 100\% \tag{4-2}$$

洗涤效率 η，现代技术可以高达 99%，依不同的洗涤设备、洗涤工艺和浆种而有所不同。

（二）筛选、净化过程常用术语

① 筛选（净化）效率：

$$筛选（净化）效率 = \frac{原浆中尘埃度 - 细浆中尘埃度}{原浆中尘埃度} \times 100\% \tag{4-3}$$

② 浆渣率：指筛选（净化）排出的浆渣百分率。

$$浆渣率 = \frac{浆渣量}{进浆量} \times 100\% \tag{4-4}$$

③ 浆渣中好纤维率：表示浆渣中能通过 40 目网的好纤维百分率。

二、洗涤的原理及方式

由于纸浆纤维结构的特点，未洗的纸浆悬浊液中废液大部分是游离存在于纤维与纤维之间的流动空间，部分存在于细胞腔内，还有少许存在于纤维细胞壁的孔隙中，对于硫酸盐木浆来说存在于纤维之间的约 80%～85%，胞腔内约 15%～20%，细胞壁里约 5%。在洗涤过程中，大部分游离的废液是比较容易分离出来，可以用挤压作用压出，洗涤过程中的挤压力，可以是洗涤液的静压力，或外加压力，对于细胞腔及细胞壁内的废液靠简单挤压方式是不能压出来的，只有用扩散方法，使纤维内部的废液中含有的溶解物质扩散出来。

（一）洗涤原理

（1）过滤

浆料过滤洗涤是指用具有许多微细孔道的物质（如滤网、滤布、多孔的薄膜或浆层）作介质，在压差的作用下，固体被截留，而液体流出的过程。

过滤作用一般多用于浆料在低浓（浓度低于10%）阶段的洗涤。

（2）挤压

挤压作用原理主要是通过压力对高浓浆料（浓度高于10%）进行过滤的操作。这种压力可能是施加的机械压力（如压辊、螺旋等），也可能是通过真空或空压机产生的空气压力。这种方法的优点是可将未被稀释的废液分离出来，这对废液的回收和综合利用有利。在挤压的过程中，纤维间的废液会很容易被挤出，随着挤压的进行，少部分纤维内部的废液也能被挤压出来。但是，利用挤压的方法不可能将废液与纤维完全分离。这是因为随着挤压强度的不断提高，纤维间的毛细管和细胞直径都变小了，从而使毛细管作用变得明显，结果使废液进入到毛细管中，而不是挤出去。

（3）置换

利用清水或稀废液把废液置换出来，含过滤、扩散作用。

（4）扩散

指传质的过程，其推动力是浓度差。纸浆的扩散洗涤利用浆中残留的废液溶质浓度大于洗涤液溶质浓度这一浓度差，使细胞腔和细胞壁中高浓的废液溶质向洗涤液转移，直至达到平衡。

以上4种洗涤原理见图4-11。

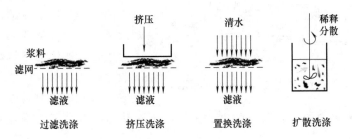

图 4-11　洗涤原理示意图

（二）洗涤的方式

洗涤方式分为单段洗涤和多段洗涤。多段洗涤又可分为多段单向（即每段都用新鲜洗涤水）和多段逆流洗涤。

由于纸浆洗涤在达到洗净度要求的前提下，不但要求废液提取率要高，而且要求稀释因子要小，废液浓度高。要解决这个矛盾只有采用多段逆流洗涤。如图4-12。

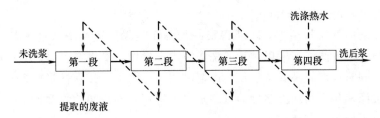

图 4-12　四段逆流洗涤流程示意图

多段逆流洗涤是由多台设备或一台设备分隔成多个洗涤段组成洗浆机组。浆料由第一段依次通过各段，从最后一段排出；洗涤水（一般为热水）则从最后一段加入，稀释并洗涤浆料，该段分离出来的稀浓废液再用于洗涤前一段浆料，以此类推。这样第一段能够获得浓度最高的废液，送往碱回收或进行综合利用。

逆流洗涤的段数，依据浆料洗涤的质量、浆料的种类、浆料的性质、产量、设备投资等确定，一般采用 3～4 段。

三、几种常见的纸浆洗涤工艺

（一）连续蒸煮器器内洗涤

连续式蒸煮器黑液的提取在蒸煮器内进行，黑液浓度高，温度高，可高达 130～160℃，

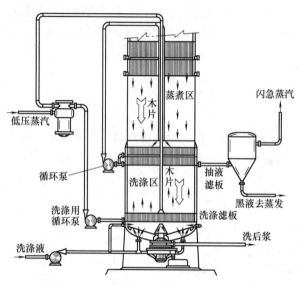

图 4-13 连续式蒸煮器内逆流洗涤及黑液的提取

黏度低，因此黑液提取容易，洗净度高。如图 4-13 所示。器内逆流洗涤效果相当于 2～3 台鼓式真空洗浆机逆流洗浆效果。洗后浆料的温度降至 100 以下，锅内高热洗涤后的浆料送至扩散洗涤机中进行补充洗涤。

从蒸煮器抽提滤板所抽出的黑液是木片柱中的自由液体，也即木片内的结合液体在抽提区域并没有直接抽提出来。因此，木片和结合液体在塔中继续垂直向下流动。由于木片柱的液压，当顺流蒸煮区任何抽提流量超过了自由液体向下流动的流量时，一股上升的自由液体就会在滤板下面形成。蒸煮塔底部液体（废液）与木片呈现逆流运行。木片内的结合液体随木片垂直向下移动，而自由液体垂直上升流至抽提滤板，并从那里排出。

锅内洗涤属高温洗涤，洗涤区在连续蒸煮塔的底部，洗涤液对蒸煮完全的木片或者接近蒸煮完全的木片进行逆向洗涤。洗涤液从蒸煮塔底部泵入，垂直向上流动，而被稀释的木片浆料从蒸煮器底部排出。而由滤板、泵、和中央回流液分布管所组成的洗涤循环系统，把从蒸煮塔底部导入的洗涤液加热，并沿着木片柱的径向均匀分布。

连续蒸煮的逆流洗涤的稀释因子通常控制在 2～3（单体质量的纸浆所使用的超出浆料所含液体的那部分滤液的质量），木片在逆流洗涤区停留的时间为 2～4h，由洗涤循环系统将逆流洗涤的温度控制在 130～160℃。

如果蒸煮废液的置换作用好，可获得很好的洗涤效果。置换洗涤过程首先发生在抽液区，然后在较长的逆流洗涤区域以过量的洗涤液进行操作，最后在喷放的稀释和冷却区域进行混合和置换。同时也需要高温下的长的停留时间。这些可加强木材浆料组分从纤维和木片中向外扩散。洗涤液与浆料逆流接触的目的是为了液相与固相间的浓度梯度的最大化，增强可溶性木材浆料组分的扩散速率。

连续蒸煮器内逆流洗涤的机理包括了置换和扩散洗涤，在连续蒸煮器中影响洗涤效果的关键参数是：

　　① 所抽废液的相对流量或洗涤区的稀释因子；

　　② 在逆流洗涤区域的停留时间；

③ 逆流洗涤区域内的温度；

④ 洗涤液循环的流量。

（二）常压扩散洗涤

常压扩散洗涤器的基本结构如图 4-14，未洗浆料从洗涤器的底部进入，并缓缓上升。洗涤水从上方的轴芯进入，并且由伸入到各筛环之间的分布管流入浆层之中，随着分布管围绕轴心的转动使洗涤水沿筛环均匀分布。进入到浆层的洗涤液将浆层中的废液置换出来，穿过两侧筛板上的孔，进入筛环的中心夹层中，并由连接筛环的径向排液管排出。为了防止筛环的堵塞，整个筛环借液压缸的推动，随浆料一道缓缓上升一定距离后，瞬时下落，此时排液阀也瞬间关闭停止排液。这样筛板上形成的浆层会与筛板发生急剧摩擦而脱落，同时筛孔也得到清洗。洗涤好的浆料上升至超过筛环边缘时，被安装在悬臂上的卸料刮刀刮落到浆槽中，并从浆槽的出口处排出。

常压扩散洗涤器洗涤时间长，洗涤效率高；设备全封闭，洗涤时不与空气接触，几乎不产生泡沫和空气污染，不产生臭味；因为建在贮浆塔上，不占空间，动力消耗低。但此法的稀释因子较高（2～3）。同时筛环上下往复运动的油压自控系统比较复杂。

连续蒸煮器内洗涤和贮浆塔上的两段扩散洗涤，构成了一套洗涤系统。如图 4-8 所示。

（三）鼓式洗浆机

1. 鼓式真空洗浆机

真空洗浆机的主要部件是一个在含纸浆悬浮液的网槽中旋转的覆盖网布的洗鼓，利用内置阀和一个密封的落差水腿，在转鼓转入浆料中形成抽力。在浸渍区网面形成浆层，所以当它从浆槽冒出时，网面积聚起一层厚浆，继续抽吸脱水，随着转鼓继续旋转，进入喷淋洗涤区，由喷嘴喷上洗涤水，以置换浆层中的黑液。最后进入卸料剥浆区，这里切断真空抽吸力并由压缩空气将浆层从滤网上吹离网面，其原理见图 4-15。

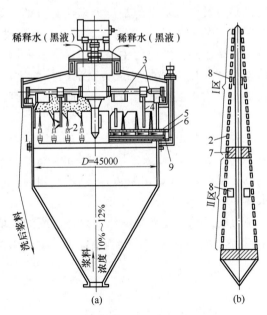

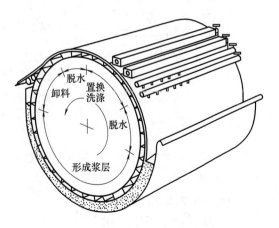

图 4-14　常压扩散洗涤器结构示意图
（a）扩散洗涤器　　（b）筛环断面

图 4-15　鼓式真空洗浆机洗涤原理

1—外壳　2—筛环　3—卸料刮刀　4—分布管　5—支撑管
6—筛环振动机构　7—筛环隔板　8—支撑　9—支撑隔板

真空洗浆机的典型逆流式布置见图 4-16。虽然应用了置换洗涤机理，单段真空洗浆机的平均置换效率由于许多因素，很少有超过 80％的，因此需要 3～4 段才能满意地达到除去 99％"可洗出的"黑液固形物。整个布置里面有过滤、置换和扩散（尤其在两个真空洗浆机之间的混合槽中）洗涤。

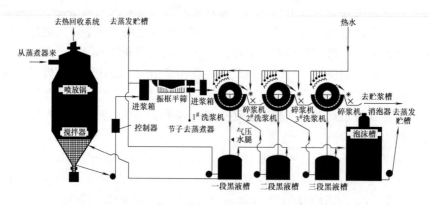

图 4-16　鼓式真空洗浆机多段逆流洗浆布置图

真空洗浆机的上浆浓度为 0.7％～1.5％，洗后出浆浓度可达 12％或者更高。

鼓式真空洗涤机操作方便，维修量少，性能稳定，洗浆质量好。但它存在结构相对复杂，多台串联占地面积大，易产生泡沫，安装楼层的标高要求高，稀释洗涤所用的废液泵扬程高，洗涤温度不能过高，投资较大等缺点。

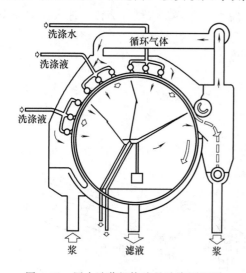

图 4-17　压力洗浆机构造及洗涤原理图

2. 压力洗浆机

另一类鼓式洗浆机是鼓式压力洗浆机，克服了上述真空洗浆机的一些缺点，见图 4-17。这类洗浆机是通过在浆层上施加压力来达到目的。其洗涤原理与鼓式真空洗浆机相似，也兼有过滤、扩散和置换作用。它们的主要区别是洗浆所需的推动力不同。压力洗浆机是利用洗鼓外的风压，对洗鼓面上的浆层进行压力过滤，而不是靠真空抽吸力。

压力洗浆机由转鼓、鼓槽、气罩、密封辊等组成。其主要工艺参数：风压 9～11kPa，进浆浓度 0.8％～1.2％，出浆浓度 12％～14％，洗涤水温 80～85℃。

压力洗浆机的优点是洗涤效果好，废液提取率高，安装标高低，不易产生泡沫。缺点是结构复杂，密封要求高，动力消耗大。主要用于洗涤木浆和竹浆。

（四）置换压榨洗浆机

1. 双辊置换压榨洗浆机

双辊置换压榨洗浆机由两个反方向转动的多孔压榨辊、压力浆槽、破碎输送器等组成，每个压榨辊分为 3 个区，即脱水区、置换区和压榨区。进浆可以低浓（3％～5％）也可以是高浓（6％～10％），浆料在脱水区形成连续浆层，浆浓增至 8％～12％。在置换区，洗涤水将浆料中的废液置换出来，随后进入压榨区，被挤压到 30%～35%，并由上部的破碎螺旋输送器送出，如图 4-18。双辊置换压榨洗浆机结构紧凑，密封性好，占地面积小，建筑费用低，最大优点是出浆浓度高，吨浆洗涤水用量仅为中浓洗浆时的一半，减小了废液量。

2. 双网置换压榨洗浆机

双网置换压榨洗浆机是一种将水平真空洗浆机（置换洗涤）与双网挤浆机（压榨洗涤）结合为一体的洗涤设备。其上网浓度为 3%～10%，经预脱水后，浆层经 2～4 段逆流置换洗涤区洗涤，再经 2～4 道压榨后，出浆浓度可达 35% 以上。如图 4-19。

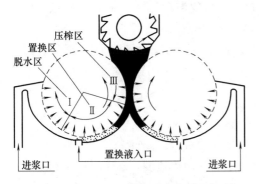

图 4-18　双辊置换压榨洗浆机工作原理图

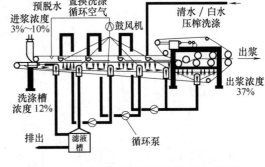

图 4-19　双网置换压榨洗浆机工作原理图

双网置换压榨洗浆机生产能力大，出浆浓度高，草浆废液提取率能达到 90% 以上，适合于废液黏度大、滤水性能较差的草浆的废液的提取，而且设备结构简单，造价和建筑费用低，但未洗浆料需经高浓除渣和除节，以免硬杂物损坏滤网和压辊。

四、纸料的筛选和净化

无论化学浆或机械浆在制浆过程中都含有或多或少的混杂物、不溶性的杂质，例如，纤维性的杂质（木节、草节、生片、粗纤维束，非纤维细胞等）及非纤维性杂质（碎石、沙砾、砖、铁屑、煤尘、树脂等）。必须根据原料情况及纸浆用途，分别予以清除，以保证纸浆质量。

（一）筛选净化原理

纸浆中尽管存在着各种性质不同的不溶性的杂质，但分选这些杂质一般采用两种作用原理：一类是按其尺寸大小和形状与纤维不同，用过筛的方式进行分离，这个过程称为纸浆的筛选；另一类是按其杂质的比重较纤维大，用重力沉降或离心分离的方式进行的过程，称为净化，在实际生产过程中，往往是两种方式结合构成纸浆的筛选和净化的工艺流程。

1. 筛选原理

纸浆在筛选过程中，是利用筛板的孔眼来控制使原浆中合格的部分通过，这部分称细浆。不能通过的部分称为浆渣，细浆通过筛板时需要一定的推动力，推动力主要依靠筛板两侧的浆流静压差和机械运动所造成的动压差。不同形式的推动力，就构成了各种不同结构的筛。以静压差为主来促使细浆通过的，有平筛、A 型筛。由动压差为主而使细浆通过筛板的有常见的 B 型筛、C 型筛，统称离心筛，不少筛的推动力既使用了静压差，也利用了动压差。

由于筛选是连续的过程，当细浆不断通过筛板时，必然有一部分不能通过的浆渣被筛板阻拦，因而造成通过的细浆浓度比原浆浓度降低。被阻拦的浆渣被浓缩，逐步形成一絮状的纤维层，并妨碍细浆的通过，严重时甚至筛眼堵塞，造成"糊网"现象。因此，不同结构形式的筛，都设计有使筛板两面产生压力脉动或机械振动的机构和适当的喷水方式，来稀释和破坏形成的纤维层，以保持筛板的畅通，这就构成了各种不同形式筛选机结构上的特点。

2. 净化原理

纸浆的净化，一般指分离比纤维相对密度大的杂质，通常有两种方法：

（1）重力沉降

重力沉降是最简单的方法，即以稀释的浆料（浓度 $0.35\% \sim 0.7\%$）以一定的流速（$12 \sim 15\text{m/min}$）流动，较大的杂质借重力自然沉降在底部，定时清理。

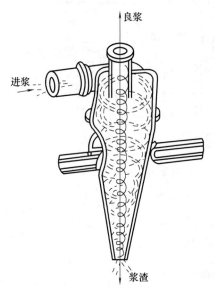

图 4-20　锥形除渣器除渣原理图

（2）离心分离

稀释的浆料在一压力下沿切线方向进入一锥形圆筒，产生涡漩运动，由涡漩产生离心力（F）。

$$F = \frac{Gv^2}{gr} \times 9.8\text{N} \tag{4-5}$$

式中　F——离心力，N；

　　　G——物体的重量，kgf；

　　　v——运动的圆周速度，m/s；

　　　g——重力加速度，m/s^2；

　　　r——物体涡漩的半径，m。

由于杂质的相对密度较大，受的离心力也较大，因而被抛向器壁，然后向下运动至排渣口排出，而锥形的轴向中心处，由于离心力作用形成"低压区"。在低压带的中心形成一道空气柱，由于洁净的浆料所受离心力较小，在向下涡漩运动的过程中，逐渐移向低压带，并向上运动，由于洁净浆料出口处排出，向上运动的浆料也是成螺旋状运动的，形成内层涡漩区（图 4-20）。

（二）筛选设备和影响因素

1. 粗选设备

振框平筛主要用于纸浆的除节和粗选，除去较大的杂质，如木节、草节、生片及较大的砂、石、铁屑等。经粗选除去较大的杂质，就可以保护以后工序的设备。如图 4-21，高频跳筛筛孔一般为 $\phi 3 \sim \phi 8\text{mm}$，最大 $\phi 12\text{mm}$，筛板下的挡板控制浆位高低，直接影响筛板上下压差，控制产量和质量。为了防止粗渣中带出合格纤维，在筛渣出口处装有喷水管。倘喷水的压力过大，角度过小，则使排渣困难，甚至有的杂质过筛，使细料质量下降；若水压太低，则排渣量增加，纤维损失增加。

一般操作条件为：振次 $1410 \sim 1440$ 次/min，振幅 $1.5 \sim 2\text{mm}$，进浆浓度 $1\% \sim 1.5\%$，出浆浓度 0.8%。

2. 精选设备

经粗选除节后的纸浆，还不能符合质量要求，需要进一步筛选，则称为精选。常见的筛有：CX 型筛、高频圆筛等。

（1）$ZSL_{1\sim4}$ 型离心筛（原名 CX 筛）

$ZSL_{1\sim4}$ 型离心筛（图 4-22）运转时浆料以一定进浆压头，从筛的二端进入后，随着叶

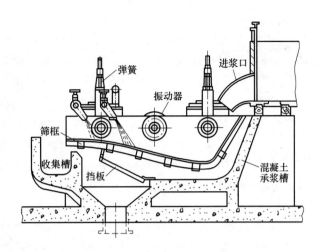

图 4-21 高频振框式平筛

片的旋转产生离心力，合格纤维通过筛孔，而筛板内的浆料同时还受到具有一定倾斜角的叶片给予的轴向推力，推向前进，因此浆料在筛内呈螺旋线运动，朝向筛的另一端排渣口前进。当叶片具有一定的转速时，浆料有可能在筛内形成一定的环流，并且利用叶片回转时产生的涡流，使筛板上形成的纤维层破坏。

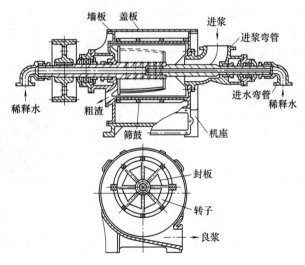

图 4-22 ZSL$_{1\sim4}$型离心筛的构造

ZSL$_{1\sim4}$型离心筛的特点：

① 筛板内有挡板。将筛分为两段，保证前段浆料能较好地形成环流，使尾浆与良浆分离得更好。

② 第一挡板上有环形孔，进筛的浆料，有一部分通过环形孔进入第二筛区，作稀释用，这样可减少喷水量，使出浆浓度较高。

③ 稀释水由转动两端的空心轴进入，其水量与水压可根据各筛区工艺条件调整分布。

④ 稀释水沿着轴上平行的翅子，送到筛板表面附近，因此可以用少量水发挥有效的稀释作用。

⑤ 转子直径小，转速较快，因此能形成一定厚度的环流浆层，有足够的离心力进行

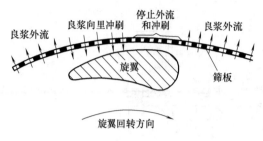

图 4-23　旋翼筛工作原理图

筛选。

ZSL$_{1\sim4}$ 型离心筛的优点是体积小，产量大，筛选浓度高，动力消耗小，筛选效率高，检修方便，已被推广采用。

（2）旋翼筛（立式离心筛、压力筛）

旋翼筛是一种全封闭筛，整个筛框浸没入纸浆中，故筛板利用率较高，我国旋翼筛的定型产品是外流式单鼓旋翼筛，有三种规格。筛板内有两个旋翼，由电机带动旋转，借以产生压力脉冲，以冲洗筛板，保持筛孔的畅通（图 4-23）。

旋翼筛在国外广泛用于磨木浆、化学浆及纸机前的筛选，而且形式有双鼓旋翼筛（图 4-24）和单鼓内流旋翼筛等多种形式。

旋翼筛工作时，浆料以一定的压力由切线方向进入筛框内，由于浆料进出口压差，使良浆通过筛孔，筛板上聚积的纤维层，则由流线型的旋翼在旋转过程形成的压力脉冲来冲刷，按旋转方向，旋翼的前部分与筛板间隙很小迫使浆料压向筛板外，而旋翼的后部分由于间隙渐大，形成局部压力减小，筛板外侧的浆液则反向冲进筛框，使聚积的纤维层定时破坏，因此旋翼筛要保持高的筛选效率，其筛框的椭圆度（0.3～0.5mm 以下）及旋翼与筛板的间隙（一般采用 0.75～1.0mm）控制很重要。

旋翼筛的特点：

① 进浆浓度高（0.8%～3.0%），生产能力大，运转可靠；

② 不与空气混合，没有泡沫问题；

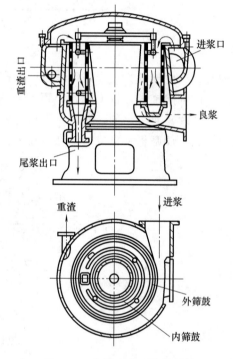

图 4-24　内外流式双鼓旋翼筛

③ 可采用较其他离心筛较小的筛孔（ϕ1～2.4mm），并能有效地除去纤维束，筛选效能高；

④ 占地面积小。设备紧凑，因无震动，不需特殊基础。

3. 影响筛选的因素

纸浆筛选过程的产量，质量及消耗指标，将受设备方面和工艺操作条件方面的影响，影响因素很多，而且互相制约，当设备选型确定后，必须从实际出发严格控制操作管理，协调各影响因素之间的关系，才能充分发挥设备效能，取得满意结果，下面就其主要工艺因素讨论如下：

（1）转速

对离心筛浆机来说，转速是重要的因素。例如转速过低，离心力不足，则好纤维与杂质的分离作用小，细浆通过量少，产量低，筛板易堵，好纤维损失增加，若转速太大，则离心力过大，产量虽可提高，但浆渣强制通过的也多，筛选效率降低，动力消耗增加。适宜的转速应使筛内浆流的离心力造成环流分层，而且各部分筛负荷均匀，对滤水性差的浆料（例如草浆），转速应稍高一些。

（2）筛板的孔径（或缝宽）及间距

筛孔（或筛缝）大小直接控制通过的杂质的尺寸，因此孔径（或缝宽）的选择应根据浆料的种类、进浆量及浓度、杂质的形状大小、筛后浆料的用途来确定，一般孔径对长纤维的保留率较敏感，平均纤维长度较大的，取孔径较大（例如，平均纤维长度在 1mm 以下的草类软浆，取 $\phi 1.0 \sim 1.2mm$，纤维长度 $2.5 \sim 3.0mm$ 的取 $\phi 2.2 \sim 3.0mm$），同时用喷水量及浆浓来控制杂质的通过。

孔距一般要求稍大于纤维平均长度，筛板的开孔率一般在 $15\% \sim 25\%$，孔距太大则产量低，排渣量大，若开孔率太大使孔距小于平均纤维长度，则容易产生糊筛板现象。

（3）进浆浓度与进浆量

每一种型号的筛选设备都有其相应的最适宜的进浆浓度、进浆量和生产能力的范围。进浆浓度过大时，则必须增加喷水量，否则容易出现"糊网"。在一定范围内增加进浆浓度，则生产能力增加，筛选效率提高。

在一定范围内增加进浆浓度或进浆量，使单位产量的动力消耗也可下降。相反，当进浆浓度过低，则不仅筛选效率下降，动力消耗增加，生产能力也会下降。

（4）稀释水量

因为筛选过程良浆浓度低于进浆浓度，筛内的粗浆浓度增大，为了减少尾浆中纤维损失，分离其中的好纤维，必须有足够的稀释水量，若喷水过少，则粗渣易引起糊网和堵渣，影响正常操作；若喷水过多，则良浆浓度过低，质量下降，由于筛鼓内浆的浓度变化是由进浆口至排渣口逐渐增加，因此喷水量要有相应变化。

（5）浆料品种

不同种类的浆料，纤维长度与滤水性能不同，筛选效果亦有差别，生产过程中，往往由于蒸煮纸浆硬度不同，亦会影响筛选效率，因此必须考虑与此相关的操作条件的变化。

（三）净化设备和影响净化的因素

1. 锥形除渣器

锥形除渣器是广泛应用于浆料净化的设备。浆料由除渣器的上部以切线方向进入后，沿圆筒内壁产生涡漩运动，因克服浆料内部的摩擦力，离心力逐渐减小，故除渣器下部做成锥形以减小涡漩半径，增加离心力，保持对杂质有足够的分离作用。

除渣器的排渣口特别容易磨损，排渣口的尺寸随磨损面逐渐变大；相应地改变除渣器的生产能力和除渣效率，因此除渣器的下锥都均设计成易于拆卸、更换的结构（图 4-20）。

除渣器的工艺性能是朝着除渣效率高、动力消耗低、浆渣堵塞次数少以及密封系统（防止空气吸入）方面发展，为了解决密封系统中多个并联的除渣器能共用一条带压的浆渣管，以便用简单的浆渣阀控制排渣。

2. 影响净化的因素

（1）压力差

影响除渣器净化效率的主要因素是浆料进出口压力差，它是产生涡漩运动的推动力，也是使杂质分离的动力，如果压力差太大，消耗动力增加；若压差不足，则净化效率降低。

（2）进浆浓度

在压差一定的情况下，进浆浓度产生波动时，净化效率随进浆浓度增加而下降。当进浆浓度增加，排渣浓度也增加，纤维损失也随之增大，一般进浆浓度在 0.5％左右，若进浆浓度太低，则设备生产能力下降，动力消耗增加，也是不经济的。

（3）通过量

每种型号的除渣器，都有一额定的生产能力，除渣系统中每段除渣器的个数，即依据每个除渣器的能力进行确定，在生产过程中，若单位时间的通过量低于额定的生产能力，可以减少除渣器的个数，或者采用细浆回流的方法，保证每个除渣器能在满载下运行，否则将影响除渣效率和纤维流失。

（4）排渣口

一定型号的除渣器，其排渣口和锥角都有一定的规定数值，排渣口太小，除渣效率低，而且容易堵塞，排渣口大，虽可提高净化效率，但排渣量大，纤维损失多，因此除渣器在使用中如磨损很大，必须注意排渣口的尺寸变化，即时更换新的排渣口。

（四）筛选净化流程的组合形式

不同型号的筛选和净化设备都有本身的特点和适宜的操作条件，生产中常根据产品质量、产量要求和消耗定额，以及操作管理上的方便，往往将多台设备组合使用，其组合方式有以下几种：

1. 多段筛选（净化）

筛选（净化）过程的影响因素是多方面的，但就单台设备来说，排渣率是控制细浆质量和杂质量的重要因素。由于单台设备不可能使纤维与杂质100％的分离，因此通过筛板的细浆中仍含有一定的杂质，未通过筛板的粗渣中仍含有一定的纤维，为了提高细浆质量必然是提高排渣率，以便减少杂质通过筛板的机会，也就是增加排渣率，这样就增加了纤维的损失。相反，若减少排渣率，则降低细浆质量。为了达到既提高排渣率以保证一定的纸浆质量，又不增加纤维的损失，必须考虑多台设备串联的筛选流程，即第一台筛出来的粗浆送到第二台筛进一步筛选分离，这样就可以在排渣率较高的情况下，使纤维损失减少。

一般情况下，排渣率采用10％～30％，筛选段效采用2～3段筛选。若筛选（净化）分段太多，不仅使设备投资增加，而且动力消耗亦会随着增加，同时总筛选效率下降。所以当粗浆中杂质超过80％，则不宜再筛。

2. 多级筛选（净化）

筛选（净化）的分段是指的浆渣经多次筛选，以达到减少纤维损失，但它不能进一步提高细浆质量，若提高排渣率，降低细浆率也是有限的，多级筛则不同，它是指细浆经多次筛选，可以进一步提高筛选效率，达到提高纸浆质量的目的。图4-26为二级筛选流程。

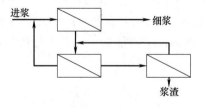

图 4-25　细浆回流的多段筛选流程

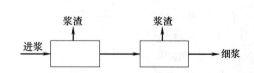

图 4-26　二级筛选流程示意图

多级筛选时，筛选（净化）效率是随级数增加而提高，因此无须降低细浆率来提高纸浆质量，随着级数的增加，设备投资会增加，动力消耗增加，同时细浆量减少，粗浆量增加，所以多级筛选适于纸浆质量要求较高的产品。或者是产品品种较多的企业，这样，粗浆可用于较低级的产品，级数最多用 2～3 级。

五、纸浆的浓缩与贮存

1. 纸浆的浓缩

纸浆经过精选后，浓度约在 0.3%～0.6%，如果将这样的低浓度纸浆送入浆池贮存，不仅贮存池容积大，占地面积多，而且浆料输送，搅拌的动力费用大，因此，一般要求先浓缩至 3% 以上。

纸浆浓缩至 3%～20% 的范围时，一般采用过滤脱水作用原理的设备，若浓度范围要在 15%～40%，则多用挤压设备。现将常用浓缩设备介绍如下：

（1）圆网浓缩机

主要利用网笼内外液位差进行脱水，结构简单，一般工厂可以自制。

圆网浓缩机（图 4-27）主要由网笼与网槽组成。网笼上有 8～12 目的底网，表面上包覆着 40～65 目的铜网或塑料网，网笼内外有水位差。白水穿过网眼排出，纤维附在网笼表面，随网笼转出浆面时，被喷水冲至排出口，再落入浆池，进浓缩机的浆浓 0.4%～0.5%，浓缩后浆浓可在 4%～5% 左右。

（2）侧压浓缩机

ZNC 型侧压式浓缩机结构示意如图 4-28 所示，作用原理与圆网浓缩机相同，其结构特点是为了提高网笼内外水位差使网笼偏向浆槽的进浆一侧，形成高的浆位，而在网槽另一侧的低液位处设有胶皮压辊，用以封闭网笼与网槽之间隙，浆料上网后形成的滤层，转到胶皮辊上后由刮刀刮下。胶皮压辊有杠杆，调节压辊的线压力，以控制浆的出口浓度，一般进浆浓度 2% 左右，浆料出口浓度达 7%～14%，生产能力较大。

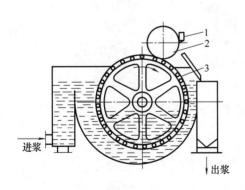

图 4-27 圆网浓缩机
1—刮刀 2—压辊 3—网笼

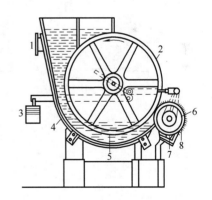

图 4-28 侧压浓缩机
1—进浆口 2—网笼 3—压铊 4—浆槽
5—排水口 6—压辊 7—刮刀 8—浓缩后浆料

（3）真空浓缩机

真空浓缩机与前述真空洗浆机的工作原理和结构相同。与侧压浓缩机比较，由于浆层受真空的吸滤作用，因此浓缩作用较大，出口浆浓可达到 12%～14%。

2. 纸浆的贮存

纸浆的贮存是保证连续性生产的重要一环，它能对纸浆在数量与质量上的波动给予调节。例如，它可以起到调节浓度、缓冲前后工序的生产以及稳定质量等作用。在制浆造纸厂，很多工序前后都设有浆料的贮存池（或塔）。

（1）卧式贮浆池（低浓贮浆池）

卧式贮浆池一般采用钢筋混凝土结构。池内壁用水磨石或铺设瓷砖，保持池面光滑不挂浆。池中间有隔墙构成浆料循环的沟槽，沟道底部及转弯处做成圆角，以保持浆流顺畅，不停浆，池底有2.6%～4%的坡度，装配的循环推进器把浆池最低点的浆料吸至最高点，然后又顺坡度而下进行循环。在池的最低处有排浆口及排污口，以保持排浆干净和便于清洗。浆池浓度一般3.5%～4%以下。

① 浆池的容积：贮浆池容积一般视工厂设备能力平衡、检修制度及生产稳定性等具体情况而定，一般贮存3h的浆量。

② 浆池的几何尺寸：浆池几何尺寸对浆料的循环混合有很大关系，一般沟道的宽度可取池长的1/5～1/6，不能小于池长的1/9，沟深取沟宽的1.3倍。

③ 浆池循环：为了使浆池中浆料保持悬浮和均匀的混合，每个浆池都附设有循环推进器。

（2）立式贮浆池（塔）

高浓立式浆池为钢筋混凝土结构，内衬瓷砖或涂树脂。其上部只起贮浆作用，浆料池没有混合作用；其下部有螺旋浆循环器和喷水（废液）管，浆料靠重力下降，至下部用水（或废液）稀释搅拌均匀后用泵抽出。立式浆池有平底的，也有锥底的。如图4-29所示。立式浆池贮浆浓度高，贮浆量大，占地面积小，其缺点是检修困难，清洗不便。

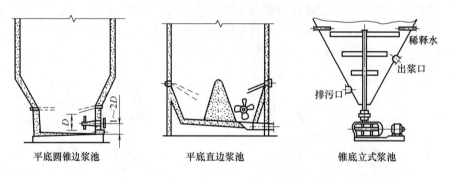

图 4-29　平底和锥底立式贮浆池底部结构

第四节　黑液的回收处理

碱法制浆每生产1t纸浆，有1.5t～2.1t的黑色固形物（其中有机物占70%，无机物占30%）溶解在黑液中，对其进行回收处理，就是要回收里面的化学品，回收里面含有潜在的热能。黑液的回收处理已成为碱法制浆系统不可缺少的工艺组成部分，具有高的经济效益、环境效益和社会效益。

碱法制浆废液颜料较深，称之为黑液。黑液中的有机物质可以通过在碱炉中燃烧，产生热能蒸汽，可用于发电或作为制浆造纸生产线的工艺用汽；黑液中的无机物回收处理后可作为碱法蒸煮药液在系统循环使用。当采用硫酸盐法蒸煮时，烧碱和硫化钠的损失可以完全由芒硝补充。因此，黑液具有极高的价值，其回收过程和利用如图4-30所示。

造纸工业的碱回收，仍然是以传统燃烧法为主。这一方法，包括下述主要过程：

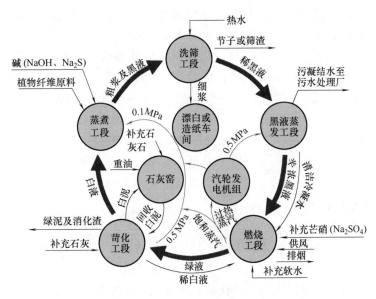

图 4-30　黑液的回收处理及其利用图

黑液的蒸发：将稀黑液浓缩到燃烧要求的浓度。一般分两个阶段进行：多效蒸发和直接接触蒸发。

黑液的燃烧：固形物中有机物燃烧，钠盐分解，反应生成碳酸钠，芒硝还原成硫化钠。无机物在调温下成熔融状态，从炉内流出溶解于水或稀碱液中，成为绿液。

绿液的苛化、澄清：用石灰与绿液混合，使碳酸钠转变成氢氧化钠，谓之苛化。苛化后将含有还原的硫化钠乳液经过澄清，即成为制浆用的碱液，称为白液。

石灰回收：苛化后澄清沉淀的碳酸钙称为白泥，将其进行煅烧，便成为苛化用的石灰。

一、碱回收常用术语

① 黑液：碱法蒸煮后从纸浆洗涤提取出来的废液。

② 绿液：黑液在碱回收炉内燃烧后流出的熔融物用稀白液或水溶解后的液体。因其含有二价铁盐，成绿色液体。

③ 白液：绿液加石灰苛化后得到的澄清液。

④ 稀白（绿）液：用水洗涤白泥（绿泥）所得到的稀液。

⑤ 白泥：澄清白液沉淀的渣子。

⑥ 绿泥：澄清绿液沉淀的渣子。

⑦ 芒硝还原率：熔融物中 $\dfrac{Na_2S}{Na_2S+Na_2SO_4}\times100\%$（以 Na_2O 表示）

⑧ 黑液提取率：从蒸煮后黑液中所提取得到固形物的百分数。

⑨ 碱回收率：蒸煮用的碱经回收（不包括补充芒硝）得到的碱量占蒸煮用碱量百分数。

⑩ 自给率：经碱回收后所得到碱量（包括补充芒硝在内）占蒸煮用碱量的百分数。

二、黑液的蒸发

黑液蒸发的目的在于除去黑液中多余的水分，以适应燃烧的需要。从洗涤工段送来的黑液，木浆黑液浓度一般为 $11\sim14°Bé(15℃)$，相当于含固形物 $14\%\sim19\%$；草浆黑液浓度为

5～8°Bé(15℃)，约含固形物 7%～10%。这样稀的黑液不能直接燃烧，首先需要蒸发去掉部分水分，而蒸发的程度则由燃烧设备的类型而定。回转炉要求含 42%～50% 固形物的黑液，喷射炉要求含油率 54%～65% 固形物的黑液。要获得较高浓度的黑液，通常采用两段蒸发方法：第一段在多效蒸发器中进行，可将黑液蒸发至含 50%～55% 的固形物；第二段采用直接接触蒸发，在烟气与黑液直接接触的蒸发器中进行，可浓缩到含固形物 55%～65% 的浓度。

为了减少蒸发的负荷，要求洗浆送来的黑液浓度、温度尽可能高，木浆黑液浓度一般可达 11～14°Bé(15℃)、温度约 70～80℃，液量 8～11m³/t 风干浆。草浆黑液浓度、温度较低，通常在 5～8°Bé，60℃左右，液量 10m³/t 风干浆以上。

（一）黑液的组成和性质

1. 黑液的组成

用碱法以植物纤维为原料制浆的黑液，均由有机物与无机物两部分组成。有机物包括：植物纤维原料溶出的木素、半纤维素和纤维素的降解物及有机酸等，这是产生热值的主要能源。无机物包括：游离的氢氧化钠、硫化钠、碳酸钠、硫酸钠以及与有机物化合的钠、二氧化硅等。根据制浆原料和生产工艺条件的不同，黑液固形物中有机物与无机物的组分比例也不同，一般有机物占 70%，无机物占 30% 左右。

2. 黑液的性质

（1）黑液的浓度

黑液中的固形物含量，随成浆硬度与洗涤方式而异。常用重度（波美度）或百分浓度表示。

比重与波美度的关系式：

$$相对密度 = \frac{144.3}{144.3 - °Bé(15℃)} \tag{4-6}$$

°Bé 与黑液固形物质量分数关系式：

$$黑液固形物含量(\%) = 1.51x - 0.9$$

式中 x——黑液°Bé（15℃）

但是不同浆种、不同蒸煮条件所得黑液的°Bé 与固形物质量分数关系不尽相同，上式系根据十四种浆的黑液综合而得。

（2）黑液的黏度

黑液黏度随黑液温度升高而下降，随浓度的升高而增加。草浆黑液，由于原料灰分大、二氧化硅多、二氧化硅与氧化钠反应生成硅酸钠存于黑液里。半纤维素含量多，增加了黑液中溶解的糖，因此草浆黑液比木浆黑液黏度大。

（3）黑液的比热容

黑液的比热容随黑液中固形物含量增加而下降。在 100℃ 范围内，黑液的比热容随温度变化很小。

（4）黑液的沸点

黑液的沸点随着黑液的重度和液面压力增加而升高。黑液沸点升高影响蒸发效率。

（5）黑液的腐蚀性

黑液具有腐蚀性，特别是硫酸盐法黑液，其原因是黑液中各种酸性硫化物和有机酸等引起的，如蚁酸、醋酸、硫化氢、甲硫醇等。

（6）黑液的起泡性

由于制浆原料中含有木素、树脂等物质，在制浆过程中生成碱木素和皂化物，这些物质是较强的表面活性剂，促使黑液表面张力变小，当与空气接触一经搅动便形成泡沫。黑液中有机物和皂化物越多，起泡沫性越强，浓度越大起泡沫性越小。

（7）黑液的燃烧值

1kg黑液固形物燃烧时的发热量称为黑液的燃烧值，黑液固形物中有机物组分越高，燃烧值越大。软浆的黑液固形物燃烧值比硬浆低，因为固形物中有机物与无机物比值小于硬浆。木浆大于草浆黑液燃烧值，木浆原料中木素多，草浆原料碳水化合物多，而木素发热值约为 $2.5 \times 10^7 J/kg(6000kcal/kg)$，碳水化合物发热值约 $1.26 \times 10^7 J/kg(3000kcal/kg)$。

（二）黑液的预处理

为了改善蒸发时的操作条件，同时也是为了进一步回收黑液中的有用成分，在蒸发前需要对黑液进行预处理。包括：除渣、氧化、除硅（麦草浆黑液）、除皂等。

1. 除渣

从洗涤工段来的黑液含有较多的纤维、细小纤维和各种残渣，这些物质会引起蒸发器内产生纤维性的管垢，降低蒸发效率。黑液的除渣一般采用纤维过滤机，也可采用较为简单的过滤设备。

2. 氧化

作用：将不稳定的硫化钠氧化成较稳定的硫代硫酸钠和硫酸钠，以降低黑液中硫的损耗、黑液的腐蚀性和对环境的污染。

不稳定的硫化钠、硫氢化钠，在蒸发、燃烧过程中，容易生成 H_2S 而从废液中释放出去，造成硫的损失，产生臭气污染大气和腐蚀设备，即：

$$2NaHS + CO_2 + H_2O \longrightarrow Na_2CO_3 + 2H_2S\uparrow$$
$$Na_2S + 2H_2O \longrightarrow 2NaOH + H_2S\uparrow$$

可将黑液中的 Na_2S 和 $NaHS$ 氧化为较为稳定的 $Na_2S_2O_3$ 和 Na_2SO_4。

$$2Na_2S + 2O_2 + H_2O \longrightarrow Na_2S_2O_3 + 2NaOH$$
$$2NaHS + 2O_2 \longrightarrow Na_2S_2O_3 + H_2O$$
$$NaS_2 + 2O_2 \longrightarrow Na_2SO_4$$

黑液的氧化，造成黑液的燃烧值下降以及木素和硅的沉淀，所以对于硫化度不高含硅量较高燃烧值又较低的草浆黑液，不宜进行氧化处理。

现代碱回收采用结晶蒸发，提高了入炉黑液的浓度，燃烧过程通过炉膛高温和钠的吸收，硫的损失大大降低，特别是硫酸盐法浆厂高浓臭气和低浓臭气回收处理系统的应用，硫的回收率显著提高，一般不对黑液进行氧化处理。

3. 黑液的除硅

草类纤维原料中硅含量较高，其黑液在蒸发、燃烧都较困难，白液难于澄清，白泥难于采用常规方法回收，导致二次污染。可采用如下措施对黑液进行除硅：

① 补加烧碱法：使黑液中的氧化硅处于游离状态，可以减少其对蒸发过程的影响，但不能从根本上解决问题；

② CO_2 除硅法：向黑液中通入 CO_2 或烟气，使其 pH 处于 $9.5 \sim 10.0$，则部分硅化物会以硅酸的形式沉淀出来，主要的化学反应为：

$$Na_2SiO_3 + 2CO_2 + 2H_2O \longrightarrow H_2SiO_3 + 2NaHCO_3$$

实际生产中可将烟道气通入黑液中进行除硅，并浆沉渣分离，回收沉渣中夹带的黑液。

③ 石灰除硅法：在稀液中，使 Na_2SiO_3 与 CaO 反应生成沉淀 $CaSiO_3$，并加以除去，其主要化学反应为：

$$Na_2SiO_3 + CaO + 2H_2O \longrightarrow CaSiO_3 + 2NaOH$$

④ 铝土矿除硅法：将适量的铝土矿在燃烧前加入到黑液中，在燃烧过程中形成的铝酸钠（$NaAlO_2$），在绿液中与 Na_2SiO_3 反应，生成硅铝酸钠复合体沉淀而被除去，主要化学反应为：

$$2Al(OH)_3 + Na_2CO_3 \longrightarrow 2NaAlO_2 + CO_2 + 3H_2O$$

$$4Na_2SiO_3 + 2NaAlO_2 + 4H_2O \longrightarrow Na_2O \cdot Al_2O_3 \cdot 4SiO_2 \downarrow + 8NaOH$$

⑤ 生物除硅法：在黑液中加进一些微生物，使其生化作用到硅化物能析出的环境。

以上所述几种方法，除补加烧碱外，其他方法在实际中很少采用。

4. 黑液的除皂

黑液中的皂化物会引起蒸发器结垢和泡沫问题，从黑液中分离出来的皂化物可回收塔罗油，进一步处理可得到脂肪酸、松香等化工产品。

黑液的除皂主要采用静置法和充气法，静置法最简单，适合于各种浓度的黑液，因而应用较为广泛。

黑液中的皂化物可用盐析法分离，在多种电解质（如 Na_2SO_4、Na_2CO_3 和 $NaCl$ 等）的作用下，皂化物产生凝聚，而上浮到黑液的表面，以便刮除。

皂化物在不同浓度的黑液中的溶解度不同，因黑液浓度不同除皂率也有差别。例如，稀黑液的除皂率为 20%，半浓黑液（固形物含量 25%~35%）约为 40%，浓黑液则为 20%，所以目前生产上大多采用半浓黑液除皂法。

（三）黑液的间接蒸发

所谓间接蒸发是指黑液不直接和加热的热源蒸汽接触。间接蒸发通常在多效蒸发器中进行。所谓"效"，是指黑液经过不同等级的蒸汽（如新蒸汽、二次蒸汽）蒸发的次数，多效即意味着采用不同等级的蒸汽对黑液进行多次蒸发。

1. 蒸汽流程

蒸汽流程分为新鲜蒸汽流程和二次蒸汽流程。一般将使用新鲜蒸汽做热源的蒸发器叫作 Ⅰ 效，Ⅰ 效中蒸发废液产生的二次蒸汽进入 Ⅱ 效蒸发器，Ⅱ 效蒸发器产生的二次蒸汽进入 Ⅲ 效做热源，依次类推。最后一效产生的二次蒸汽进入冷凝系统。

2. 黑液的流程

① 顺流式：黑液的流程与蒸汽的流向（即 Ⅰ、Ⅱ、Ⅲ、…）完全一致，黑液经过预热器后，进入 Ⅰ 效蒸发器，然后按顺序自动进入下一效，从最后一效出来的废液进入浓黑液槽或半浓黑液槽。黑液各效之间依靠压差传输，不需要泵和预热器，机构紧凑，动力消耗低。顺流式布置存在问题是，随着蒸发效数的增加，黑液黏度大，温度低蒸发困难，实际几乎没有采用。

② 逆流式：与顺流式相反，黑液首先进入到最后一效，然后以与蒸汽流向相反的方向进行流送。逆流式随着黑液浓度的增大，蒸发温度也相应提高，黑液黏度增加幅度较小，总的传热系数较大，蒸发强度高。缺点是由于黑液流送方向的压力逐效增大和温度逐效增加，各效之间必须采用泵输送和预热器，这就使得蒸发器流程中辅助设备较多，操作复杂。完全的逆流黑液蒸发一般用于管式或板式自由流降膜蒸发系统。

③ 混流式：是顺流和逆流供液方式的混合组合，它兼有顺流和逆流的优点，并易将半浓黑液引出来进行皂化物分离。

3. 冷凝水流程：蒸发系统的冷凝水，包括新蒸汽冷凝水和二次蒸汽冷凝水（污冷凝水）。用新蒸汽加热的蒸发器和预热器的冷凝水集中收集，供锅炉给水使用。二次蒸汽冷凝水的流程，利用各效汽室之间的压力差，通过 U 形管或泛汽罐依次流入下效，或者在泛罐内闪急蒸发后同下效冷凝水往后流，逐渐回收冷凝水的热量，最后进入污冷凝水收集槽，泵入地沟（或单独引入冷凝水处理系统）。

4. 不凝结气体系统：排除各效汽室内不凝结气体，一般都从各效汽室分别引出，通过总管接到汽水分离罐，分离后的不凝结气体进入冷凝系统排出。在排放前可将其引入苛化工段的稀白液中，以去除其中含有的硫化氢、硫醇等硫化物，减少对大气的污染。或者将Ⅱ效及以后各效的不凝性气体通过总的不凝气体收集管送到最后的表面冷凝器中冷凝。冷凝后，所有二次汽带入的空气及不凝结气体由真空泵抽出，经真空泵的不凝气压力增大，所含水分进一步冷凝，然后经真空收集槽排放到高浓臭气系统。

（四）蒸发设备

间接蒸发器由废液（黑液）室、加热室、沸腾室、分离室（包括分离器）、循环管和循环泵等几部分组成。通常使用的有立式长管升膜蒸发器、短管式升膜蒸发器、管式降膜式蒸发器、板式降膜蒸发器等几大类。

1. 立式长管升膜蒸发器

立式长管升膜蒸发器应用较为广泛，如图 4-31，其加热管内黑液高度占管长 1/4～1/5，当黑液沸腾时，主要靠二次蒸汽大管内以很高的速度上升，此时黑液被迅速上升的蒸汽流带动，沿着管子内壁成膜状以较高的速度上升。传热效率速度快，适宜蒸发黏度较大易起泡沫的黑液。

2. 短管升膜蒸发器

短管升膜蒸发器特点是：加热管内充有较满黑液，不易结垢，适用于草浆黑液蒸发，其蒸发强度 8～10kg/(m^2 · h)。蒸发强度较低，对蒸发浓度相对较低的黑液有一定的适用性，应用范围较小。

3. 强制循环降膜蒸发器

强制循环降膜蒸发器结构特点是：分离器在加热室的下部，似倒置的升膜蒸发器，黑液从加热室顶部进入，通过喷液装置分配到各加热管内，形成降膜蒸发，完全消除了黑液静压造成的温度损失。泵从下部分离器将黑液抽送到下效或自然循环，适用于高浓黑液蒸发，可做单效黑液增浓蒸发器。

4. 板式降膜蒸发器

板式降膜蒸发器属降膜蒸发器的一种，其加热元件由加热管改为加热板，使加热面积大为增加，提高了蒸发强度。如图 4-32。

5. 蒸发辅助设备

① 预热器：其作用是为提高进效前的黑液温度，使其接近沸腾，充分发挥蒸发器的效能。

② 冷凝器：为冷凝多效蒸发系统最后一效的二次蒸汽之用，由于二次蒸汽冷凝成水后，体积极大的缩小，于是便形成了真空，这就是多效蒸发系统真空产生的原因。常用的冷凝器有表面式和混合式。

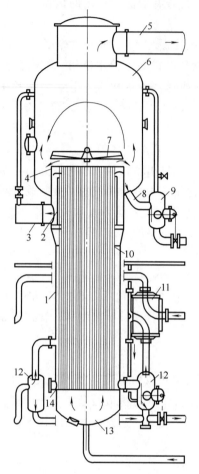

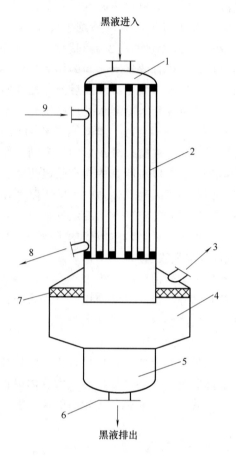

图 4-31 单程长管升膜蒸发器结构

1—沸腾器壳体 2—反绷板 3—蒸汽输入管
4—上管板 5—二次蒸汽排出管 6—分离器
7—折转板 8—浓黑液排出管 9—液位控制器
10—沸腾管 11—螺旋换热器 12—冷凝水排出器
13—下黑液室 14—下管板

图 4-32 降膜式蒸发器结构

1—黑液室 2—沸腾室 3—二次蒸汽排出管
4—分离器 5—下黑液室分离器 6—浓黑液排出管
7—栅板式二次蒸汽分离器 8—冷凝水排出口
9—加热蒸汽入口

③ 真空泵：是抽出冷凝器中不凝结气体的设备，一般采用水环式或水环喷射式真空泵。

（五）多效蒸发系统典型流程

黑液多效发器蒸发依据不同的设备来选择，采用的流程也不同。

1. 多效长管升膜蒸发站混流进料蒸发流程

图 4-33 蒸发站系统中黑液的供液流程为：

稀黑液──→Ⅲ──→Ⅳ──→Ⅴ──→半浓黑液──→Ⅰ──→Ⅱ──→浓黑液

稀黑液首先经加热后泵送到Ⅲ蒸发器，同时，将不同比例的稀黑液补充到Ⅳ蒸发器和Ⅴ蒸发器。从Ⅲ蒸发器出来的黑液又依次送到Ⅳ效和Ⅴ效中去，由Ⅴ效出来的半浓黑液可以送出，进入来半浓槽，分离皂化物（无皂化物时可直接进入螺旋换热器）。半浓黑液槽的黑液在输送泵的作用下通过螺旋换热器，使用Ⅱ效、Ⅲ效、Ⅳ效蒸发器的加热蒸汽作为热源进行加热。经加热后的黑液再经半浓黑液预热器预热后进入Ⅰ效蒸发器，出Ⅰ效的黑液再顺流经

过Ⅱ效蒸发器，出Ⅱ效蒸发器黑液为浓黑液，送浓黑液槽贮存。Ⅰ效的冷凝水泵送燃烧工段
回用，Ⅱ、Ⅲ、Ⅳ、Ⅴ效蒸发器的污冷凝水经逐级闪蒸利用后送污冷凝水槽。出Ⅴ效蒸发器
的二次蒸汽以及各效排出的不凝气（从螺旋换热器排出）进入表面冷凝，最终的不凝气体由
真空泵排出系统。

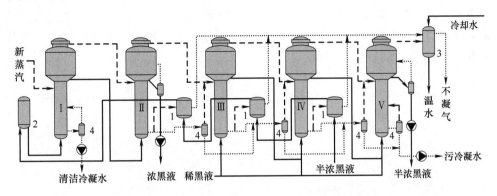

图 4-33　多效长管升膜蒸发站混流进料蒸发流程

1—螺旋换热器　2—黑液加热器　3—表面冷凝器　4—闪蒸/液位罐

2. 三管两板蒸发站混流进料蒸发流程

图 4-34 蒸发站系统中黑液的供液流程为：

$$稀黑液 \longrightarrow Ⅲ \longrightarrow Ⅳ \longrightarrow Ⅴ \longrightarrow 半浓黑液 \longrightarrow Ⅱ \longrightarrow Ⅰ \longrightarrow 浓黑液$$

Ⅰ、Ⅱ效采用板式降膜蒸发器，该系统较多地应用于非木纤维制浆碱回收系统。Ⅲ、
Ⅳ、Ⅴ效的流程与五效长管升膜蒸发站相同，主要的不同在于用黑液加热器代替螺旋换热
器，来自半浓黑液槽或出Ⅴ效黑液泵送黑液换热器，然后进入Ⅱ效蒸发器，经循环蒸发后送
Ⅰ效蒸发器，出Ⅰ效蒸发器黑液经浓黑液闪蒸罐后送浓黑液槽贮存。为调整出蒸发站的黑液
温度，浓黑液闪蒸罐的蒸汽用阀门控制，排放到Ⅱ效蒸发器的液室。黑液在Ⅰ、Ⅱ效按逆流
式流程运行。

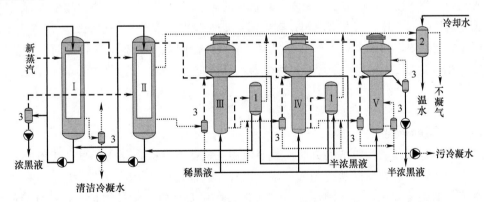

图 4-34　三管两板蒸发站混流进料蒸发流程

1—黑液加热器　2—表面冷凝器　3—闪蒸/液位罐

（六）黑液的直接蒸发

黑液的直接蒸发采用锅炉排出来的烟气加热。从锅炉排出来的烟气，一般温度为 250～
350℃，有的甚至高达 400℃，每吨纸浆黑液燃烧的烟气还会带出约 40～90kg 的 Na_2CO_3 和
Na_2S 以及 15～22kg 的具有恶臭气味的硫化物气体。如果将这些物质随烟气直接排入大气，

势必造成化学药品的损失及较为严重的环境污染。对于烟气中化学药品及热能的回收,目前一般采用接触式直接蒸发黑液的方法进行,再通过进一步除尘处理,达到净化烟气的目的。

采用直接蒸发黑液可以将黑液的浓度从 50%~55% 蒸发到 60%~67%。而烟道气的温度则从 350~400℃降低到 160~180℃左右,同时烟气也得到了净化。

常用的是圆盘蒸发器和文丘里-旋风蒸发器,如图 4-35 和图 4-36 所示。圆盘蒸发器有一个由许多短管轴向装配在圆盘间的可以旋转的单元以及外部的封闭液槽组成,当圆盘转动时,附着在短管上的黑液与烟气接触进行蒸发。

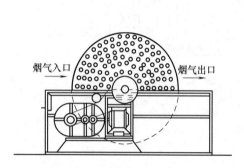

图 4-35　圆盘蒸发器结构示意图

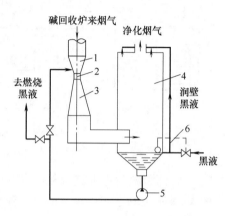

图 4-36　文丘里系统黑液直接
蒸发工艺流程

1—收缩管　2—喉管　3—扩散管
4—旋风分离器　5—循环泵　6—浮动阀

文丘里-旋风蒸发器主要将烟气和黑液分别从文丘里管的轴向和喉部径向(也可从轴向)引入,在文丘里管和高速烟气流的作用下,黑液被雾化并且与高温烟气充分接触进行蒸发,然后进入到旋风分离器中,分离后附着在分离器壁的向下流动黑液与烟气再次接触进行蒸发。

圆盘蒸发器与文丘里蒸发系统相比较,由于烟气和黑液接触不是很充分,所以无论除尘、降温还是黑液增浓,其效果均不如文丘里蒸发系统,但圆盘蒸发器结构较为简单,动力消耗低,使用管理较方便,所以在采用静电除尘器进行补充除尘的工艺流程中仍较广泛应用。

三、黑液的燃烧及烟气静电除尘

(一)黑液的燃烧

黑液的燃烧就是利用热解的方法,使黑液中无机盐与有机物分离,回收其钠盐及有机物燃烧放出的热,同时在硫酸盐法加入芒硝,以补充制浆过程中损失的钠和硫。

由黑液的组成知道,黑液固形物中包括有机物和无机物,无机物是由钠盐化合物组成,有机物主要包括木素和碳水化合物的分解物。在有机物中可燃的元素有碳、氢和与有机物结合的硫,它们在燃烧时,生成二氧化碳、水蒸气和硫的氧化气体。无机物在炽热高温中,在有机物中碳的还原作用下,生成熔融态的碳酸钠、硫化钠等盐类。

黑液燃烧过程基本上可分为三个彼此关联的阶段,即:

第一阶段,利用炉气进一步蒸发黑液中的最后水分。

第二阶段,促进黑液中固形物质的热分解和炭化,并进一步使有机物钠盐转化为碳酸钠。

第三阶段，促进黑液中有机物质的完全燃烧，无机物质的熔融和芒硝的还原。

在燃烧过程的第一阶段中，黑液与高温的炉气接触，黑液中的水分开始蒸发，与此同时，即有部分易挥发物质随同挥发。当黑液的水分已大部分获得蒸发后，干燥水分至 $10\% \sim 15\%$，黑液即转为干馏性质的物质，形成黑灰。烟气中所含的 SO_2、SO_3 以及 CO_2 与黑液中的活性碱及有机结合钠等起化学反应；黑液中的游离 $NaOH$ 和大部分的 Na_2S 都转变为 Na_2CO_3、Na_2SO_3、Na_2SO_4 和 $Na_2S_2O_3$ 等。化学反应为：

$$2NaOH + CO_2 \longrightarrow Na_2CO_3 + H_2O$$
$$2NaOH + SO_2 \longrightarrow Na_2SO_3 + H_2O$$
$$2NaOH + SO_3 \longrightarrow Na_2SO_4 + H_2O$$
$$Na_2S + CO_2 + H_2O \longrightarrow Na_2CO_3 + H_2S\uparrow$$
$$2Na_2S + 2SO_2 + O_2 \longrightarrow 2Na_2S_2O_3$$
$$Na_2S + SO_3 + H_2O \longrightarrow Na_2SO_4 + H_2S\uparrow$$
$$2RCOONa + SO_2 + H_2O \longrightarrow Na_2SO_3 + 2RCOOH$$
$$2RCOONa + SO_3 + H_2O \longrightarrow Na_2SO_4 + 2RCOOH$$

在燃烧第二阶段，有机物发生热分解，并同时放出甲醇、丙酮、酚类及各种硫化物、甲基硫化物、甲硫醇、硫化氢等大量挥发性气体，以及少量树脂和油类。这些物质大部分将继续燃烧而形成二氧化碳、二氧化硫和水蒸气，并同时放出大量的热量，为保证此阶段的完全燃烧必须供给适量空气。

在此阶段中，当黑液中有机物发生热分解时，与有机物相结合着的钠离子也获得分离，易转化为氧化钠，并进一步与二氧化碳反应而成碳酸钠，反应如下：

$$2NaOR + O_2 \rightarrow Na_2O + CO_2\uparrow + H_2O$$
$$Na_2O + CO_2 \rightarrow Na_2CO_3$$

在一般情况下所获得的块状或粉状固体物呈黑色，称为黑灰。高温的黑灰与空气接触后，继续燃烧，而逐渐转化为白色的碳酸钠粉末。

但是在硫酸盐法制浆的碱回收操作中，则尚需进入燃烧的第三个阶段。在燃烧过程的第三个阶段中，除有机物质继续燃烧外，主要的化学反应是芒硝的还原，如下式所示：

$$Na_2SO_4 + 4C \rightarrow Na_2S + 4CO\uparrow - 568kJ$$
$$Na_2SO_4 + 2C \rightarrow Na_2S + 2CO_2\uparrow$$
$$Na_2SO_4 + 4CO \rightarrow Na_2S + 4CO_2\uparrow$$

芒硝还原主要是吸热反应，温度高达 $1000℃$ 左右，而且在还原条件下进行，在芒硝还原反应阶段，无机物成熔融状态。

（二）烟气的静电除尘

对碱炉排出的烟气进行静电除尘后，除尘率可达 $90\% \sim 98\%$。静电除尘由电场和电源两部分组成，电场由正、负极组成，电源采用可自动控制的高压整流器。

静电除尘的原理是首先在除尘器的负极上加上负的高压直流电源，而将正的接地，当含尘烟气通过除尘电场时，负极产生的"电晕"将灰尘粒子充电。被充电的灰尘粒子在电场的作用下向正极方向运动，最终沉积在正极板上，经震打装置震打后落下而收集起来。影响静电除尘效果的主要因素有电源的电压、烟气温度、烟气水分以及烟气含尘量。

四、绿液的苛化

黑液燃烧后熔融物，溶解于稀白液或水中，称为绿液，其主要成分为碳酸钠与硫化钠，烧碱法则为碳酸钠。并含有少量的氢氧化铁，呈绿色，故称为绿液。将石灰加入绿液中使碳酸钠转化为氢氧化钠的过程称为苛化。

苛化反应分为两步，第一步为石灰的消化，石灰与绿液中的水进行如下反应：

$$CaO + H_2O \rightarrow Ca(OH)_2$$

第二步为碳酸钠的苛化：

$$Ca(OH)_2 + Na_2CO_3 \rightleftharpoons 2NaOH + CaCO_3 \downarrow$$

苛化后生成的氢氧化钠量与反应物中的氢氧化钠和碳酸钠的总量之比称为苛化率，也叫苛化度：

$$苛化度 = \frac{NaOH}{NaOH + Na_2CO_3} \times 100\% \ (Na_2O) \qquad (4-7)$$

苛化后澄清的液体称为白液，即蒸煮用的碱液，沉淀出的碳酸钙称为白泥。

（一）苛化反应的影响因素

① 溶液浓度：试验研究工作证明，纯碱溶液浓度的增加，将会引致苛化率的下降。在实际生产中，绿液浓度一般为 $100 \sim 120 Na_2O$ g/L，在这种情况下，苛化率一般达到 $85\% \sim 90\%$。

② 温度：温度的增高对平衡状态影响不大，但却有利于加速反应作用，试验证明在 $95 \sim 100$℃以下的范围内，温度每提高 10℃，反应速度常数平均增加到 1.2 倍。实际生产操作也证明，在某些方面 $100 \sim 105$℃以下，只要 $1.5 \sim 2h$，即可以获得接近平衡的最高苛化率。

③ 石灰用量：在实际生产中，一般均采用 $5\% \sim 10\%$ 的过量石灰。试验研究工作也证明，过多增加石灰用量，并不能显著提高苛化效果，不过，生产上应用的绿液要比纯碳酸钠溶液的苛化慢些，所得的苛化度也较低。

④ 绿液成分：绿液的组成一般为 Na_2CO_3、Na_2S、Na_2SO_4、Na_2SiO_3、Na_2SO_3、$Na_2S_2O_3$ 和少量 NaCl 等，其中 NaOH、Na_2S、Na_2SiO_3 和 Na_2SO_3 对苛化作用具有阻滞影响。根据质量作用定律，从苛化反应方程式可知，氢氧化钠的增加有使平衡向左方移动的趋向，硫化钠的增加有使平衡向左方移动的趋向。同样，Na_2SiO_3 和 $Na_2S_2O_3$ 也可能与 $Ca(OH)_2$ 发生苛化作用，产生氢氧化钠，从而直接影响到碳酸钠的苛化。

连续苛化工艺流程图如图 4-37 所示。

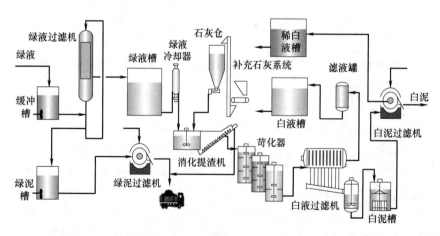

图 4-37　连续苛化工艺流程图

（二）绿液苛化的工艺流程

绿液苛化有连续法和间断法两种。所谓连续苛化，就是将绿液、石灰同时连续不断地加入消化器中，然后通过在一系列设备中进行反应、加工过程，最后连续得到蒸煮所用的碱液。

常用的连续苛化过程包括：

绿液澄清：借重力作用沉淀除掉各类杂质，有利于提高苛化率。

绿泥洗涤：为了减轻碱的损失，用清水洗涤绿泥，回收残碱，洗涤后的残碱液叫稀绿液。

消化：将澄清后的绿液与石灰混合，制成石灰乳液，在石灰消化器中进行。在石灰消化的同时，也开始苛化反应，可进行到75％的苛化率后进入苛化器中反应。消化后的渣子，经过喷淋洗涤后除掉。

苛化：碳酸钠与氢氧化钙反应生成氢氧化钠，在苛化器中经过1.5h的过程。在101～104℃下，可以达到85％～90％的苛化率。

白液澄清：在澄清器内，使苛化后的另一生成物碳酸钙沉淀，分离白泥，澄清的白液送蒸煮使用，白泥由膜泵抽送到白泥洗涤器。

白泥洗涤：为的是提取白泥中的残碱，在白泥洗涤器中进行，澄清的稀白液送去溶解燃烧工序的熔融物。洗涤后的白泥，再经过真空过滤机最后洗涤，然后送去进行煅烧，回收石灰。

五、石灰的回收

白液澄清时沉淀的碳酸钙，经过洗涤时，脱掉大部分水后，再煅烧成石灰，反应如下：

$$CaCO_3 \rightarrow CaO + CO_2 \uparrow -177kJ/mol$$

进行白泥的回收优点很多，可以减少污染，利于环境保护，节约新石灰用量，适用于连续化生产系统。

在回转炉内煅烧白泥主要是通过三个阶段，即干燥、预热和煅烧。

干燥：白泥进入转炉后，首先在干燥区去掉水分。进入转炉的白泥水分一般控制在40％左右。由于炉体安装有一定的斜度，前倾斜度为1/6～1/40。当炉体转动时，白泥缓缓向热端（炉前）滚动而形成颗粒，在干燥区，受炉头来的热烟气作用，而蒸发掉水分。

预热：干燥后的白泥，受高温烟气预热到分解的温度，当加热到600℃时，$CaCO_3$开始分解。

煅烧：碳酸钙在825℃时，开始迅速分解，一般要求在尽可能低的温度下进行，这样烧出的石灰易消化，反应性强。煅烧温度经常控制在1050～1250℃。

第五节 硫酸盐法制浆和亚硫酸盐法制浆的特点对比

一、硫酸盐法制浆的优点和缺点

在硫酸盐法制浆的过程中，木片在NaOH和Na_2S溶液中蒸煮，由于氢氧根离子（OH^-）的作用，在碱性条件下，木素大分子的化学键断裂，因此，木素分解成较小的碎片。这些碎片的钠盐在蒸煮液中是可溶的，因此，容易随着黑液除去。与亚硫酸盐法制浆相比，硫酸盐法制浆蒸煮液中的硫化物大大提高了脱木素的速率，并制成强度较好、得率较高的纸浆。但是，其浆的颜色比烧碱法和亚硫酸盐法浆深得多，并且难打浆、难漂白。此外，硫酸盐法制浆导致恶臭气的排放，主要是有机硫化物，现在通过安装在排气管内气体洗涤器将大部分除去。伴随着硫酸盐法废液化学品回收炉的改进。硫酸盐法蒸煮的能源经济也不断改善。

硫酸盐法制浆得到了广泛的应用，因为与亚硫酸盐法相比，硫酸盐法制浆有以下优点：a. 原料的使用范围广；b. 蒸煮时间相对较短；c. 对树皮和木材质量相对来说不敏感；d. 浆的树脂障碍问题相当小；e. 硫酸盐浆的强度远远大于亚硫酸盐浆；f. 化学品和能量的回收率大得多；g. 采用针叶木蒸煮可得到有价值的副产品，如松节油、塔罗油。

二、亚硫酸盐法制浆的优点和缺点

亚硫酸盐蒸煮液中的活性化学药品包括含有适宜的阳离子（通常 Ca^{2+}，Mg^{2+}，Na^+，K^+ 或 NH_4^+）的亚硫酸氢盐（HSO_3^-）。脱木素介质的 pH 可以在酸性、中性、和碱性之间变化，取决于所用的阳离子（盐基）。亚硫酸氢盐、阳离子和水之间有各种不同的平衡反应。

亚硫酸盐法制浆，尽管后来开发了化学药品回收系统，在 20 世纪 30 年代后期和 40 年代初期，逐渐失去了其主导地位，取而代之的是硫酸盐法制浆，有以下几种原因：

① 新的漂白技术（特别是二氧化氯的使用）使得硫酸盐法浆的高效漂白成为可能，可以生产出全漂白硫酸盐浆，其所抄造纸张的强度远远大于由漂白亚硫酸盐浆所抄造的纸张。

② 亚硫酸盐法制浆的污染程度比硫酸盐法制浆大得多，因为其亚硫酸盐浆厂废液的生化耗氧量（BOD）高，并且有大量二氧化硫散发到大气中。

③ 亚硫酸盐法制浆，由于其溶解抽出物的能力小，因此只适用少数木材品种。蒸煮前长期存贮能够减少木材抽出物的含量，但成本高，通常经济上不合算。

尽管目前亚硫酸盐法制浆不是一种很常见的制浆方法，但它仍有超过硫酸盐法制浆的几大优点。未漂白亚硫酸盐纸浆有较高的初始白度且较容易漂白。当卡伯值一定时，亚硫酸盐纸浆碳水化合物的得率较高。气味问题较小，投资成本少。亚硫酸盐法制浆的灵活性大，可生产纤维素含量较高的特种纸浆，因为它可以在整个 pH 范围内蒸煮。此外，作为副产物，亚硫酸盐法制浆得到的木素磺酸盐，由于其水中的溶解性，比硫酸盐法制浆所得到的木素具有更广泛的用途。

主要参考文献

［1］［芬兰］Pedro Fardim. 纤维化学和技术-化学制浆 Ⅰ ［M］. 刘秋娟，杨秋雨，付时雨，译. 北京：中国轻工业出版社，2017.
［2］詹怀宇. 制浆原理与工程（第三版）［M］. 北京：中国轻工业出版社，2011.
［3］詹怀宇，刘秋娟，靳福明. 制浆技术 ［M］. 北京：中国轻工业出版社，2012.
［4］刘忠. 制浆造纸概论 ［M］. 北京：中国轻工业出版社，2007.

第五章　高得率制浆

采用化学法制浆，木浆的得率只有约 50%，相对较低。高得率制浆是指纸浆得率高的制浆方法，包括机械法制浆、化学机械法制浆和半化学法制浆三大类，其得率分别为：90%～98%、85%～90%、65%～85%。若为草类纤维原料，则得率还要低一些。发展高得率法制浆可以充分合理地利用植物纤维原料资源，减轻制浆废水中的污染物质，高得率浆的一些特殊性能可以满足纸产品一些性能需要。

一些高得率浆的相关术语如下：

SGW（Stone Ground Wood）　磨石磨木浆

PGW（Pressurized Ground Wood）　压力磨石磨木浆

TGW（High Temperature Ground Wood）　高温磨石磨木浆

RMP（Refiner Mechanical Pulp）　盘磨机械浆

TMP（Thermo-Mechanical Pulp）　预热盘磨机械浆

CMP（Chemi-Mechanical Pulp）　化学盘磨机械浆

CTMP（Chemi-Thermo-Mechanical Pulp）　化学预热机械浆

APMP（Alkaline Peroxide Mechanical Pulp）　碱性过氧化氢化学机械浆

第一节　机械法制浆

机械法制浆是单纯利用机械磨解作用将纤维原料分离成纸浆的制浆方法，所得纸浆称为机械浆。机械浆几乎不溶出原料中的木素，是得率最高，污染最少的一种制浆方法。根据机械处理所用的设备不同，机械法制浆主要有磨石磨木法和盘磨机械法，前者用磨石磨木机，后者采用盘磨机。所得机械浆主要有磨石磨木浆（SGW）、压力磨石磨木浆（PGW）、（普通）盘磨机械浆（RMP）和热磨机械浆（TMP）。现在磨石磨木法制浆已基本被淘汰。

机械法制浆的原理是通过机械摩擦、剪切、撕裂、切割等作用将原料分散成纤维。所获得的浆料具有得率高、无污染特点。因保留了所有成分（包括杂细胞、木素）及对纤维的切断，使得用这种浆生产的纸强度低、发脆，漂后发黄等。

一、盘磨机的磨浆性能

盘磨机械浆是以木片为原料，用盘磨机产浆的机械浆。木片盘磨机械法制浆的优点有：

① 木材的利用率高，可充分利用枝丫、边皮等林区和制材厂的废材；

② 生产能力大，自动化程度高，大大提高了劳动生产率；

③ 纸浆的强度高。

其存在的主要缺点有：

① 电耗高，比磨石磨木浆约高 50%；

② 磨盘使用寿命较短，维修费用较高；

③ 成纸的白度稍差，平滑度较低。

（一）盘磨机的结构与类型

1. 盘磨机的结构

盘磨机主要结构由磨盘、主轴、机壳及支架、盘磨螺旋进料器、调节磨盘间隙的油压循环系统和轴承、带有冷却水系统的密封箱等部分组成。图5-1为一压力双盘磨结构。

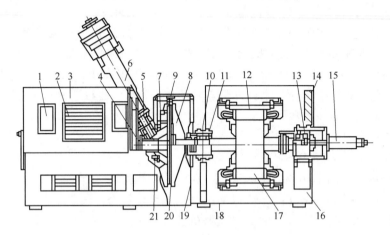

图 5-1　压力双盘磨

1—视窗　2—排风口　3—可拆卸的外壳　4—主轴　5—可调整的双螺旋喂料器　6—木片进口　7—定位磨盘
8—可做轴向运动的磨盘　9—磨片　10—轴承　11~13—包括电机定子及轴承温度测定的保护装置　14,16—进风口
15—调整磨盘的液压装置　17—主电机　18—底座　19—盘磨机不锈钢外壳　20—出浆口　21—稀释水入口

齿盘是盘磨机的关键部件，选择磨盘的主要准则是：a. 生产的浆的质量好；b. 消耗的能量少；c. 单位产量磨盘成本低。

能否达到这些要求取决于：a. 磨盘的材质；b. 磨齿的几何形状，即齿宽、槽宽、槽深及齿纹的排列组合；c. 浆挡的形状、位置和数目；d. 磨盘的锥度。

磨盘齿形设计是很重要的，但是没有一种形状对所有原料都适合。齿对纤维施加压力，而槽让纤维重新膨胀，并用于输送过量的水和蒸汽。槽宽和齿宽应小于纤维的长度，以避免磨盘盘面接触，引起振动和破裂。如齿槽过宽或容积过大，应设置浆挡，迫使浆料移向齿面。

磨盘在结构上可分为整体磨盘与组合磨盘；从形状分为圆形与扇形；从用途分为一段磨盘、二段磨盘、粗渣磨盘。磨盘上的分区，是根据不同段磨浆及浆料流动方向的不同要求而设计的。精磨用精齿、细齿。磨盘上的齿的数量、粗细、沟槽的深浅、齿的排列形状及齿的梯度、磨盘上各磨区的分配等，都对磨浆性能与能耗有重要的影响。一般来说，一段磨盘可分为三个区：破碎区、粗磨区和精磨区，如图5-2所示。图5-3为二段磨浆用的齿盘。

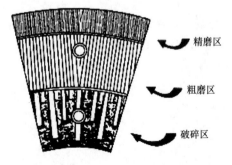

图 5-2　一段磨浆齿盘

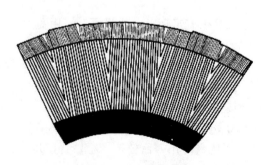

图 5-3　二段磨浆齿盘

盘面适当的锥度使物料的磨碎速度与物料在盘间的流动达到平衡。否则，由于两者不平衡，在某区段或锥度变化的部位会引起物料的闭塞，使负荷急剧增高，导致事故的发生。每种磨盘均须选择最佳的锥度。通常第一段盘磨机的磨盘锥度较第二段大。

2. 盘磨机的类型

盘磨机的类型有 3 种，即单盘磨、双盘磨和三盘磨。如图 5-4 所示。

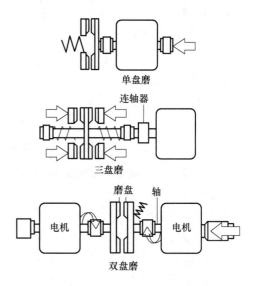

单盘磨是单转盘盘磨机的简称，由 1 个定盘和 1 个动盘组成，由 1 台电动机带动转轴上的动盘旋转进行磨浆。料片由定盘中心孔进磨。磨盘间隙通过液压系统或齿轮电动机进行调节。

双盘磨是双转盘盘磨机的简称，由两个转向相反的动盘组成，各由一台电动机带动。通过双螺杆进料器强制进料，利用线速传感器，可准确控制磨盘间隙。

三盘磨又称单动三盘磨，是将两个单盘磨结合成一体，中间的磨盘为转盘，两面均有磨齿，各对一个定盘，组成两个磨浆室。轴向联动的 2 个定盘，通过液压系统，可调整间隙和对动盘施加负荷。

图 5-4 盘磨机的三种构型

单盘磨产量较低，但其设计与制造简单，成本较低，仍有一定的市场。双盘磨所做的功是在磨盘的刀缘上完成的，单位时间内刀缘纤维接触次数越多，则纤维经受处理的程度越大，浆的强度提高越大。因此盘磨转速越高，则运转中齿刀作用于纤维的频率越高；另一方面，提高转速与增大磨盘直径，均可提高盘磨机的单机生产能力。因此，不论单盘磨或双盘磨，都有向高速、大直径发展趋势。目前，已有盘磨为 2082mm、动力 26000kW 的盘磨机。

提高转速会使盘磨机产生很大的离心力，影响盘磨间浆料的正常分布，并使设备产生稳定性问题。三盘磨增加了磨浆面积，在不提高转速及增大盘径情况下，磨浆面积增加 2 倍。既有利于产量提高，也有利于改进磨浆质量，同时便于热能的回收。

（二）盘磨机的磨浆机理

木片经喂料装置进入盘磨之间，从中心旋转至边缘出口处排出，在这一过程中，木片经过一系列的变化，磨浆过程分为三个区段，如图 5-5 所示。

① 破碎区：磨浆时木片首先进入盘磨中心部分的破碎区（磨腔）。此区齿盘间隙最大，刀片厚，刀数少。在此区段，木片在高温下首先被碎成火柴杆状小木条。

② 粗磨区：此区域齿盘间隙由内向外逐渐变窄，原料停留时间长，逐渐被磨成针状木丝，在相互摩擦及受齿盘作用下，进而被离解成纤维束及部分单根纤维。

③ 精磨区：此区位于齿盘外围，齿数增多，齿沟变窄，由粗磨区流过来的纤维束及单根纤维，在此区受到进一步离解及一定程度的细纤维化后，离开盘磨机。

木片在盘磨机离解时，离解按指数函数变化，即 4^n；如图 5-6 所示。

（三）盘磨磨浆的影响因素

1. 材种与料片规格

盘磨机械浆使用的木材种类不同，会带来物理性质、纤维形态及化学组成上的差异，用

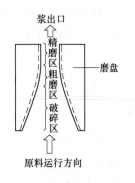

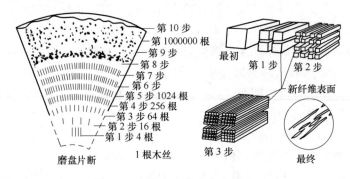

图 5-5 磨浆的三区段   图 5-6 木片在磨浆中的离解过程

盘磨机磨出的纸浆性质也相应地变化。通常，用密度小、生长快、秋材含量高、抽出物含量低的木材，可生产出强度较高的盘磨机械浆。

2. 磨浆浓度

磨浆浓度是盘磨机械浆的重要参数，一般认为应在 20%～30% 范围内。当采用分段磨浆时，第一段的目的在于分离纤维，为减少纤维的切断，主要应靠纤维间的相互摩擦作用分离纤维，因此，浆浓度宜高些，一般在 25% 左右，但若浓度过高（如＞35%），则喂料不易均匀，局部木片（或纤维）水分蒸干，会使浆料烧焦。第二段磨浆主要在于发展强度，磨浆浓度不宜太高，约 20% 左右，但若浓度过低（如＜16%），则磨浆负荷不够稳定，浆料细纤维化作用较差。

3. 预热温度（压力）和预热时间

预热温度（压力）和预热时间对 TMP 浆的质量有很大影响。预汽蒸的作用，主要在于软化纤维胞间层的木素，使磨浆时纤维的分离易于发生在纤维胞间层与初生壁之间，从而获得完整的纤维。因此，预热温度应控制在接近木素玻璃化温度以下，温度过高，超过木素玻璃化转移温度，则软化的木素附着于纤维表面，冷却后形成玻璃状木素覆盖层，使纤维难于细纤维化，造成磨浆障碍；而温度过低，产生大量碎片，纤维长度下降。适宜的预热温度应在 120～135℃ 之间。

4. 磨浆能耗及能量分配

原木的种类、磨浆的浓度、预处理的条件及磨齿等都影响磨浆的能耗。通常 RMP 平均能耗 1600～2200kW·h/t，TMP 是 1800～2300kW·h/t。输入的能量主要用于纤维的离解与精磨上，生产表明，离解只消耗较少的能量，大部分的能量消耗于纤维的精磨上。

5. 磨盘间隙

用盘磨磨浆时，有 3 个可控的重要参数，即浆浓、能耗、磨盘间隙。3 个参数具有相互关联的制约关系。维持能耗不变时，提高磨浆浓度则间隙就要加大；如果浓度一定，减少间隙，能耗就会增大。如果间隙降低到 200μm 时，已达到磨盘的振动范围，此时纤维长度剧烈下降，撕裂强度大大降低。在 RMP 生产中用浆浓来调节间隙，在 TMP 生产中还可以用压差来控制。磨浆时，用于离解纤维，间隙应该大些；用于发展强度，间隙应该小些。

6. 磨盘的特性

磨盘的特性主要包括齿型、磨盘锥度与齿盘材料等。

齿型包括齿的长短、精细、数量，齿的排列与分布，齿沟的深浅与宽窄，浆挡的设置，齿盘各区的划分与面积。齿型与磨浆的产量、质量及能耗关系很大，磨浆时纤维与刀缘的接触次数可用 IC/M（英寸接触长/min）表示，IC/M 越大，则纤维与刀缘接触频率越高，表明纤维经受的齿盘刀缘处理的次数越多，纤维强度发展越好，可由齿数和磨盘转速来控制。当齿数一定，提高转速时，可使 IC/M 增大，但同时增大了浆料的流体阻力，无效负荷会成立方地增加，加大了无效能耗的比例。标准盘磨转速在线速度 1400～1800m/min 范围。当增多齿数时，势必使齿纹变细、齿沟变窄，而细齿纹结构强度较低，窄齿沟也限制了浆料的流动，因而影响生产力；浅齿沟虽可增加齿盘寿命，但由于浆的流量降低，也增大了无效负荷，因此齿型的设计要兼顾磨浆的质量与降低能耗的要求。一般来说，宽齿主要用于离解纤维，窄齿主要用于发展纤维强度。

对于一定的齿型，增大齿角（指磨盘磨齿与半径方向的夹角），有利于发展纤维强度，减少齿角，切断作用增加，细纤维化作用减少。通常使用的齿角在 25°～45°。

磨盘锥度是另一重要特性，是指单位径向上坡度的大小。随材种、得率、齿型结构而变化，磨浆浓度不同，锥度也有差别。提高磨浆浓度，锥度应相应加大。

二、盘磨机械浆（RMP）

盘磨机械浆的基本生产工艺流程如下：

木片洗涤器 ⟶ 脱水机 ⟶ 盘磨机 ⟶ （二段盘磨机） ⟶ 筛选

贮于木片仓的木片，用螺旋输送器卸出，经称重后用风力送至旋风分离器，然后进入木片洗涤器。用 50℃ 白水洗涤后，经格栅式脱水机脱水，木片水分含量约 65%。

如图 5-7 所示，洗后木片，用螺旋输送机送至一段盘磨机的木片仓，仓中有料位指示器，用以控制木片仓的开启与关闭。变速螺旋进料从木片仓底部，计量输送至第一段各台盘磨的进料器。

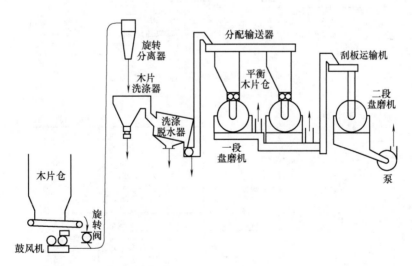

图 5-7　典型的 RMP 生产流程

经第二段磨的浆料，落入盘磨机下的浆槽中，加白水稀释至浓度 4.5% 左右，用循环白水维持浆温在 70℃ 左右，有助于木片磨木浆消潜，然后送至筛选、除渣、浓缩。

RMP 与 SGW 相比，原料成本较低廉，可充分利用磨木机不能使用的边角废料，如板片、边材、刨花、锯末等。其生产能力较大，占地面积小，但 RMP 能耗较 SGW 高 50%～100%。与 SGW 相比，RMP 的纤维较长，强度和松厚度较高，只是颜色较深，白度稍低，但由于木片没有预热，磨浆温度不够高，磨出的浆中纤维束较多，抄出的纸较粗糙，平滑度差。

三、热磨机械浆（TMP）

（一）TMP 的生产流程

TMP 一般的生产流程如下：

木片→木片洗涤器→木片预热器→螺旋给料器→Ⅰ段压力盘磨机→喷放→Ⅱ段压力或常压盘磨机→筛选→浓缩贮存

不同的原料、不同磨浆设备及不同的纸张品种，TMP 的生产流程有所不同。图 5-8 为使用双盘磨的单段磨浆 TMP 生产流程图；图 5-9 为生产新闻纸的两段磨浆的 TMP 生产流程图。由图 5-8 可知，TMP 生产系统主要由木片洗涤、木片预热、磨浆、成浆精磨、筛渣再磨等部分组成。

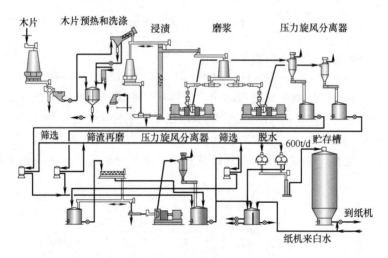

图 5-8　双盘磨单段磨浆 TMP 生产流程

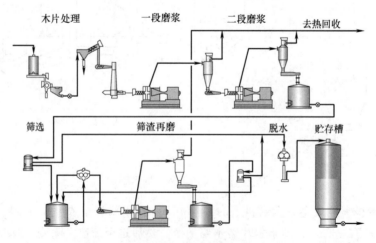

图 5-9　生产新闻纸的两段磨浆 TMP 生产流程

1. 木片洗涤

木片用热水洗涤的目的是除去木片中砂、石、金属等重杂质，以保护盘磨机的磨盘，同时除去木片中的灰分和树皮，增加木片的水分并使水分均匀，提高木片的温度。

2. 木片的预热

木片洗涤后，通过变速螺旋进料器，挤出多余的水分及空气，变成密封料塞，再进入预热器，如图5-10所示。经压缩的木片进入预热器后，立即吸热膨胀，很快被加热到相当于饱和蒸汽压力的温度。预热器内压力为147～196kPa，温度115～135℃，木片在预热器内停留的时间为2～5min。

磨浆作业必须在温度低于140℃下进行，超过140℃，由于木素受到强烈的软化作用，纤维很容易在低能耗下就分离出来了；而解离了的纤维被软化的木素所覆盖，该覆盖层冷却后回复到玻璃化状态，成为已分离纤维进一步帚化的障碍。当木片在低温120～135℃磨浆时，木素在良好的纤维分离状态下充分软化，其碎裂可发生在纤维壁的外层。

另一种木片预热及给料流程见图5-11。

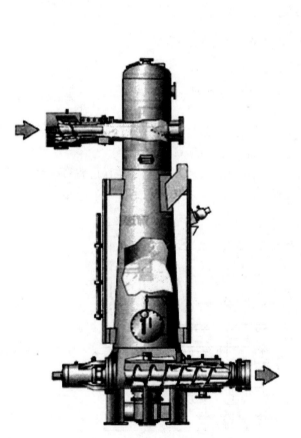

图5-10　一种TMP预热器

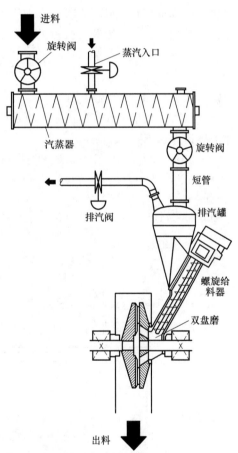

图5-11　TMP汽蒸和给料系统

3. 磨浆

预热后木片经双螺旋输送机，以与预热器内相同的压力喂入第一段磨盘机中磨浆，磨浆浓度一般为20%～25%。磨后浆料在压力下喷放至浆汽分离器。浆料经分离蒸汽后送至第二段盘磨机压力或常压磨浆。

4. 成浆精磨

成浆精磨是对经筛选、除渣和浓缩后的浆料，做最后一次磨解，目的在于降解浆中的纤维束含量。

（二）TMP 浆的特性

TMP 由于木片先经蒸汽预热，使木片软化，其性能有很大的改进，与 SFW 和 RMP 相比，具有纤维较长、纤维束较少、强度较高的特点。

TMP 在纤维形态上，保留了较多的中长纤维组分，其碎片含量也远较 SGW 及 RMP 低；在强度性能上较 RMP 有较大的改善，但其纤维较挺硬，柔韧性较低，纤维表面强度也不高，与 SGW 相比，TMP 松厚度较大；因此抄出的纸面较粗糙。TMP 的白度比 SGW 低，而与 RMP 接近；光散射系数略低于 SGW，但优于 RMP，总的来说，具有较好的光学性能。

第二节　化学机械浆

化学机械浆是 CTMP、APMP、SCMP 等的统称，是一种兼有化学和机械处理制浆的方法。化学机械浆具有得率高、强度好、污染负荷轻、生产成本低等优点。

一、化学热磨机械浆（CTMP）

（一）CTMP 的生产流程

化学热磨机械浆是在 TMP 生产的系统中增加了一个化学预处理段。其主要流程和工艺条件可概括为如下：

木片→洗涤→化学预浸→蒸汽预热→磨浆（1 段或 2 段）→未漂浆

针叶木：Na_2SO_3 用量 $1\% \sim 6\%$；$120 \sim 130℃$，$2 \sim 5min$；得率 $91\% \sim 96\%$。

阔叶木：Na_2SO_3 用量 $0\% \sim 3\%$；$60 \sim 120℃$，$0 \sim 30min$；得率 $85\% \sim 95\%$；NaOH 用量 $2\% \sim 5\%$。

图 5-12 为针叶木纸板级 CTMP 生产线流程图。

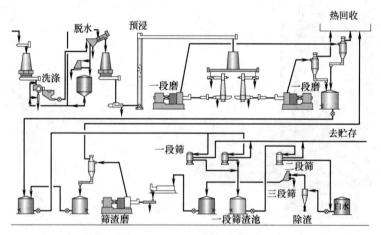

图 5-12　针叶木纸板级 CTMP 生产线

（二）CTMP 的化学处理

1. 化学处理的目的和任务

在温和的条件下，化学处理的主要作用是使纤维软化，木材软化后能较多地分离出完整的纤维，使长纤维组分增加。而软化后的纤维，有助于降低磨浆能耗，提高浆的强度。化学处理对木素的软化是不可逆的，不会复原，因此是永久性的。而热处理对木素的软化是可逆的，冷却后又会复原。化学处理软化木片优于热处理，若化学处理后，再经热处理，可进一步提高软化的效果。

预浸渍用的化学药品一般为亚硫酸钠和氢氧化钠。亚硫酸钠的主要作用是使木素磺化，在木素分子中引入强亲水性基团——磺酸基。木素的软化温度，随木素磺化度的增加而呈直线下降。木素的亲水性增大，其热塑性也增大，磨浆时纤维易于离解，并使纤维完整程度增大，细纤维化程度高，纤维结合强度好。预浸渍器和双螺杆挤压机工作原理见图 5-13。

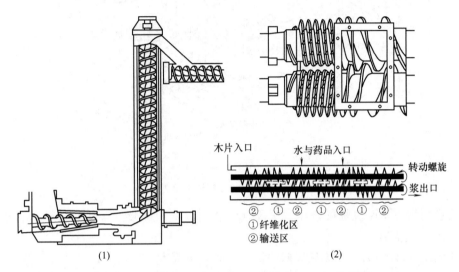

图 5-13　预浸渍器（1）和双螺杆挤压机（2）工作原理

氢氧化钠是一种很好的润胀剂和软化剂，在碱的作用下，半纤维素所含的乙酰基脱除，一些易溶于碱的糖醛酸类低聚物也溶出，在细胞壁与胞间层表面形成小的空隙，使水更易进入纤维组织内部；木素的弱酸性基团与碱作用，形成离子，也增大了基团吸水能力。这样，碱与木素及半纤维素的作用，促进了纤维的润胀和软化，为磨浆时纤维的离解和细纤维化，创造了有利的条件。

2.磨浆的工艺

磨浆工艺是影响 CTMP 性能的主要因素之一。磨盘的特性、磨盘间隙、磨浆浓度、磨浆温度（或压力）、磨浆能耗等均能影响 CTMP 的产量和质量，应合理控制和调节。

（三）CTMP 的主要特性

CTMP 结合了化学浆和机械浆各自的优点，既有很高的得率，又较好的柔软性和强度。由于木片经过化学处理，即使在高游离度下，筛渣的含量也很少，长纤维级分比 TMP 多；与漂白硫酸盐浆等化学浆相比，它能在高松厚度下达到一定的强度，有利于改善产品某些性能，如纸板的良好松厚度，卫生纸的高吸水性，印刷纸的挺度。

与 TMP 相比，CTMP 具有以下优点：a.长纤维组分多，纤维束少；b.具有较好的柔软性，主要表现在具有较大的紧密性，改善了抗张强度与撕裂度；c.可漂性得到改善，白度较高；d.树脂易于脱除，因为在碱性条件下，磨浆时树脂组分得到很好的分离，在后续的洗涤中极易除去。

二、碱性过氧化氢机械浆（APMP）

（一）APMP 生产流程

APMP 的基本流程如下，其生产流程图如图 5-14。

洗后木片──→一段螺旋挤压预浸──→二段螺旋挤压预浸──→一段常压磨浆──→螺旋挤压──→二段常压磨浆──→消潜──→筛选净化──→多盘过滤机──→高浓浆塔

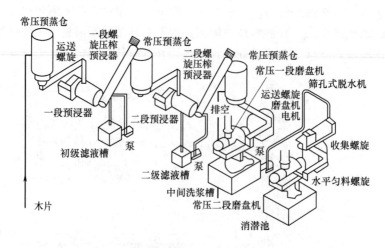

图 5-14　APMP 的预浸渍和磨浆系统

该流程的特点是两段螺旋挤压、两段预浸和两段常压磨浆。与其他高得率制浆方法相比，APMP 的优点有：

① 制浆漂白合二为一，无须专门的漂白车间，可大大节约投资；

② 采用的高压缩比预浸螺旋挤压机可挤出木片中大部分树脂和水溶出物；

③ 常压磨浆可省去压力汽蒸系统；

④ 磨浆前用碱预浸木片，在达到所需的强度下，可降低能耗，在某些情况下，能耗降低 40%；

⑤ APMP 工艺过程没有使用 Na_2SO_3，废水中不含硫，废水易处理。

其生产过程如下：

洗后木片，在第一台常压预浸仓后进入第一段预浸螺旋挤压机（或称螺旋压榨预浸器），其压缩比为 4∶1，可将木片中的空气和多余的水分及树脂等挤出，并将木片碾细，然后进入第一段浸渍器，泵入浸渍液。此段浸渍液为第一段磨浆机后压榨脱水机的滤液，或此滤液补加部分新浸渍液，是一种弱的浸渍液。经第一段预浸后的木片，进入第二台常压汽蒸仓通汽加热浸渍液，并与木片继续反应。由此汽蒸仓出来的物料，进入第二段预浸螺旋挤压机，将物料进一步挤压碾细，泵入配制的新浸渍液或新浸渍液加部分一段滤液的强浸渍液。经第二段浸渍后的物料，进入第三台预蒸仓，继续通汽进行化学反应。然后进入第一段磨浆机进行常压磨浆，磨后粗浆稀释后经洗涤压榨脱水，进入第二段磨浆机进行常压磨浆，磨后浆料消潜后送筛选系统。

（二）APMP 生产的主要工艺及原理

1. 木片挤压

预浸螺旋挤压是生产 APMP 的关键工艺，高压缩的挤压可将木片中的空气、树脂和部分水分挤出，并将木片碾细，结构变得疏松，挤压后的蓬松的木片易于吸收浸渍液并与之反应。

2. 化学预浸

用于化学预浸的化学品为 NaOH 和 H_2O_2，同时加入部分助剂。NaOH 和 H_2O_2 用量是影响质量的主要因素。NaOH 用量（尤其第一段预浸的 NaOH 用量）与纸浆的物理强度和磨浆能耗有较大的关系，增加 NaOH 用量，浆的物理强度提高，而白度和得率下降，磨浆能耗也减少。H_2O_2 用量（尤其是第二段预浸的 H_2O_2 用量）与纸浆的最终白度有较大的关系。增加 H_2O_2 用量，纸浆的白度高，松厚度有所提高，强度有所降低，而对浆的得率影响较小。加入适量的螯合剂（EDTA 或 DTPA）和保护剂（Na_2SiO_3 和 $MgSO_4$）对稳定 H_2O_2 用量，提高纸浆白度有显著的作用。

预浸渍的温度，为了不使 H_2O_2 受热分解，必须在 100℃ 以下，视原料种类不同而有所不同，一般为 60～80℃。预浸时间应保证原料浸渍均匀充分，并有合适的时间，一般为 30～60min。

3. 磨浆

一般采用两段常压高浓磨浆机，第一段磨盘间隙大，浆浓较高（30%～35%）；第二段磨盘间隙较小，浆浓比第一段低些。

（三）APMP 的主要特性

杨木 APMP 无论化学药品消耗，还是能耗，都较相应的 BCTMP 低，在相同的游离度下，杨木 APMP 的耐破度、抗张和撕裂强度略高于 BCTMP。在相同的 H_2O_2 用量下，APMP 白度稍高于 BCTMP，不透明度和光散射系数也优于 BCTMP，而且 APMP 省去了漂白系统的投资，也省去了 Na_2SO_3 的消耗成本。因此 APMP 的成本低于 BCTMP。

（四）P-RC APMP

P-RC APMP 是在 APMP 基础上发展起来的一种高得率制浆工艺。P（preconditioning）表示磨浆前的预处理，RC（refiner chemical）代表磨盘促进浆料的化学作用。和 APMP 的主要区别在于：

① 木片在预浸段只经过 40～50℃ 温和的化学处理；

② 主要的漂白反应在一段磨及其后的高浓反应塔中进行，纸浆漂白代替了木片漂白，克服 APMP 漂白不完全的不足。

三、磺化化学机械浆（SCMP）

（一）SCMP 的生产流程

磺化化学机械浆（SCMP）是把木片用亚硫酸钠药液蒸煮，使原料中的木素磺化、润胀而还原溶解，木片变得柔软，纤维容易解离，然后用盘磨机磨成纸浆。SCMP 的生产过程与 CTMP 的不同之处，在于木片受到比较强烈的化学处理，这和 CMP 的情况是一样的。实际上，SCMP 是 CMP 的一种生产方法。

SCMP 一般的生产流程如下：

木片 ──→ 木片洗涤 ──→ 木片预热 ──→ 蒸煮（M&D 横管连蒸器）──→ 喷放 ──→ 螺旋压榨 ──→ 两段常压磨浆 ──→ 筛选（成浆游离度 300～400mL）

图 5-15 为具有代表性的 SCMP 生产流程图。

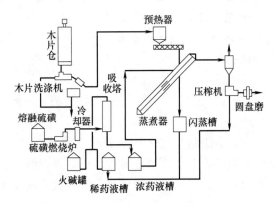

图 5-15　SCMP 生产流程图

（二）SCMP 制浆的磺化反应机理及影响因素

SCMP 是利用 Na_2SO_3 与木片进行磺化反应，使木片的亲水性增大，产生永久性软化，从而提高木片的塑性，在磨浆的过程中，可以更完整地分离纤维和细纤维化，使纤维的柔软性与结合强度有较大的提高。木素磺化度对 SCMP 性质有重要影响，当磺化度在 1.2% 以下时，磺化作用主要是有助于纤维分离；磺化度高于 1.2% 时，主要作用是使纤维柔软和细纤维化而提高浆料的强度。要使磺化达到 1.2% 以上，主要是选择合适的 Na_2SO_3 用量、磺化 pH、磺化温度及时间，而 SCMP 的成浆质量还与原料种类与磨浆条件等有关。

SCMP 制浆的主要影响因素：

1. Na_2SO_3 用量

在其他条件不变时，磺化度随 Na_2SO_3 用量或浸渍液中的 Na_2SO_3 浓度增大而增大。提高浸渍液的浓度，废液中残留的 Na_2SO_3 也增多，必须进行回收利用。而回用预浸渍液，会降低纸浆的得率与白度，但纸张的松厚度与耐破度有一定的提高，磨浆能耗有所降低，对抗张和撕裂度影响不大。

2. 浸渍液 pH

在相同的 Na_2SO_3 浓度及预浸温度下，pH 增加，木片的磺化度增大，纸浆的强度提高而白度下降。浆的白度在微酸性或中性条件下最高，pH 保持在 7.5～8.0，纸浆仍能保持适当的白度。药液 pH 过低，对于提高纸浆的得率和强度以及降低磨浆能耗，都会产生不利影响。

3. 预浸温度和时间

提高预浸渍（或蒸煮）温度和延长浸渍时间，纸浆的结合强度有所提高，但得率和白度有所降低。一般采用的温度为 140℃，保温时间为 30min。

4. 磨浆条件

成浆质量与磨浆条件及盘磨机操作参数有直接关系，应掌握合适的纸浆游离度。

5. 树种的适应性

SCMP 有较广泛的树种适应性。阔叶木中的杨木和桦木的 SCMP 性能良好，针叶木除铁杉强度较差外，其余树种的 SCMP 性能都较好，且优于阔叶木 SCMP。

（三）SCMP 的主要特性

① 得率高：一般可达 85%～93%。

② 强度好：其强度比热磨机械浆好得多，可以代替新闻纸配料中的全部化学木浆。

③ 滤水性好：成浆的游离度一般为 300～400mL，滤水性好。

④ 污染小：由于得率高，生产过程产生的污染物大大减少，其污染负荷 BOD_5 一般为 35～45kg/t。

第三节　半化学法制浆

半化学法制浆（SCP），其化学处理程度较化学机械浆剧烈，但较化学浆温和，原为受化学处理后，尚未达到分离点，仍需靠机械方法进一步离解，但其粗渣较软，离解成纤维所需动力较少。可见半化学浆和化学机械浆同属化学、机械两段制浆。二者的区分往往以得率为标准，即对于木材原料得率为 65%～85% 称为半化学浆，得率 85% 以上称为化学机械浆。

生产半化学浆的方法很多，主要有中性亚硫酸盐法（NSSC）、碱性亚硫酸盐法

（ASSC），也有采用亚硫酸氢盐法、亚铵法、硫酸盐法、烧碱法和无硫法等。

一、中性亚硫酸盐法半化学浆（NSSC）

（一）NSSC 制浆原理

中性亚硫酸盐法半化学浆（NSSC）的主要蒸煮药剂为亚硫酸钠，同时要加入缓冲剂，一般用 Na_2CO_3，也有用 $NaHCO_3$ 或 $NaOH$。缓冲剂的作用是中和原料在蒸解过程中产生的有机酸，控制蒸煮终点 pH 在 7.2～7.5，防止碳水化合物水解。缓冲剂的用量，根据材种、设备和蒸煮条件以及得率等有所不同，一般为 1.5%～3.0%（以 Na_2O 计，相对木材干重）。Na_2CO_3 也可使用碱回收来的绿液。NSSC 制浆时，加入蒽醌，可加快脱木素速率，提高浆的得率，减少化学品消耗，降低蒸煮能耗。

（二）NSSC 生产工艺

1. NSSC 生产流程

图 5-16 为用 M&D 斜管连蒸器，生产阔叶木 NSSC 浆的流程图。M&D 斜管连蒸器是将木片的蒸汽预热、药液浸渍、汽相蒸煮及液相蒸煮综合起来的设备。

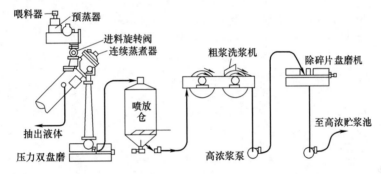

图 5-16　M&D 斜管连续蒸煮器生产 NSSC 流程

2. 蒸煮的工艺条件

蒸煮温度：175～180℃；

蒸煮时间：18～20min；

药品用量：12%～14%（Na_2SO_3 计，对绝干木片）；

Na_2SO_3 : Na_2CO_3 为 3 : 1～4 : 1。

经过漂白，纸浆的得率为 55%～65%，易于打浆，适于生产透明纸、防油纸、食品包装纸板等。

二、生产半化学浆的其他方法

1. 碱性亚硫酸盐法半化学浆（ASSC）

ASSC 是一种在高 pH 下（9～11）的亚硫酸盐半化学浆生产方法。在蒸煮条件与硫酸盐法相似的情况下制浆，浆的强度与得率可与硫酸盐法媲美，且浆的白度更高。

2. 亚硫酸氢盐法

盐基为镁或钠，药液主要成分为 $Mg(HSO)_2$ 或 $NaHSO_3$。例如，用 $NaHSO_3$ 蒸煮桦木生产半化学浆，药液 pH5.0～5.5，在 130～145℃下浸渍 5～10min，然后通过蒸煮管在 160～170℃蒸煮 40～60min，并在高温高压下热磨成浆。浆的得率 65%～73%。

3. 硫酸盐法半化学浆

用阔叶木生产硫酸盐法半化学浆的代表性蒸煮条件为：总碱 4%～7%（以 Na_2O 计），蒸煮温度 160～180℃，保温时间 0.3～2.0h，纸浆得率 70%～75%，浆料可供抄造纸板。

4. 中性亚硫酸铵法半化学浆（用于非木材原料）

中性亚硫酸铵法半化学浆简称亚铵法半化学浆，此法对中小型纸厂减轻污染，支援农业，提高纸浆得率，解决碱的缺口，起了一定作用。这种半化学浆主要用于抄造瓦楞纸、包装纸和箱纸板。若适当强化蒸煮条件，如增加亚铵和游离氨用量，提高蒸煮温度或压力，制得的半化学浆经漂白后也可以用于抄造凸版纸。某厂用麦草在亚铵用量 12%，游离氨 1.5%～3.0%，最高温度 160℃，保温时间 2.0～2.5h 条件下，经过磨浆，得到细浆得率 51%～54% 的半化学浆，再经一段或二段次氯酸盐漂白，纸浆可用于生产凸版纸。

主要参考文献

[1] 詹怀宇. 制浆原理与工程（第三版）[M]. 北京：中国轻工业出版社，2011.

[2] ［芬兰］Bruno Lonnberg. 机械制浆 [M]. 詹怀宇，李海龙，译. 北京：中国轻工业出版社，2015.

[3] 詹怀宇，刘秋娟，靳福明. 制浆技术 [M]. 北京：中国轻工业出版社，2012.

[4] 刘忠. 制浆造纸概论 [M]. 北京：中国轻工业出版社，2007.

第六章　废　纸　制　浆

根据 2017 年中国造纸工业年度报告，2017 年全国纸浆消耗总量 10051 万 t，其中废纸浆 6302 万 t，占纸浆消耗总量 63％，其中进口废纸制浆占 21％，国产废纸制浆占 42％。因此，充分利用好废纸、用好废纸浆显得尤为重要。

第一节　废纸制浆的工艺过程及主要设备

废纸制浆可分为两大类，一类是脱墨浆，另一类为不脱墨浆。目前的废纸制浆以脱墨浆的生产为主。脱墨浆的生产流程主要包括废纸的离解、废纸浆的筛选与净化、废纸浆的脱墨、浆料的浓缩与存储、热分散等。与脱墨浆相比，不脱墨浆主要用来生产箱纸板、瓦楞纸以及低级的板纸等，不需要进行脱墨，而其他生产过程类似。生产过程中可根据原料状况、工艺要求以及产品的需求来合理配置生产工艺图。

一、废纸的离解

废纸离解的目的是为了将纸页中的纤维离解出来，并最大限度地保持其原有的形态和强度。传统上废纸的离解包括两个部分，即废纸的碎解和疏解。采用的碎解设备一般为水力碎浆机，而疏解设备则为纤维疏解机和纤维分散机等。大型废纸制浆生产线一般都配备了转鼓式碎浆机，该设备可一次性完成浆料的碎解、疏解及筛选。

（一）碎解及疏解设备

（1）水力碎浆机

水力碎浆机是中小型废纸制浆生产线采用的主要碎浆设备。图 6-1 是一中小型纸厂常用的碎浆机，图 6-2 为其内部结构示意图。带绞绳装置和重料捕集器的碎浆机，通常操作浓度 5％～8％，可以连续或间歇式运行。整个绞绳系统由绞绳机和绞绳切割机组成。绞绳机利用剪切的废纸包包捆铁丝作为绞绳的支撑物在碎浆机中利用回转的浆流，将废纸浆中的绳子、铁丝、破布、塑料绳、塑料袋、湿强纸以及其他污杂物，连续不断地绞成条状绞绳，并借助

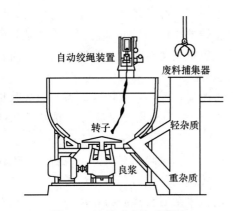

图 6-1　连续式水力碎浆机

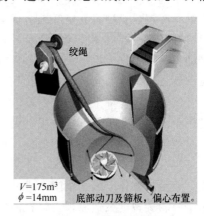

图 6-2　碎浆机结构

一绞绳卷盘将绞绳从碎浆机中拉起。绞绳机的速度根据浆槽中的废杂物的多少而可以自动调节，以使绞绳保持一定的精细。从绞绳卷盘引出来的绞绳，通过一绞绳切割机将其切成较小的绳段以便便于打包、运送和抛弃。碎浆机借离心力将重料抛入碎浆机边缘的凹槽；这些物料一般借斗式提升机或抓机从重料捕集槽排出。碎解的浆料，通过碎浆机底部筛板孔连续不断地流出，进入浆泵，泵至下一工段继续疏解处理。

（2）转鼓式碎浆机

转鼓式碎浆机是大型废纸制浆线的主要碎浆设备，其结构简单，但碎浆能力强、杂质破碎少，是一种高效的碎解废纸的设备。其基本结构为平卧式长圆筒，前后分为两个区，前区为高浓破碎区，后区为筛选区。废纸、化学药品、稀释水从转鼓碎浆机的前部加入，碎解浓度约15％～20％，其结构与原理如图6-3所示。随着转鼓的转动，转鼓内设隔板将废纸不断地带起——跌落——带起，见图6-4，由此产生的温和剪切力和摩擦力，使废纸中的纤维不断地离解，而杂质却不容易被破碎。此外在不断的摩擦作用下，废纸中的油墨、胶黏物等不断从纤维上松散、剥离下来。碎浆区的末端设有流量控制挡板，确保废纸在破碎区的停留时间。与水力碎浆机转子产生的强烈水力剪切力相比，转鼓式碎浆机温和的离解作用避免了杂质被破碎，有利于后续的筛选和净化。

转鼓的最后一段为稀释筛选区，浆料在该区中被稀释成3％～5％的浓度并进行筛选，良浆通过转鼓壁上的筛孔进入浆池，而废渣则从转鼓的尾端排出。

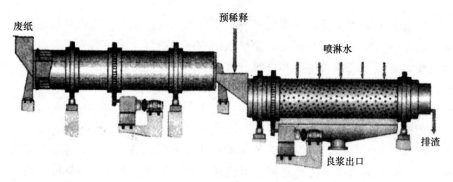

图6-3　转鼓式碎浆机碎浆原理

（3）浆料疏解设备

为了降低水力碎浆机的动力消耗，往往采用将废纸碎解到75％左右时，采用纤维疏解设备继续碎解，否则容易对纤维造成损伤，降低纤维强度。纤维疏解设备主要有两类，纤维疏解机和纤维分离机。高频疏解机主要是利用高速旋转的元件产生的水力剪切力来达到疏解废纸的目的。根据元件形状不同，目前常用的纤维疏解机主要有齿盘式高频疏解机、阶梯式高频疏解机、锥形高频疏解机以及孔板式高频疏解机等。

纤维分离机对纤维有理想的疏解作用，而对纤维的损伤极小，是继续离解水力碎浆机浆料的设备，也是废纸浆筛选的优良设备。见图6-5，它同时分离出废纸浆中的重杂质和轻杂质，是废纸浆处理的多功能设备。

纤维分离机一般装置在水力碎浆机之后，作为废纸"二级碎浆"及分离设备。其工作原理是：浆料从槽体上方切线压力进入，由于叶轮的旋转作用，浆料在机壳内做旋转运动，同时由于叶轮旋转的泵送原理，浆料沿轴向做循环运动。重杂质在离心力作用下，因其相对密度较大而逐渐趋向圆周，又因机壳呈圆锥形，重杂质在运动中自动向锥形大端集中，最后甩

图 6-4 转动圆筒内壁的隔板

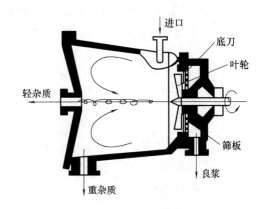

图 6-5 纤维分离机

向沉渣口定期排出。塑料等轻杂质则在离心力的作用下逐渐趋向机壳中心，沿轴向分离出去。良浆在旋转叶轮的强烈冲击或叶轮底刀的撕碎、疏解作用下，充分离解成纤维，经过 $\phi 3\sim4mm$ 筛孔筛选后，从良浆口排出。由于筛板与叶轮靠得很近，加上高速旋转的叶轮与底刀间形成的流体运动，在筛板附近产生强烈的浆流，起到自动清扫筛孔的作用。

纤维分离机的特点是：

① 具有浆料二次疏解、轻杂质分离、重粗废料去除等 3 种基本功能；

② 装置纤维分离机的碎浆流程可以处理低级的废纸，可减少原料的预处理，降低成本；

③ 使用纤维分离机，可提高原有水力碎浆机的生产能力，降低 $10\%\sim20\%$ 的单位能耗。

（二）生产流程及工艺操作

碎解温度、浓度和时间是影响废纸碎解效率和质量的主要工艺参数；此外，还要考虑废纸的种类以及碎解设备所造成的影响。一般来说，随着碎解时温度的提高，有利于废纸的软化，加速废纸中重施胶以及添加湿强剂纸类的碎解，同时还可以降低废纸浆的黏度，促进浆料的循环，可有效减少动力消耗。生产箱纸板车间废纸碎解段流程见图 6-6。

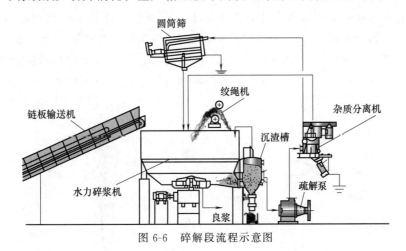

图 6-6 碎解段流程示意图

二、废纸纸浆的筛选与净化

废纸碎解后的废纸浆，还要进行一系列的处理，才能用于造纸，其处理工艺流程如下：

碎解后废纸浆→高浓除渣→粗筛→净化→纤维分级→精筛→脱墨→热分散→贮存

（一）废纸浆的杂质分析及其与筛选的关系

废纸浆中含有多种杂质，可分为：a. 没有完全碎解的纸块和浆团，主要来源于含有增湿强剂的纸品；b. 在纸加工和印刷时使用的高分子化合物，如石蜡、沥青以及一系列成分不明的胶黏物；c. 在废纸收集过程中混入的杂质，如塑料、纺织物、泥土和砂粒等。如图 6-7 所示，浆料中杂质有不同几何形状和尺寸，尤其是大颗粒状的杂质 A 对造纸过程有很大的危害。它们有可能损坏造纸网或压榨辊的表面，同时还会影响成纸质量。好在它们体积大，很容易筛选出去。B 代表片状杂质，如没有充分碎解的纸块和塑料膜。C 为线状杂质，如纤维束和合成纤维。这两种杂质是否能通过筛板取决于它们在筛孔（缝）附近的取向。D 为小颗粒杂质，如树皮、印刷油墨颗粒和砂粒等。这些小颗粒的杂质是不容易筛去的杂质。很多小颗粒的杂质根本无法用孔筛除去。甚至使用目前能生产最小孔径（0.8mm）的孔筛，其小颗粒杂质的除去率也远远比不上缝宽为 0.2mm 左右的缝筛。

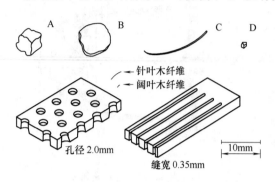

图 6-7　不同几何形状和尺寸的筛渣和筛板

废纸浆的筛选系统比其他浆种更复杂。水力碎浆机的孔板和纤维分离机的孔板首先对废纸浆进行预筛选。预筛选分离出来的塑料薄膜、泡沫塑料和其他大块杂质经脱水压榨后作为废物处理。紧接着是废纸浆的高浓除渣和粗筛选。废纸浆的粗筛选既可以在高浓（3.5%～5.0%）也可以在低浓（浆浓<2.0%）条件下进行。更小的杂质（长 1～5mm，粗 0.1～0.5mm）只能靠下一级常用的精筛选除去。废纸浆精筛选的工作浓度一般在 1.0% 左右。这一级常用的筛板孔径为 1.6mm 左右，或者使用缝宽 0.35mm 左右的缝筛。使用缝宽为 0.2mm 或更小的缝筛在很大程度上可以除去过去认为无法除去的胶黏物。

（二）废纸浆的高浓除渣

经过碎解及疏解后的废纸纸浆中还含有砂粒、金属屑、图钉、夹纸用的回形针、塑料片、橡胶块、树脂等杂质。为了得到洁净的浆料必须对浆料进行高浓除渣、筛选和净化。高浓除渣器用于预净化处理，其结构如图 6-8，目的是除去密度较大的粗重的杂质，如石块、金属块、铁丝、玻璃碎片等。避免意外的损伤和过量的磨损，保证疏解和筛选设备及泵的正

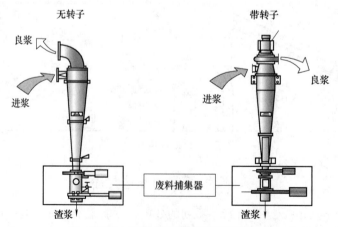

图 6-8　两种形式的高浓除渣器

常运行。用于预处理的高浓除渣器一个重要的要求就是较高的运行可靠性。因为被排出的污染物粒子的尺寸和种类的多变性，很容易使小的排放口和排放室被堵。在废纸回收生产线中，高浓除渣器被用在碎浆和精选之间，被分离的废物尺寸大于1mm，密度也远远大于1g/cm³。

大多数高浓除渣器是低压差和间断排渣的。高浓时由于浆料的纤维密度增大，粗渣与纤维的分离阻力也大，因而为提高浆料的离心力，有些高浓除渣器在上部设有高速回转的叶轮，因此，高浓除渣器主要有两种结构形式——有叶轮的和无叶轮的。

（三）筛选

1. 废纸浆的粗筛

压力筛是废纸制浆筛选作业的主要设备。图6-9是压力筛的一例。压力筛具有一个圆柱状的筛体，内装一个圆筒状的筛鼓，筛鼓内装有带有旋翼的转子。筛体上方沿切线方向有一个进浆口，浆料由切线方向进入，在筛鼓内产生旋转运动，和旋翼旋转方向一致。由于筛体是密封的，浆料在进浆压力下进行筛选，良浆通过筛鼓上的孔隙进入筛鼓和筛体之间，由良浆出口排出。渣浆则在向下倾斜安装的旋翼推动下移向下方，并由下方排渣口排出。压力筛有不同的结构形式，但具有以下的共同特点：

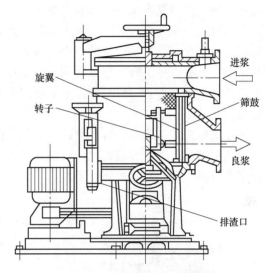

图 6-9 压力筛的结构举例

① 筛浆机是密封带压工作的，筛内的压力是浆料通过筛板进行筛选的动力；

② 都有一个转子，借转子的转动对筛鼓产生净化作用，可防止堵筛，促进排渣。

根据筛孔开孔的形状，压力筛可分为孔筛（$\phi 0.8 \sim 1.5$mm）和缝筛（$0.1 \sim 0.4$mm）。根据工作浓度，压力筛又分为中浓筛（$< 4.5\%$）和低浓筛（$< 1.5\%$）。

根据浆料的流向可发为内流式压力筛和外流式压力筛（图6-10）。

旋翼转动时对筛鼓表面形成的压力脉冲及由此引起的浆料流动情况变化。在旋翼未到达筛鼓表面，浆料在压差p的推动下流过筛鼓。当旋翼到达时，由于旋翼前端与筛鼓之间的间隙是逐渐缩小，浆料在此处受到瞬间压缩，产生一个正向脉冲$+p$，随即由于翼尾与筛鼓表面的间隙逐渐增大，又产生体积扩张造成负压脉冲$-p$，浆料瞬间反向流回，这种由于旋翼转动产生的压力脉冲，可防止筛孔（缝）的堵塞（图6-11）。

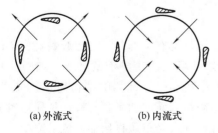

图 6-10 外流式和内流式转鼓与旋翼的相对位置

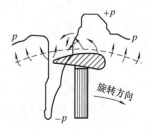

图 6-11 旋翼对筛板的净化

由于粗选筛要处理的纸浆尚含有较多的未疏解碎纸片，纤维分离机（图6-5）也作为粗选筛来使用，可称之为圆盘筛浆机，只是筛孔直径要小一些，为$\phi 2 \sim 3$mm，而不是$\phi 3 \sim 4$mm。

如果碎浆系统处理过的浆料碎纸片含量不超过 5%，可采用具有实体转子的孔型或较大缝宽的缝型压力筛。相对于圆盘筛浆机，这些筛浆机的筛鼓是圆筒状的，人们称之为圆柱筛浆机。和圆盘筛浆机比较，圆柱筛浆机的疏解作用小，因此，对处理浆料的碎片有一定限制。

图 6-12 是只能用于粗选的圆柱筛浆机，属于内流式筛，这种筛子没有转子，电机带动筛鼓转动，筛鼓内侧等距设有多个固定的脉冲板，与筛鼓相对运动而起到旋翼的作用。其优点是筛鼓转动带动浆料做圆周运动，使浆中杂质受离心力作用远离筛鼓，易于排出，不易堵筛，杂质也不会受冲击而破碎。置于筛鼓之内的脉冲板处于良浆侧，与筛鼓之间不会产生杂质阻塞现象，也不会发生严重的磨损。其另一特点是离心力使重杂质可以在筛鼓外侧沿机体内壁运动进入重渣排出管，借反向流入的稀释水的洗提作用，洗出好纤维并返回筛内，而浆重杂质排除。含有大量碎纸片的渣浆由顶部排出，作下一段处理。这种筛的孔径为 2.0mm，工作浓度为 3%～5%。

为了克服圆柱筛浆机疏解能力差的缺点，图 6-13 的 MFC 型粗选筛作了改良设计，筛内采用了内部循环、疏解和辅助筛选设备，考虑粗选杂质多、未疏解碎纸含量大的特点，注意让杂质尽早排出，并加大疏解能力。

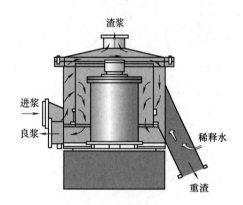

图 6-12　粗选筛示例

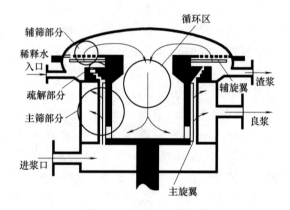

图 6-13　MFC 型粗选筛

浆料从下方入口进入筛内，经过主筛筛选后，渣浆通过带有阶梯形疏解刀的疏解部分进行疏解，并与稀释水汇合，稀释后经过辅助筛选作筛内二次筛选，良浆循环返回再经主筛筛选，而较大的粗渣没有反复循环的机会直接由排渣口排出。主筛鼓的净化由主旋翼来完成，而辅助筛板的净化由辅旋翼来完成。主筛孔径 $\phi 2.4$mm，由于疏解能力提高，整个筛的排渣率约 7%，而同一系统采用以往的筛浆机，排渣率为 33%。

2. 废纸浆的精筛

精选筛都采用圆柱的压力缝筛，一般为低浓筛选，也有少部分不考虑胶黏物去除的系统采用中浓筛选。低浓筛都采用带旋翼的转子。中浓筛可采用带鼓泡的转子，如图 6-14。有的也采用图 6-15 所示的带旋翼的转子。这种转子的特点是：旋翼的结构简单，维修量少，寿命长；旋翼的厚度小而作用面宽，减小了正压脉冲幅度而增加了负压脉冲的作用时间，不仅强化了筛鼓的净化作用，而且可使流过的良浆有部分水受负压作用而回流，减少中浓情况下的浓缩现象；旋翼的多段分布可造成浆料的上下混合，避免了浆料筛选中的浓缩现象。

对于筛缝的选择，一般考虑废纸原料的特点。对于处理书写、印刷废纸浆的精选筛，由于其短纤维的比例比较大，通常采用缝宽 0.1mm 或更宽一点的缝筛；而对于本色废纸浆，

图 6-14 鼓泡型转子

图 6-15 多旋翼转子

要根据纤维的种类和长度来选择，欧洲 OCC 可采用 0.15mm 或更大一点的筛缝，而美国 OCC 的纤维长度较大，可采用 0.25mm 或更大一点的筛缝。

精选筛多为转子在进浆侧（筛鼓内）的外流式筛。图 6-16 为多功能型的精选筛。浆料由下方入口进入筛内，先过一段筛，筛后剩下的粗渣（排渣率 30%～35%）进入二段筛。两段筛有各自的良浆出口。二段的筛渣通过上部的疏解装置，将未疏解碎片进一步疏解，汇合上方加入的稀释水在筛的上腔形成循环流。可以反复通过二段筛和疏解装置，并由排渣口排出一部分。这种循环带来如下好处：使未曾疏解的部分进一步疏解，纤维损失减少；尽管杂质蓄积，但二段筛的排渣率很大（40%～45%），仍可以保证二段的筛选效率。由于疏解部分主要靠流体的剪切力作用，机械作用较小，不会引起

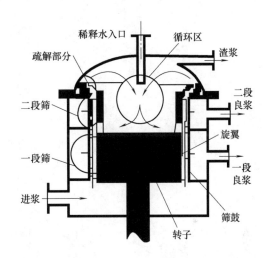

图 6-16 MF 型精选筛

对杂质的破碎，所以，不影响杂质的去除率。另外，二段筛的筛缝较小，可以保证二段筛的筛选效果。

疏解部分是锥形带有阶梯状的流路。一段筛的筛缝 0.25mm，二段筛 0.20mm。

3. 净化和分级

（1）净化

离心净化是将废纸浆中影响浆产质量和造成设备磨损的杂质去除，这些杂质包括砂石、金属块、玻璃片等重杂质和塑料及其他塑料性材料等轻杂质。主要根据它们与水密度不同、与纤维尺寸和形状不同的特性来达到分离的目的。通常所用的分离设备是涡旋除渣器，其结构及原理如图 6-17 和图 6-18。工作原理与普通的除渣器一样。

涡旋除渣器中的浆流分三个方向：圆周运动的浆流产生的离心力；轴向运动的浆流运送固体颗粒使其分离；半径方向的浆流逐渐从外围向中心运动。

涡旋除渣器根据良浆口、渣浆口、进浆口的相对流动方向可分为逆流和顺流两种。在逆流除渣器中，进浆口和良浆口在上部，渣浆排放口在底部；而在顺流除渣器中，渣浆口和良浆口在进浆口相反的方向。图 6-19 为去除轻、重杂质的逆流和顺流涡旋除渣器的原理图。

图 6-17　重质除渣器工作原理

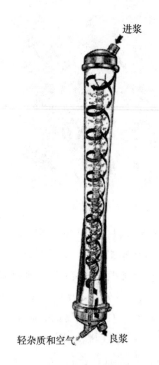

图 6-18　轻质除渣器工作原理

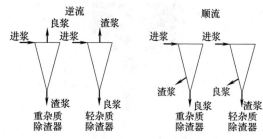

图 6-19　去除轻、重杂质的逆流和
顺流涡旋除渣器原理图

顺流的轻、重杂质净化器在底部中心都有一排放口，但两者是有区别的，重杂质净化器杂质排放口被安放到器壁接近良浆出口。

这就是应用了离心力原理：重杂质在外部收集，轻杂质在内部收集。

重杂质颗粒沿器壁螺旋下降通过排渣口，排放量约为进浆体积的 $3\%\sim15\%$，或进浆质量的 $3\%\sim30\%$。在逆流重杂质除渣

器中，良浆从顶部排出。

轻杂质颗粒会向净化器中心移动，在逆流轻杂质除渣器中，杂质碎片通过除渣器顶部的轻杂质排放口排出，排放量约为进浆体积的 $3\%\sim15\%$，或进浆质量的 $1\%\sim15\%$。而大部分浆料从除渣器底部的良浆出口口排出，排渣可连续操作或间歇操作。

（2）纤维分级

为了充分利用废纸浆中的纤维，做到物尽其用。纸板的生产采用多层抄造，而每层浆料的性能要求不一样，例如抄造箱纸板，其面层、芯层、底层对纸料要求不一，最好的浆料应用在面层，而芯层对浆料的要求就稍低一些。这样，往往需要将废纸浆进行分

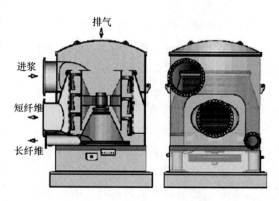

图 6-20　纤维分级筛

级，分出长纤维和短纤维。纤维分级在废纸浆净化之后、精筛之前进行。

分级采用分级筛进行，如图 6-20 所示。净化后的废纸浆料再进行分级，通过分级筛把废纸浆中的长纤维和短纤维分开，后续用于不同的纸张或纸层中，充分发挥废纸浆中各种纤维成分的特性。提高纸浆的使用价值。图 6-20 中的分级筛用于处理 OCC 废纸浆，进浆浓度 0.18％，筛缝 0.20mm。

第二节　废纸纸浆的脱墨

脱墨浆按照其质量和用途可分为三类：

① 新闻纸用的脱墨浆（DIP），白度 50％～55％ ISO，主要以旧报纸为原料，配有一定量的旧杂志纸；

② 高白度旧报纸 DIP，白度可达 70％ ISO，所用废纸原料和新闻纸用 DIP 相同。由于强化了脱墨，并加强了漂白处理，高白度旧报纸 DIP 可用来配抄中级文化用纸；

③ 不含机械浆的 DIP，白度 80％ ISO 以上。原料是废旧的高级文化用纸或混合办公用纸。这些脱墨浆的获得，要根据其具体用途，选用不同的脱墨工艺和漂白工艺。

一、油墨组成、分类及废纸脱墨原理

（一）油墨的组成及分类

印书油墨是由颜料、载体以及添加剂等组成。颜料提供颜色和不透明度与所印刷的纸张形成一定的对比度，颜料粒子主要由炭黑等构成。载体起到携带和展布颜料粒子的作用，赋予油墨转移性能。载体主要由干性植物油、矿物油、合成或天然树脂、塑料和有机溶剂等构成。此外，为了改善油墨的性能往往向油墨中添加一些添加剂，如黏结剂、溶剂、干燥剂、湿润剂和石蜡等。油墨种类繁多。根据油墨载体的不同，油墨要分为干性油墨、树脂油墨、有机溶剂油墨以及较新颖的水性油墨。

（二）脱墨原理

油墨在纸页表面的固着主要有两种方式，一是油墨通过载体吸附于纸页表面的空隙；二是油墨在纸页表面固化。油墨在纸页表面固着的形式因印刷方式不同而不同。脱墨是根据油墨的性质以及它与纸页的固着方式，采用机械、化学药品以及加热等方式将其从纤维的表面脱墨，并从纸浆中分离出去。一般来说，脱墨主要有以下三个步骤：

1. 纤维的离解

废纸在碎浆机（水力碎浆机、转鼓碎浆机等）中得到解离，在这过程中，废纸发生润胀变形，纸页中纤维之间的氢键结合被大大地削弱，纸页上大面积的印刷油墨随纤维的离解而均匀地分散开来，为脱墨创造了条件。

2. 油墨从纤维上脱离

油墨从纤维分离一般有两种方式：一是油墨大面积地从废纸或纤维上剥离；二是以小颗粒的油墨粒子从大块的油墨上分离，最后达到与纤维剥离。在化学药品水溶液中，水中的 NaOH 或 Na_2CO_3 等使纤维和油墨发生润胀，并在化学药品中表面活性剂的作用下，纤维和油墨间的结合力受到了破坏，废纸碎解时，大部分吸附在纸页或纤维表面的油墨会大面积地剥离下来。对于一些固着牢固的油墨，在表面活性剂和水力剪切力的作用下，以小颗粒油墨粒子的形式从大块油墨的表面剥离。

3. 将脱离后的油墨粒子从浆料中去除

通过机械和化学方式将脱离后的油墨粒子浮选去除。

二、脱墨剂的主要成分及作用

脱墨剂一般由许多化学品组成，在脱墨过程中所起到的化学和物理的作用各不相同，有些药剂起着几种作用。如皂化油墨粒子需要皂化剂；而分散剂的作用是分散和游离油墨粒子；为了不使油墨粒子重新聚集并覆盖在纤维表面，就必须有吸收剂吸收油墨粒子；还有使废纸脱色的脱色剂或漂白剂；为润湿颜料粒子，使之乳化便于分离溶出，还应有清净剂等。可见，单一脱墨组分是不可能达到最佳脱墨效果的，必须组成合理的配方。因此，脱墨剂是降低废纸与印刷油墨的表面张力而产生皂化、润湿、渗透、乳化、分散和脱色等多种作用的综合体。按照各组分的主要功能可分为皂化剂、表面活性剂、漂白剂、吸收剂等。脱墨剂一般在废纸的碎解过程中加入（有些捕集剂需在浮选时加入）。

（一）脱墨剂的成分及主要作用

1. 皂化剂

皂化剂是脱墨剂的主要成分，有 NaOH、Na_2CO_3、Na_2SiO_3 等。它们的作用是使纤维润胀，使油墨中的油脂皂化，通过皂化使油墨中的颜料粒子游离出来。NaOH 一般用于不含磨木浆的废纸脱墨，否则纸浆易发黄。Na_2CO_3 碱性较弱，对纤维的破坏作用较小，较普遍使用。Na_2SiO_3（水玻璃）也是一种皂化剂，它主要用于含机械浆的废纸脱墨。Na_2SiO_3 又是具有较高表面活性的物质，具有润湿和分散作用，即皂化油脂类物质，又可分散颜料，防止纸浆重新吸附油墨污点。Na_2SiO_3 在较低的 pH 下比 NaOH 脱墨效果好，脱墨浆的白度较高，纤维损伤较小，特别是适合处理含磨木浆较多的废纸。Na_2SiO_3 与 H_2O_2 同时作用，脱墨效果更好，它有助于 H_2O_2 的稳定，使其效能充分发挥。Na_2SiO_3 还可以纯化金属离子，减少 H_2O_2 的分解。

2. 表面活性剂

表面活性剂是脱墨剂的重要成分，有时表面活性剂也称为脱墨剂。表面活性剂的主要作用是降低溶液的表面张力，有效地润湿废纸；吸附在油墨表面有助于软化油墨，降低油墨与纤维间结合力，促进油墨粒子的脱除；分散和游离油墨粒子；在浮选过程中捕集油墨粒子。脱墨中常用的表面活性剂主要有两类：阴离子型和非离子型。阴离子型表面活性剂具有较强的洗涤能力，起泡性好，泡沫稳定，捕集能力强，价格较低。非离子型表面活性剂的分散、乳化性能好，临界胶束浓度低，浓度较低的情况下也可取得良好的效果。

3. 分散剂

分散剂主要用于洗涤法脱墨工艺中，在水力碎浆机中加入后，使经过疏解的纤维与分离的油墨颗粒能在纸浆悬浮液中继续保持分散状态，以便于在以后的洗涤和浓缩中除去。

4. 漂白剂

常用的漂白剂主要有 H_2O_2、连二亚硫酸盐、甲脒亚磺酸等，以 H_2O_2 为主。一般认为漂白剂对在碱性条件下含机械木浆的废纸浆中含有的发色基团起脱色作用，多用于含机木浆废纸的漂白。H_2O_2 还具有一定的皂化作用。此外，为了减少脱墨过程中 H_2O_2 的分解，还需要添加一些螯合剂，消除浆料中过渡金属离子对漂剂的分解。常用的有 EDTA、DTPA 等。

5. 吸附剂

为了防止分散后的油墨粒子重新沉积到纤维上，常需要添加一定的吸附剂，常用的吸附剂有硅藻土、黏土、高岭土等具有较大表比面积的物质。

6. 其他

随着脱墨技术的进步，出现了酶法脱墨、中性亚硫酸钠脱墨、溶剂法脱墨等，相应于新出现的不同脱墨方法，也出现了新的脱墨化学品。

（二）典型的脱墨化学药品的用量及工艺条件

废纸的种类及印刷方式的不同，对脱墨效果的影响很大。在脱墨生产过程中要根据实际情况选择脱墨剂及其用量。表 6-1 是典型的脱墨药品用量与脱墨条件。

表 6-1　典型的脱墨化学药品加入量（碎浆机中加入）

化学品/工艺条件	含机木浆	非含机木浆	化学品/工艺条件	含机木浆	非含机木浆
螯合剂用量/%	0.5～0.4		（表面活性剂/捕集剂）/%	0.25～1.5	0.25～1.5
Na_2SiO_3 用量/%	1.0～3.0		温度/℃	45～55	50～60
NaOH 用量/%	0.8～1.5	1.0～1.5	浓度/%	5～15	5～15
H_2O_2 用量/%	0.5～2.0		时间/min	4～60	4～60

三、脱墨方法及设备

（一）脱墨方法

脱墨方法主要有洗涤法和浮选法

1. 洗涤法

洗涤法可以去除粒径小于 $10\mu m$ 的油墨粒子，但不能去除较大的油墨粒子。因其耗水量大，污水排放量高，单纯的洗涤法已经被一些国家禁止。洗涤法首先通过脱墨剂将油墨分散成小于 $10\mu m$ 的微粒，然后采用洗涤设备多次对浆料进行洗涤，最大限度地去除油墨粒子，排出的废水经过澄清后回用。

2. 浮选法

浮选法先通过脱墨将油墨粒子分散成一定粒径（$10～150\mu m$），利用油墨粒子与纤维表面性质的不同，纤维具有亲水性，而油墨粒子表面则为疏水性，然后在捕集剂的作用下通过起泡上浮到浆液的表面，与浆料分离。其脱墨过程如图 6-21 所示。

浮选法的优点是纤维流失少，纸浆的得率可达 85%～95%，使用的脱墨剂数量少。缺点是：纸浆的白度低，灰分含量高，所用设备也比洗涤法复杂、昂贵，动力消耗较大。

不同的脱墨方法，其所能够脱除的油墨粒子的粒径是不同的，如图 6-22 所示。

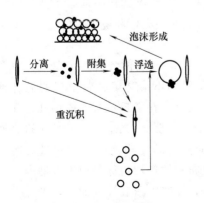

图 6-21　浮选法脱墨过程示意图

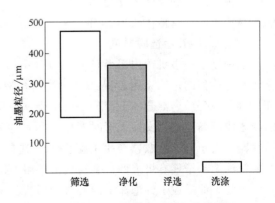

图 6-22　不同方法脱除油墨的粒径范围

3. 洗涤法和浮选法的比较

洗涤法和浮选法能够脱除的油墨粒子的粒径范围是不相同的。两种脱墨方法各具优缺点。洗涤法得到的浆料比较洁净，灰分低，但耗水量大，纤维流失多（约20%）；浮选法得到的浆料流失少，耗水量低，但浆的灰分高，设备投资高，动力消耗大。目前新建纸厂大多采用浮选法进行脱墨。

（二）脱墨设备

1. 洗涤法脱墨设备

洗涤法脱墨设备主要是常用的洗涤浓缩设备，比如圆网浓缩机、侧压浓缩机、真空洗浆机、双网挤浆机。这些设备在碱法制浆一章中都有介绍。

2. 浮选法脱墨设备

浮选设备主要结构为浮选槽体、气泡发生器、浮渣撇除器等。现在的发展趋势是纸浆的流向由平流卧式发展为旋流立式，槽体由方形、开放式向圆柱形、封闭式发展，起泡器则多采用文丘里或其他专用型。

国内外常用的浮选设备有：

（1）Lamort 浮选槽

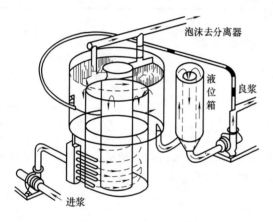

图 6-23 Lamort 浮选槽

如图 6-23 所示，纸浆由浆泵送入浆料分配总管，均匀高速地进入多个文丘里管式浆气混合器，在文丘里管缩颈处借负压自动吸入空气。与空气混合后的纸浆沿切线方向进入下部小直径的圆柱形浮选室进行第一次浮选；纸浆沿螺旋线上升，到达顶端后向外溢流，气泡吸附油墨粒子上浮到浆面，形成油墨泡沫层被真空吸墨装置吸走。

与油墨分离的浆料向下流到容器的外槽，并导入液位箱，以使浆面与泡沫抽吸管始终保持一个固定距离。液位箱中的浆料在泵出的过程中，一部分经文丘里浆气混合气，由外槽中部沿切线进入，与翻过内圆筒顶端旋转下来的良浆混合，进行第二次浮选。二次气泡吸附的油墨粒子也上升至浆面上的油墨泡沫层，而良浆则旋降至外槽底部流出。二次充气回流的浆料是可以调节的，能提高单台设备的浮选效率。

这种浮选槽的浮洗浓度为 0.8%～1.5%，一段浮选用 2～3 台浮选槽串联，不需二段浮选。与传统的浮选槽比较，纤维损失少，动力消耗低，占地面积小，环境卫生好。

（2）EcoCell 浮选脱墨机

这种浮选脱墨机国内用得较多，如图 6-24。椭圆形的 EcoCell 槽体含有多个单元，每个单元都有单独的进浆系统，保持流动均匀，液面稳定。支管的下端是浆料与空气的混合器（图中放大部分）。混合器上部分是由多个文丘里管组成的圆盘，在文丘里管的缩颈处是开口的，悬浮液高速流过文丘里管时产生负压而浆高达 60% 的空气吸入，随后进入下方的阶梯扩散器，由于阶递扩散器产生的微湍动，造成浆料中各质点都处在相互碰撞的能量交换状态，使油墨粒子能有极大的机会与气泡接触，随后经过分布扩散器均匀稳定地进入槽内。

吸附了油墨粒子的泡沫上浮到液面后溢流进入集泡槽，良浆由槽底被泵抽走，进入下一个单元。集泡槽的泡沫渣，通常作二段处理，以回收好纤维。

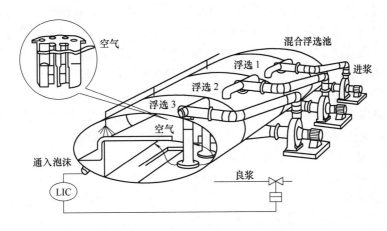

图 6-24　Voith 公司的 EcoCell 浮选脱墨机

EcoCell 浮选槽的特点是：a. 能有效地去除广谱范围（5～500μm）的油墨粒子、胶黏物、塑料、添料和其他憎水性物质；b. 由于浮选槽间的组合合理，液位控制简单，可提高生产能力 20%，运行可靠性高；c. 两段浮选经济效益好，可在取得高得率的前提下，获得最有效的杂质去除率，去除灰分方面的选择性也高；d. 在同等生产力的前提下，可比原有的浮选槽获得更高的纸浆白度和更好的污物、胶黏物的去除率，并可减少纤维的损失。

多段阶梯扩散器有不同的微湍动区，可产生大小不同的空气泡以除去不同颗粒大小的杂质。而且起泡的耗能低，操作压力为 90kPa。

通气元件浸入浆面下较浅，故载有杂质的空气泡上升到液面的行程较短，这对于一些较大的油墨颗粒、胶黏物的浮选有利。

由于各个浮选槽是紧密相连的，因此一个液位的控制装置即可满足需要。具体的被调参数是集泡槽中的液位，即根据集泡槽中的泡沫流量来控制的。

两段浮选中，一段浮选的目的是为了改善纸浆的洁净度和白度，二段浮选则是在不损失白度和洁净度的前提下提高纸浆的得率。一段的泡沫渣在进入二段之前，先经过一个分离器以除去空气而后进入二段浮选。二段浮选选出来的纤维悬浮液分为两路，一路送回二段浮选前进行再循环，另一路则送一段浮选前进行再浮选。

在去除灰分方面，二段浮选起着重要作用，它具有较高的选择性，即在除灰分的同时，尽量减少细小纤维的损失。EcoCell 除去泡沫中大约有 66%～76% 灰分和 26%～34% 的细小组分。在纸浆浮选总损失 8% 中，灰分去除量占 5.6%，油墨去除量 1.5%，因此纤维和细小纤维的损失仅占浮选槽总浆量的 0.9%。

第三节　废纸纸浆的分散与搓揉处理

分散（Dispersing）与搓揉（Kneading）指的是在废纸处理过程中用机械方法使油墨和废纸分离或分离后将油墨和其他杂质进一步碎解成肉眼看不见的大小并使其均匀地分布于废纸浆中从而改善纸成品外观质量的一道工序。

一、热　分　散

所谓热分散，就是在高温高浓下对废纸浆施以高剪切力，借助机械摩擦和冲击及纤维间摩擦和搓揉作用，进一步将纤维上未剥离的残余油墨剥离下来，并使浆中所含油墨、胶黏物等杂质细微化而均匀分散的过程。因此，热分散是纸浆的均匀化过程，是提高浆料质量的操作。热分散系统通常设置在整个废纸处理流程的末端，即除渣、筛选、浮选脱墨之后，以把握废纸进入造纸车间抄纸前的质量关。当今世界绝大部分采用的是热分散系统。

（一）热分散的具体任务

除了对杂质的分散，热分散还能产生一些附带作用。对分散的具体要求不只取决于再生浆的质量，也取决于最终产品的质量，热分散系统的主要任务如下：

① 降低尘埃度，使各种可见的杂质合理分散，或者使之可浮选除去；

② 碎解胶黏物，使之合理分散，或有利于浮选除去；

③ 将蜡质微细化，使之均匀分散；

④ 碎解废纸中含有的涂料和胶料粒子；

⑤ 将残余在纤维上的油墨或墨粉粒子由废纸纤维上剥离下来；

⑥ 利用热分散的条件同时进行漂白时，使漂白剂得以均匀混合；

⑦ 机械处理纤维，以保持和提高其强度特性，热处理纤维以提高其松厚度；

⑧ 利用高温，确保对微生物的杀灭。

以上是通过热分散能够提供的作用，但对于不同的用途，对上述要求的侧重点是不同的。

（二）高速圆盘式分散机的结构、工作原理

1. 圆盘式热分散机

热分散一般采用高速圆盘分散机对废纸浆进行分散处理。图 6-25 是圆盘式分散机的结构图，类似于盘磨机。转盘和定盘规则排列着相互啮合的棱锥型的齿，浆料由进浆管进入，在进浆螺旋的推动下，进入齿盘间，因动盘的离心力沿径向外移，并充满动静盘的空间。只有这些空间被充满，浆料才会在转盘作用的推动下强制通过定盘的缝隙。在高速运行的齿间受到剧烈的剪切作用，也有齿缘对粒子的冲击力。粒子被强行通过这里的高剪切作用区，有着强烈的纤维对纤维和纤维对粒子的摩擦力，齿缘对粒子的冲击作用更具有实质性的意义，使杂质被碎解细化。

2. 热分散系统

图 6-26 为 Cellwood 公司的 Krima 热分散系统，适合于常压或带压作业的新型分散系统。在流程中，送入的稀浆被两段螺旋压榨机增浓到 35% 浓度，然后通过料塞螺旋（为了防止在带压作业时蒸汽反喷）进到立式撕碎机，将浆料撕碎，经撕碎的浆料在进入分散器以前在预热器中与蒸汽混合。然后通过一水平螺旋加热管，根据需要加热到 80~120℃ 左右，最高可达 150℃，通过时间约为 3~4min。常压加热管很难在短时间内浆纸浆加热到 80℃ 以上，故一般都采用压力加热的方法（气压 400kPa），必须注意，长时间的加温和温度超过 120℃，会导致纤维的降解和强度的损失。

在采用高温热分散时，温度超过 100℃，这时的加热螺旋和分散器都要带压工作，由螺旋挤浆机向加热螺旋供浆，要采用螺旋给料器以料塞向带压区供料。过高的温度会使耗汽量增加、设备要带压，将增加成本，因此必须根据产品质量和强度特性的要求来选择，比如，新闻纸印刷的油性油墨较易分散，可采用较低的温度，混合办公用纸的墨粉等难处理的油墨，则应选择较高的温度。废纸本身也有影响，含机械浆的纸，由于较高温度会使返黄加重，热分散的温度也不应太高。

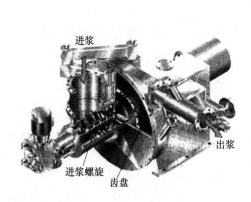

图 6-25　圆盘式热分散机

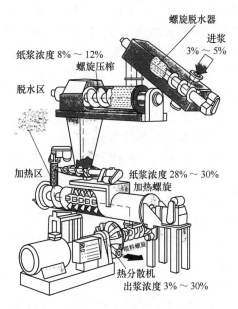

图 6-26　纤维热分散系统（Cellwood）

二、废纸纸浆的搓揉处理

为了保证油墨和其他污染物的去除使油墨和污染物与纤维的有效分离，并在随后的筛选、除渣、浮选、洗涤等工序中被除去，而不是单纯将油墨和其他污染物破碎并分散到纸浆中，以搓揉替代分散是一个良好的选择。

（一）搓揉式分散机的结构、工作原理

图 6-27（a）是结构最简单的搓揉式分散机，由转子和定子构成工作部分。转子的主体是一根转轴，其前部分带有进为螺旋，后部带有齿。定子是镶有齿的机壳。这种分散机是靠转子上的齿和机壳上的齿相互捏合产生剪切和搓揉作用来使杂质分散的。因此又称为捏合式分散机，也有的根据转子的形状称其为辊式分散机。其转子的圆周速度为5～15m/s，比圆盘式分散机小得多，有的甚至更低。转子和定子的间隙（10mm）也比圆盘式的（1mm 或更小）宽得多。所以

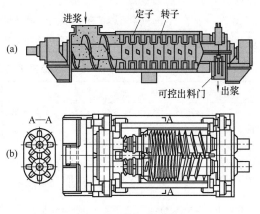

图 6-27　搓揉式分散机

（a）单辊搓揉式分散机　（b）双辊搓揉式分散机

搓揉式分散机产生的剪切力要比圆盘式分散机小，但有效的分散作用仍具有圆盘式那样的高剪切力；另外，低转速下具有黏弹性的杂质会表现出较低的强度，加上浆料在机内的停留时间较长，所以在输入动力相同时，圆盘式和搓揉式分散机对油墨的剥离作用是大体相同的。其能耗的调节可通过节流阀或改变卸料螺旋的转速来控制出口流量来实现。

图 6-27（b）双辊搓揉式分散机，其进口端也是进浆螺旋，随后是两个辊上螺旋状排列的齿相互搓揉的区域，两个辊反向运转，形成有效的搓揉和剪切作用。搓揉机一根轴转速为100r/min，另一根轴的转速则要快 10%，即 110r/min。转子与转子、定子与定子之间的距

离较宽，约 $25\sim50mm$，运转时，在 30% 的高浓下纤维与纤维间产生的强力摩擦作用使所有难以脱去的油墨与纤维分离并将这些油墨颗粒减小到能为浮选、洗涤等后续工序中除去的程度，工厂实践表明，大小在 $80\mu m$ 至 $300\mu m$ 的油墨经搓揉处理后能有效地在浮选中除去。在浮选含有 10% 的激光印刷纸和照相拷贝纸的废纸浆时，有搓揉机的两道浮选的浮选效率相当于未经搓揉的八道浮选结果。至于 $4\mu m$ 至 $40\mu m$ 的颗粒，则需要通过洗涤工序来将它们除支（去除率 80%～90%）。

搓揉机的能耗为 $45\sim50kW\cdot h/t$，纸浆间的强力摩擦作用可使纸浆温度提高 16℃，从而在 H_2O_2 漂白时往往不再用蒸汽来加热纸浆。

（二）搓揉式分散机与圆盘式热分散机的比较

（1）圆盘式分散机

由于转速高，机械作用较强，温度也较高，可促进胶黏物的微细化，浆料的游离度降低 $50\sim80mL$，可改善纸的强度；可使新闻纸印刷用的油性油墨良好分散。设备紧凑，占地面积小。

（2）搓揉式分散机

由于转速低，温度也较低，对胶黏物的分散作用较小；对纤维的作用程度较低，游离度降低较少，处理后浆料的游离度降低 $20\sim40mL$；可以使附着于填料上的油墨剥离；在热分散同时进行过氧化氢漂白时，由于温度合适，停留时间相对较长，有利于提高过氧化氢的漂白效果；对墨粉、紫外硬化性油墨的剥离性较好。

由上可见，两种设备各有优缺点，在选用时，可以根据其特点来确定；当分散设在系统的末尾，要最后将杂质的危害隐匿起来时，或者放在后浮选之前，要为浮选除掉杂质做准备时，应该尽量使胶黏物细化，以便通过浮选除掉，因此，选用圆盘式分散机较好；如果只有一次浮选，要在浮选前将残留在纤维上的油墨尽量剥离掉，精选筛又设在浮选之后，须考虑尽量不使胶黏物细化，以便在精选筛处筛除粗胶黏物，这时应选择搓揉机。

表 6-2 搓揉机与分散机性能的比较

搓　揉	分　散
①通常将搓揉机放在废纸处理流程的中部、浮选和洗涤之前	①热分散一般放在废纸处理流程的尾部，贮浆的前面
②游离度基本没有下降	②会使游离度有中等程度的下降
③搓揉目的是为了将油墨和污染物与纤维分离而由后续的工序除去，搓揉结果是较少油墨的残留和较高的白度	③分散的目的是为了将油墨和污染物质破碎成小粒子并均匀地分散到纸浆中，结果是较多地残留油墨和较低的白度
④流程中有采用浸渍塔以在高浓条件下浸渍废纸浆	④一般不用浸渍塔
⑤兼容浮选和洗涤	⑤主要用浮选
⑥采用碱性/中性双回路的化学方法	⑥采用碱性/酸性双回路的化学方法
⑦采用复合脱墨剂，既有收集又有分散功能以适应浮选、洗涤法的需要	⑦浮选时用脂肪酸皂作为收集剂
⑧较高的设备费用但较低的运行费用以生产高质量的产品	⑧较低的设备投资费用，但较高的运行费用

主要参考文献

[1] 詹怀宇. 制浆原理与工程（第三版）[M]. 北京：中国轻工业出版社，2011.

［2］　詹怀宇，刘秋娟，靳福明. 制浆技术［M］. 北京：中国轻工业出版社，2012.

［3］　高玉杰. 废纸再生实用技术［M］. 北京：化学工业出版社，2003.

［4］　陈庆蔚. 当代废纸处理技术［M］. 北京：中国轻工业出版社，1999.

［5］　刘秉钺，韩颖. 再生纤维与废纸脱墨技术［M］. 北京：化学工业出版社，2005.

［6］　张运展. 现代废纸制浆技术问答［M］. 北京：化学工业出版社，2009.

［7］　［加拿大］G. A. 斯穆克著. 制浆造纸工程大全［M］. 曹邦威译. 北京：中国轻工业出版社，2011.

第七章 纸浆的漂白

第一节 概 述

化学浆蒸煮后纸浆中的残余木素含量约占未漂浆质量的 $3\%\sim5\%$，这些木素很难去除，并且这些木素在蒸煮过程中发生了变化并由各种原因遗留在纸浆中。硫酸盐法蒸煮是主要的蒸煮工艺，在其蒸煮的过程中木素结构上产生了新的共轭碳—碳双键和醌型结构，因此残余木素的颜色很深。硫酸盐法蒸煮木素碎片之间缩合反应也会增加木素结构单元苯环之间的碳—碳键的数量。此外，木素碳水化合物的共价连接，也会使得残余木素难以去除。这些残余木素要通过漂白去除。

一、漂白的分类与发展

化学浆的漂白的主要目的是除去蒸煮后残余木素和发色团，获得具有一定白度的纸浆，通常为 $88\%\sim91\%$ ISO 的白度。此外，使纸浆的白度稳定，防止返黄。

（一）按漂白作用分类

按漂白的作用来分类，纸浆的漂白方法可分为两大类。一类称"溶出木素式漂白"，通过化学品的作用，溶解纸浆中的木素，使其结构上的发色基团和其他有色物质受到彻底的破坏和溶出。常用氧化性漂白剂，包括：氯、次氯酸盐、二氧化氯、过氧化物、氧、臭氧等。这些化学品单独使用或相互结合，通过氧化作用实现除去木素的目的，常用于化学浆的漂白。另一类称"保留木素式漂白"，在不脱除木素的条件下，改变或破坏纸浆中属于醌结构、酚类、金属螯合物、羰基或碳碳双键等的发色基团，减少其吸光性，增加纸浆的光反射能力。这类漂白仅使发色基团脱色而不溶出木素，漂白浆得率的损失很小，通常采用氧化性漂白剂过氧化氢和还原性漂白剂连二亚硫酸盐、亚硫酸和硼氢化物等。这类漂白方法常用于机械浆和化学机械浆的漂白。

（二）按漂白所用的化学品分类

按漂白所用的化学品可分为含氯漂白（包括氯、次氯酸盐和二氧化氯）和含氧漂白（氧、臭氧、过氧化氢、过氧酸等）。

（三）漂白的发展过程

漂白的发展过程大致如下：

- 1756 以前（18 世纪中叶以前），采用太阳光自然漂白
- 1774 瑞典人发现氯
- 1800 漂白粉漂白
- 1928 机械浆连二亚硫酸盐漂白
- 1930 氯气漂白和碱抽提
- 1936 多段漂
- 1940 机械浆 H_2O_2 漂白

- 1946　ClO_2 漂白
- 1970　氧脱木素
- 19 世纪 80 年代　氧强化的碱抽
- 19 世纪 90 年代　ECF—Elemental Chlorine Free　无元素氯
　　　　　　　　　　TCF—Totally Chlorine Free　全无氯漂白
　　　　　　　　　　TEF—Totally Effluent Free　无废水排放漂白

随着环境保护要求日益严格，含氯漂白废水中含有的 AOX（Adsorbable Organic Halogen，可吸附有机卤）对环境的危害引起人们的广泛关注，氯和次氯酸盐的漂白正越来越受到限制，纸浆的漂白正朝着无元素氯（ECF）和全无氯（TCF）漂白方向发展。由于二氧化氯的漂白纸浆的白度高，强度好，废水对环境的污染小，因此含二氧化氯漂段的无元素氯漂白仍浆继续发展。氧脱木素、过氧化氢漂白和臭氧漂白是全无氯漂白工艺的重要组成部分，必将稳步增长。随着生物科学技术的进步，生物漂白技术也将逐步发展。

二、纸浆颜色、发色基团及漂白机理

（一）纸浆的颜色

纸浆的颜色是由纸浆对可见光的反射决定，纸浆中的木素是颜色的主要来源。

纸浆的亮度（brightness）是指浆张在波长 457nm 处的反射率。

纸浆的白度（whiteness）是从浆片反射出来的光使人眼产生的印象。它和人生理有关，包括可见光（光波长在 400～700nm）的反射量和不同光波反射的均匀度（均匀性好，则白度显高）。

（二）发色团和助色团

有色的有机物质必含有 1 个或 1 个以上的发色基团，如：

$$\diagup\diagdown C=O \qquad \diagup\diagdown C=C\diagup\diagdown \qquad \diagup\diagdown C=S \qquad —N=N—$$

此外，有一些基团，其存在有助于发色基团发色和颜色的加强和改变，这些基团称之为助色团。助色团是含有未共享电子对的—OR，—COOH，—OH，—NH_2，—SR，—Cl 和—Br 等。光谱中每个发色基团均有一个特有的吸收带。如果一个化合物的分子含有数个发色基团，但不发生共轭作用，该化合物就具有所有这些发色基团的原有吸收带。吸收带的位置及强度所受影响也不大。如果两个发色基团发生共轭，原发色基团的吸收带就会消失，而产生新的吸收强度比原来强得多的吸收带。按有机结构，发色基团实际上是 π 电子官能团。共轭基含有共轭 π 电了，处丁流动状态，属丁整个共轭基，影响有机物发色基团吸收带的位置与强度。

（三）纸浆的发色基团和漂白基本原理

木素大分子是由苯丙烷结构单元组成，它是没有颜色的，纸浆中最重要发色基团是木素侧链上的双键、共轭羰基以及两者的结合，使苯环与酚羟基和发色基团相连接。醌的结构对纸浆的白度有重要的影响。上述发色基团在图 7-1 中有显示。

此外，纤维组分中的某些基团与金属离子作用也可形成具有深色的络合物，浆料中的抽出物和单宁也有着色反应。

由于木素大分子含有不同的发色基团以及发色基团与发色基团之间和发色基团与助色基团之间的各种可能的联合，构成复杂的发色体系，形成宽阔的吸光带，因此，纸浆的漂白原

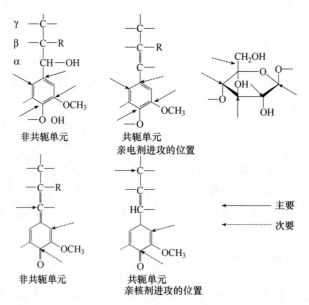

图 7-1　纸浆中的发色基团

理为四个方面：

①　破坏或改变发色基团的结构（溶出木素或改变木素的结构）；

②　防止或消除发色基团与助色基团之间的联合；

③　阻止发色基团的共轭；

④　防止产生新的发色基团。

漂白的作用是从浆中除去木素或改变木素的结构，漂白化学反应可以分为亲电反应和亲核反应。亲电反应促使木素降解，亲电剂为阳离子和游离基（Cl^+、ClO_2、$HO\cdot$、$HOO\cdot$等），主要进攻木素中富含电子的酚和烯结构；亲核剂为阴离子和少许游离基（如 ClO^-、HOO^-、$SO_2{}^-\cdot$、$HSO_3{}^-$ 等），亲核剂则进攻羰基和共轭羰基结构，通过还原反应改变木素结构，也会发生木素降解。亲电剂主要进攻非共轭木素结构中羰基对位碳原子和与烷氧基连接的碳原子，也攻击邻位碳原子以及与环共轭的烯，即 β-碳原子；亲核剂主要攻击木素结构中羰基中与羰基共轭的碳原子；亲电剂对纤维素主要进攻 C_2、C_3 和末端 C 原子。具体如图 7-2。

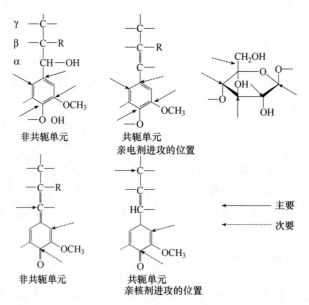

图 7-2　亲电剂和亲核剂攻击木素和碳水化合物的位置

三、单段漂化学品组成及漂白化学品作用

用于漂白的化学品有氧化性漂白剂、还原性漂白剂，还有氢氧化钠、酸、螯合剂和生物酶，这些化学品单独或结合使用组成各种漂段，如表 7-1 所示。

表 7-1　漂白段和漂白化学品

符号	段名	化学品	符号	段名	化学品
C	氯化	Cl_2	Pxa	混合过氧酸漂白	$CH_3COOOH+H_2SO_5$
E	碱抽提（碱处理）	NaOH	CD	氯和二氧化氯 混合氯化（二氧化氯 部分取代的氯化）	Cl_2+ClO_2
H	次氯酸盐漂白	$NaOCl_3$，$Ca(OCl)_2$			
D	二氯化氯漂白	ClO_2	EO	氧强化的碱抽提	$NaOH+O_2$
P	过氧化氢漂白	H_2O_2+NaOH	EOP	氧和过氧化氢 强化的碱抽提	$NaOH+O_2+H_2O_2$
O	氧脱木浆（氧漂）	O_2+NaOH			
Z	臭氧漂白	O_3	OP	加过氧化氢的氧脱木素	$O_2+NaOH+H_2O_2$
Y	连二亚硫酸盐漂白	$Na_2S_2O_4$	PO	压力过氧化氢漂白（用 氧加压的过氧化氢漂白）	$H_2O_2+NaOH+O_2$
A	酸处理	H_2SO_4			
Q	螯合处理	EDTA，DTPA，STPP	DN	在漂白终点加碱中 和的二氧化氯漂白	ClO_2+NaOH
X	木聚糖酶辅助漂白	Xylanase			
Pa	过氧醋酸漂白	CH_3COOOH	D_{HT}	高温二氧化氯漂白	ClO_2
Px	过氧硫酸漂白	H_2SO_5			

不同的漂白化学品的作用、适应浆种和优缺点有明显不同，见表 7-2。

表 7-2　用于纸浆漂白的主要化学品的作用、适应浆种和优缺点

化学品	作用	适应浆种*	优点	缺点
Cl_2	氯化和氧化木素	C	有效、经济的木素，尘斑去除好	产生有机氯化物，腐蚀性强
$Ca(OCl)_2$ NaOCl	氧化和溶出木素，脱色	C	容易制备和使用，成本低	引起纸浆强度损失，产生氯仿
ClO_2	氧化和溶出木素，脱色，保护纤维素以防降解	C	达到高白度而不引起纸浆强度和得率的损失，尘斑去除好	必须现场制备，成本较高，产生一些有机氯化物，腐蚀性强
O_2	氧化和溶出木素	C	化学成本低，废水无氯化物、可送碱回收系统	设备投资较高，可能损失浆的强度
O_3	氧化和溶出木素，脱色	C	高效脱木素，废水无氯化物，可回收	必须现场制备，成本高，尘斑漂白效率差，纸浆强度较低
H_2O_2	氧化木素，脱色	C，M，DIP	容易使用，投资低	化学品成本较高，尘斑漂白效果差，能引起纸浆强度损失
$Na_2S_2O_4$	用于木素的还原和脱色	M，DIP	容易使用，投资低	容易分解，白度增值有限
甲脒亚磺酸	用于木素的还原和脱色	M，DIP	容易使用，投资低，对过渡金属离子不敏感	化学品成本高
木聚糖酶	催化聚木糖水解，辅助漂白	C	容易使用，投资低	成本高，局限的有效性
NaOH	水解氯化木素和溶出木素	C	有效，经济	使纸浆发暗
EDTA，DTPA	除去金属离子	C，M	提高过氧化氢的漂白效率和选择性	化学品成本高

注：　* C—化学浆，M—机械浆和化机浆，DIP—废纸脱墨浆。

四、漂白的常用术语

① 有效氯：指漂液氧化能力，相当于多少氯原子的氧化能力以氯表示的量。工业上常

用有效氯的含量克/升或百分率来表示漂白液的漂白性能。

② 漂率：将纸浆漂到一个指定的白度时，所需要的有效氯量对纸浆绝干质量的百分率称为漂率。漂率与纸浆硬度有关，即与纸浆中木素含量有一定关系。

③残氯：指漂白终点时，尚残留（未消耗的）的有效氯。常以克/升表示。

④ 卡伯因子（Kappa factor）：施加的有效氯用（%）与含氯漂白前纸浆卡伯值之比

$$卡伯因子 = \frac{Cl_2 与 ClO_2 施加量（\%，以有效氯计）}{含氯漂白前纸浆卡伯值}$$

⑤ 漂白终点时，尚残存（未消耗）的有效氯通常以 g/L 或%表示。

第二节　化学浆的传统含氯漂白

含氯漂白包括氯、次氯酸盐和二氧化氯。由于氯和次氯酸盐漂白的化学品成本较低，漂白效率较高，曾是纸浆漂白的主要化学品。虽然由于环境保护的原因，大多数工厂已不再使用氯气，但是它还在某些非木材草类纤维原料的纸浆的漂白中使用着。二氧化氯与木素反应时会产生氯气，因此，氯气的化学反应对二氧化氯的漂白也有影响。

一、次氯酸盐漂白

（一）次氯酸盐漂液的组成与性质

次氯酸盐漂液具有氧化性，在不同的 pH 下，漂液的化学组成不同，漂液的氧化能力也不同。如图 7-3 所示。

次氯酸盐漂液是由氯气与氢氧化钙或氢氧化钠作用而得，其反应如下：

$$2Ca(OH)_2 + 2Cl_2 \Longrightarrow Ca(OCl)_2 + CaCl_2 + 2H_2O$$
$$2NaOH + Cl_2 \Longrightarrow NaOCl + NaCl + H_2O$$

上述反应是可逆反应，其溶液的组成与氯水体系的 pH 极大的关系，如下：

pH：＜2　　以元素氯为主；

pH：2～3　　元素氯与次氯酸；

pH：4～6　　以次氯酸为主；

pH：7～9　　次氯酸和次氯酸盐；

pH：＞9　　OCl⁻ 为主。

不同的成分有如下不同的氧化电势：

$$Cl_2：0.5Cl_2 + e \Longrightarrow Cl^- + 1.35V$$
$$HOCl：H^+ + HOCl + 2e \Longrightarrow Cl^- + H_2O + 1.5V$$

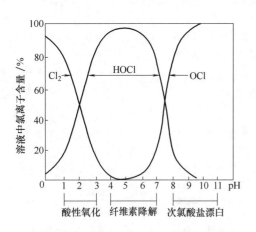

图 7-3　不同 pH 氯水体系的平衡量

注：温度 25℃，浓度 0.1mol/L。

$$OCl^-：H_2O + OCl^- + 2e \Longrightarrow Cl^- + 2OH^- + 0.94V$$

由上述反应式可知，HOCl 的氧化电势最大，氧化能力最强。

（二）次氯酸盐的漂白原理

1. 与木素的反应

次氯酸盐与木素的反应主要是攻击苯环的苯醌结构，也攻击侧链的共轭双链，ClO⁻ 与木素的反应是亲核加成反应，即次氯酸盐阴离子对醌型和其他烯酮结构的亲核加成，然后重排，最终被氧化降解为羧酸类化合物和二氧化碳。

次氯酸盐在中性或酸性条件下，则形成的次氯酸是很强的氧化剂，对碳水化合物有强烈的氧化作用。在次氯酸盐的漂白过程中，由于各种酸的形成，pH 不断地下降，如果漂白初期不够高，而漂白过程中又没有加以调节，则漂白后期有可能达到中性或微酸性，见图 7-4。

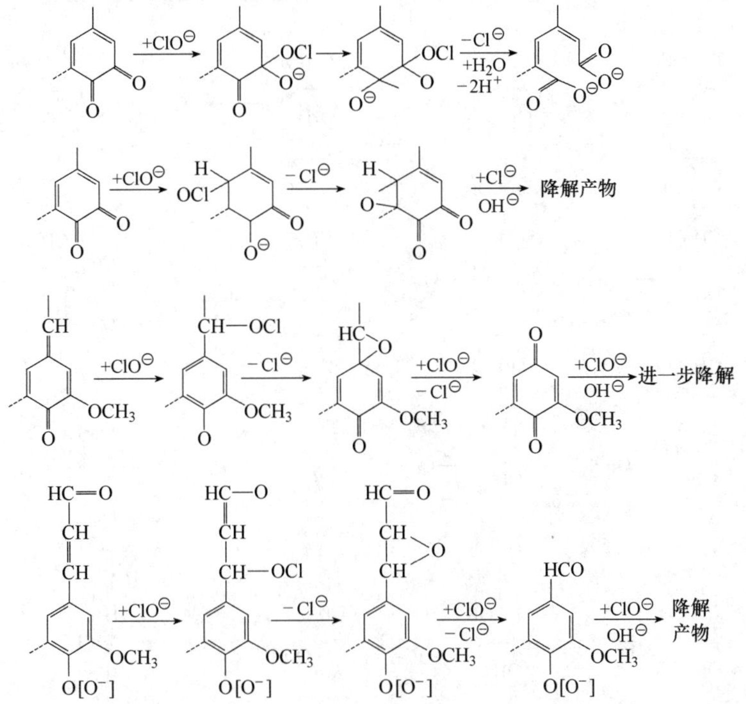

图 7-4　次氯酸盐与木素发色基团的降解反应

2. 与纤维素的反应

次氯酸盐与纤维素的反应：一是纤维素的某些羟基氧化成羰基；二是羰基进一步氧化成羧酸；三是纤维素降解为含有不同末端基的低聚糖甚至单糖及相应的糖酸和简单的有机酸。3 种氧化反应速度取决于 pH。pH 高，则羰基氧化成羧基的速度大于羰基形成的速度，pH 为 6～7 时，羰基形成的速度快于被氧化成羧基的速度。纤维素氧化降解的结果，导致漂白浆 α-纤维素含量减少，黏度下降，铜值和热碱溶解度增加，致使纸浆的强度下降。反应过程如图 7-5。

（三）次氯酸盐漂白的影响因素

① 有效氯用量：依据未漂浆浆种、硬度、漂白的白度、强度而定，用氯量过多，不但浪费，而且破坏纤维强度。

② pH：初始 pH11～12，漂白过程产生 HCl、CO_2 和有机酸，pH 下降，要求漂终 pH 不低于 8.5。

③ 浆浓：浆浓增加，单位容积产量上升，漂白有效浓度上升，蒸汽用量下降。

④ 温度：温度每提高 7℃，漂白的速度加快 1 倍，但漂液分解加快，纤维降解增加。漂白温度一般控制在 35～40℃。提高 pH（＞11），可提高温度（70～82℃）。

⑤ 时间：关键是确定漂白终点：漂终残氯 0.02～0.05g/L；洗后残氯＜0.001g/L；为省时可添加脱氯剂：$Na_2S_2O_3$。

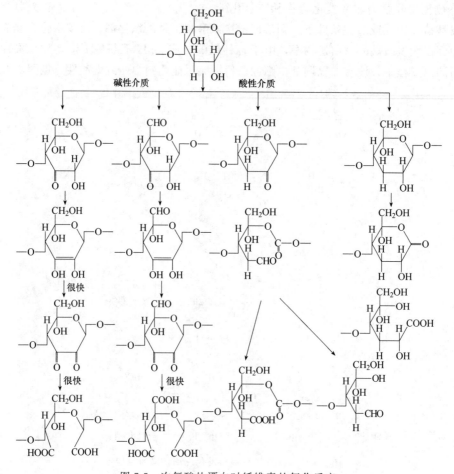

图 7-5　次氯酸盐漂白时纤维素的氧化反应

二、化学浆的 CEH 三段漂白

次氯酸盐漂白难于达到高白度，纤维素损失大，而元素氯对木素有选择性作用，并易生成可溶于碱的氯化物。因此，氯化、碱处理和次氯酸盐漂白相结合的典型的 CEH 三段漂出现。

（一）氯化

1. 氯—水体系的性质

氯和水接触后，首先是溶解于水中，然后进行可逆的水解反应：

$$Cl_2 + H_2O \rightleftharpoons HOCl + HCl$$

$$H^+ + OCl^- \quad H^+ + Cl^-$$

氯水系统中，有：

pH<2　　　　Cl_2 为主

pH=5　　　　HOCl 几乎 100%

pH>9.5　　　100% OCl^-

2. 氯与木素的反应

氯化时氯与木素的反应主要有：

① 芳环取代：$RH+Cl_2 \longrightarrow RCl+HCl$

② 亲电置换；

③ 氧化反应：$2ROH+Cl_2 \longrightarrow 2R{=}O+2HCl$

具体如图 7-6 所示。分子氯 Cl_2 产生的正氯离子 Cl^+ 是亲电攻击剂，易与木素发生氯化取代，Cl_x 表示苯环任意位置上的取代。若苯环上 C_4 醚化，按取代反应定位规律，C_5 先进行氯化，然后是 C_6 和 C_2 进行氯化。实际上由于 C_4 醚化使 C_5 钝化，而 C_2 又受空间阻碍的影响，C_5 和 C_2 的氯化取代较为困难，氯化取代的结果，木素大分子有可能变成一些小分子，同时，苯环上的氯水解后形成羟基，增加了亲水性，有助于木素的溶出。

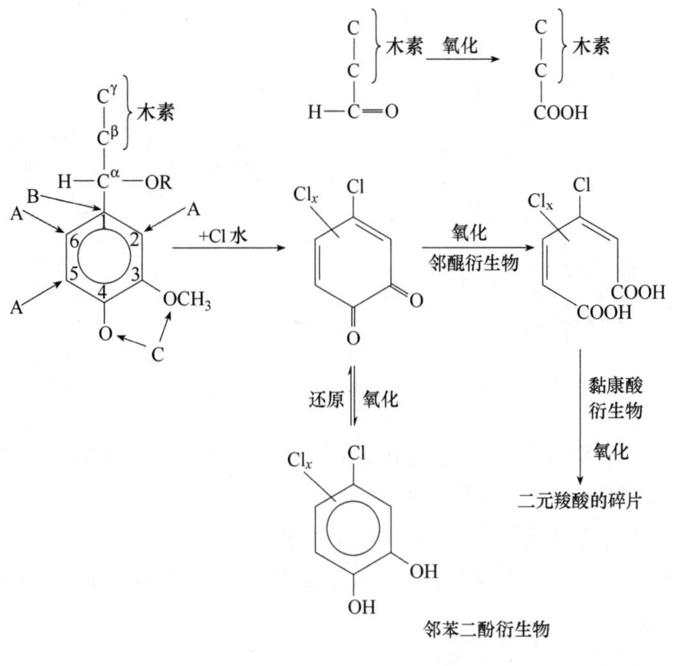

图 7-6　氯与木素模型物有代表性的反应

A—芳环取代　B—亲电置换　C—氧化　Cl_x—苯环任意位置上的取代

侧链 α-碳原子上有适当的取代后，可能进一步被氯亲电取代，导致木素侧链断裂，木素大分子溶解。侧链断裂后进一步氧化成为羧酸也是通过亲电加成和水解反应而进行的。

苯环烷氧基的脱甲基过程是一种氯化取代或氯化加成的过程，脱下来的甲基形成了甲醇。在木素氯化的同时，还存在氧化作用。氧化反应促进醚键断裂，出现邻苯醌的结构，进一步氧化为己二烯二酸（黏康酸）衍生物，最后氧化裂解成为二元羧酸。

3. 氯与碳水化合物的反应

纸浆氯化脱木素有较好的选择性，但氯化过程中碳水化合物仍有一定程度的降解。氯对聚糖配糖键的攻击，导致部分链的断裂，生成醛糖酸末端基，致纸浆黏度下降。其反应过程如图 7-7 所示。

4. 影响氯化的因素

① 用氯量：总用氯量取决于浆种、硬度和要求白度，氯化用量占总的 2/3（60%～70%）。

② pH：浆液 pH 的大小决定了氯在体系的性质，也就决定了反应是以氧化为主还是以

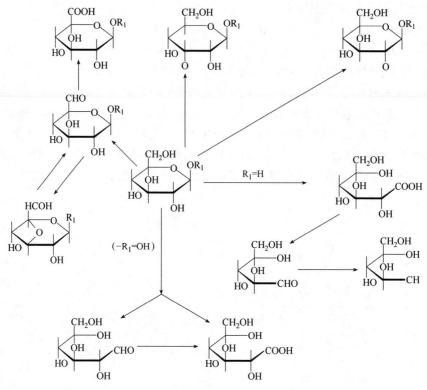

图 7-7　氯与碳水化合物的反应

氯化为主。pH 高了，会增加氯化时的氧化作用。由于氯化反应很快，初期就有大量的 HCl 生成，pH 很快降至 1.6～1.7，因此无须调节 pH。

③ 温度：氯化反应速度很快，一般在常温下进行。

④ 浆浓：一般 3％～4％，浓度太高，不易混合均匀，浓度太低，用水量增加，污染增加，设备大，电耗高。

（二）碱处理

氯化木素只有一部分能溶于氯化时所生成的酸性溶液，还有一部分难溶的氯化木素需在热碱的溶液中溶解，如图 7-8 所示。

（1）碱处理的作用

① 水解氯醌上的氯原子，使其具有酸性羟基，进而碱溶；

② 碱处理主要是除去木素和有色物质，皂化树脂酸和脂肪酸，溶出一部分树脂；

③ 溶解苯核和侧链断裂产生的二元酸；

④ 提高纤维润胀能力，使木素碎片从胞壁中扩散出来；

⑤ 碱精制时，半纤维素去除，α-纤维素含量上升，碱处理后要洗涤，以除去溶出的木素和碳水化合物。

（2）碱处理工艺参数

① 用碱量：1％～5％，具体根据用氯量而定。

② pH：终点 pH 9.5～11；pH＜9 氯化木素不能溶出。

③ 温度：温度上升，扩散增加。

④ 浆浓：一般 8％～15％，浆浓上升，化学品浓度增加，反应加快，药耗降低，能耗下

降，生成能力上升。

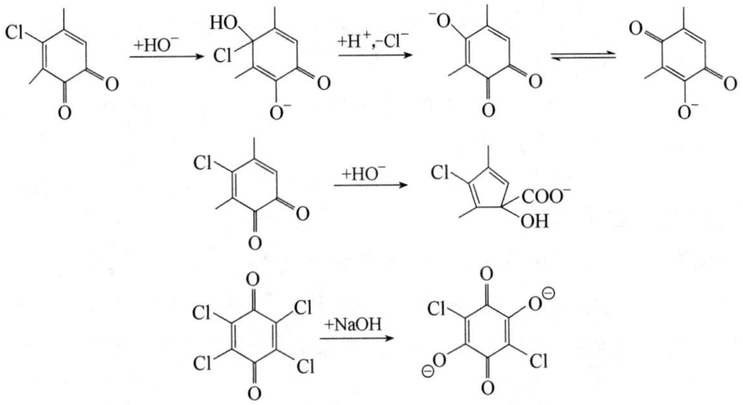

图 7-8　碱处理过程氧化木素的溶解过程

（三）次氯酸盐补充漂白

氯化和碱处理后的纸浆中仍含有少量的残余木素，浆的颜色很深，必须经过补充漂白，才能达到所要求的白度。次氯酸盐用于多段漂白的补充漂段时，其作用原理与单段氯酸盐漂白类似。

三、二氧化氯漂白

二氧化氯（ClO_2）是一种气体。二氧化氯的化学性质不同于元素氯，它有很强的氧化能力，是一种高效的漂白剂。二氧化氯漂白的特点是能够选择性地氧化木素和色素，而对纤维素没有或很少有损伤。漂后纸浆的白度高，返黄少，浆的强度好。但 ClO_2 必须现场制备，生产成本较高，对设备耐腐蚀性要求高。

（一）二氧化氯的性质与制备

二氧化氯有特殊刺激性气味、有毒、有腐蚀性和爆炸性，易溶于水，通常使用的 ClO_2 水溶液浓度为 $6\sim12g/L$。

所有与二氧化氯接触的反应器、吸收塔、贮存罐、管路和泵都必须用耐腐蚀材料制成，较好的耐腐蚀材料有耐酸陶瓷、玻璃、钛或钼钛不锈钢，也可采取内衬铅、玻璃或钛板。

ClO_2 水溶液在某些条件下会发生一定的分解，生成一些氧化能力较差的或无氧化能力的产物。

$$6ClO_2 + 3H_2O = 5HClO_3 + HCl（液相）$$
$$2ClO_2 = Cl_2 + O_2$$

二氧化氯的制备方法和工艺很多，而且还在不断地发展。这些方法的共同点都是以氯酸钠为原料，在强酸性条件下，采用 SO_2、CH_3OH、$NaCl$、HCl、H_2O_2 等还原剂，将氯酸钠还原成 ClO_2。

各方法的化学反应如下：

（1）SO_2 还原法（Mathieson Process）

$$2NaClO_3 + SO_2 + H_2SO_4 \longrightarrow 2ClO_2 + 2NaHSO_4$$

（2）甲醇还原法（Solvay Process）

$$4NaClO_3 + 2H_2SO_4 + CH_3OH \longrightarrow 4ClO_2 + 2Na_2SO_4 + HCOOH + 3H_2O$$

（3）NaCl 还原法（R2 Process）

$$NaClO_3 + NaCl + H_2SO_4 \longrightarrow 2ClO_2 + 0.5Cl_2 + Na_2SO_4 + H_2O$$

（4）HCl 还原法（Kesting Process）

$$NaClO_3 + 2HCl \longrightarrow ClO_2 + 0.5Cl_2 + NaCl + H_2O$$

（5）H_2O_2 还原法（R11/SVP-HP Process）

$$2NaClO_3 + H_2O + H_2SO_4 \longrightarrow 2ClO_2 + O_2 + Na_2SO_4 + H_2O$$

（二）二氧化氯与木素的反应

ClO_2 是一种游离基，易进攻木素的酚羟基使之成为游离基，然后进行一系列氧化反应（图 7-9）。因此主要与木素中的游离酚基（酚型结构）发生反应，在硫酸盐法蒸煮之后的残余木素中酚型结构单元的含量为 30%～50%（对苯基丙烷单元）。

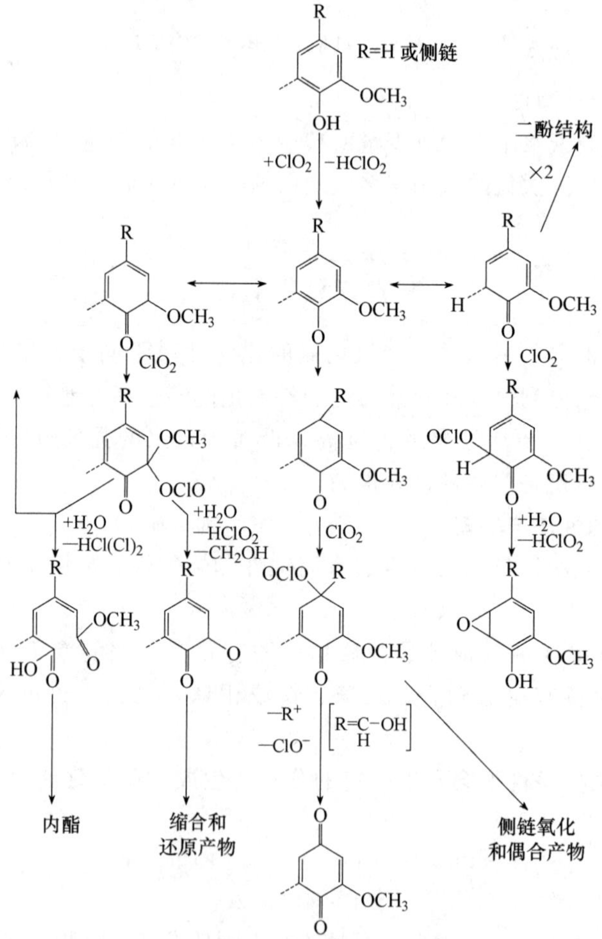

图 7-9　酚型木素结构的 ClO_2 氧化反应

ClO_2 也与非酚型的木素结构单元反应，反应途径与酚型的木素结构单元类似。首先生成酚氧游离基，再形成亚氯酸酯，继而水解生成己二烯二酸衍生物和醌。

ClO_2 与环共轭双键的反应见图 7-10，ClO_2 进攻双键导致环氧化物形成和次氯酸根游离基的脱除。其后环氧化物的反应取决于 pH，pH 为 2 时，经酸催化水解生成二醇，pH 为 6 时则相对稳定。

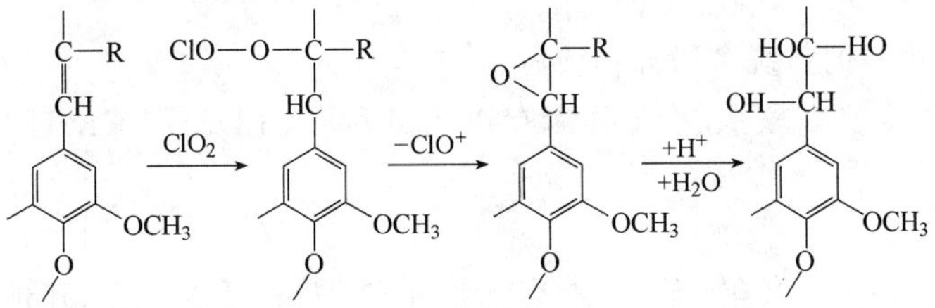

图 7-10　ClO_2 与环共轭双键的反应

（三）二氧化氯与碳水化合物的反应

ClO_2 漂白的选择性很好，除非 pH 很低或温度很高。ClO_2 对碳水化合物的降解，比起氧、氯和次氯酸盐要小得多，但 ClO_2 在酸性条件下对碳水化合物会有少许的降解作用。

（四）影响 ClO_2 漂白的因素

（1）ClO_2 用量

根据浆种、白度要求而定，一般 0.4%～1.0%。

（2）pH

碱性条件下，ClO_2 会与 OH^- 反应生成氯酸盐离子和亚氯酸盐离子，使 ClO_2 的有效作用减弱。

$$Cl_2 + e \longrightarrow ClO_2^-$$

$$2ClO_2 + 2OH^- \longrightarrow ClO_3 + ClO_2^- + H_2O$$

ClO_3^- 的形成随 pH 的提高而减少，ClO_2^- 的形成则随 pH 的升高而增加。氯酸盐本身没有漂白能力。

亚氯酸盐在 pH<4 时能与纸浆反应而具有漂白作用，pH>4 时，其反应性迅速降低，pH>5 时，在纸浆悬浮液中是稳定的。因此 ClO_2 漂白时，pH 的控制是非常重要的。

一般 pH 控制在 3.5～5.5。D_1 段控制在 3.5～4.5，D_2 段控制在 4.5～5.5。

酸性条件下，有如下反应：

$$ClO_2 + 4H^+ + 5e \longrightarrow Cl^- + H_2O$$

（3）温度

在 ClO_2 用量一定的情况下，提高温度，可以提高白度，一般温度为 70℃或更高一些。

（4）时间

开始消耗很快，5min 消耗 75%，一般 2.5～3h（70℃时）。

（5）浆浓

一般 10%～12%，由于漂白温度较高，ClO_2 溶解度有限，ClO_2 转入气相，浆浓升高，并不意味着漂剂有效浓度上升，但可节约用汽，增加产能，减少漂白废水。

（五）含二氧化氯漂段的传统多段漂白

（1）二氧化氯漂段的流程

图 7-11 为二氧化氯漂段的设备和流程，由上一漂段来的浆经洗浆机洗涤，在洗浆机出口

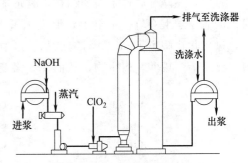

图 7-11　ClO_2 漂段的设备和流程

的碎浆器中加入 NaOH，然后落到混合器与蒸汽混合以提高和控制温度，由蒸汽混合器来的浆料通过一个化学品混合器与 ClO_2 混合后由泵泵入漂白反应器的升流管，再进入降流

塔，漂后送洗涤机洗涤。

（2）含 ClO₂ 漂段的传统多段漂白流程

含二氧化氯的传统多段漂白流通常有以下几种：CEDED、CEHDED、（DC）EoDD、O（DC）（EO）DD 等。

第三节　化学浆的无元素氯漂（ECF）和全无氯漂（TCF）

采用氯化和碱处理相结合的漂白方法是漂白硫酸盐浆最经济、最有效的漂白方法，但却产生了大量的氯化有机物，其中很多是有毒且可生物积累。其中二噁英是在目前已知化合物中毒性最大，且有致癌性和致变性的物质。为了减少漂白废水中的 AOX（Adsorbable Organic Halogen，可吸附有机卤）含量，减少或不用氯进行漂白，采用 ECF 和 TCF 漂白很有必要。

二氧化氯是无元素氯漂白的基本漂剂。用二氧化氯代替元素氯漂白纸浆，氯化有机化合物的产生要少得多。次氯酸盐漂白不能称为无元素氯漂白，因为次氯酸盐漂白废水中有毒性很强的氯仿，早在明令禁止用氯气之前次氯酸盐便被禁止使用。

全无氯漂白是不用任何含氯漂剂，用 H_2O_2、O_3、过氧酸等含氧化学药品进行漂白。全无氯漂白主要是利用已经成熟的氧脱木素技术和 H_2O_2 漂白化学浆的技术，还有的结合使用过氧漂白技术和木聚糖生物漂白技术，生产高白度全无氯漂白浆。

一、氧脱木素

氧脱木素也称氧碱漂白、氧漂白。是在碱性条件下用氧进行脱木素和漂白的过程。未漂浆残余木素的 1/3～1/2 可以用氧在碱性条件下除去而不会引起纤维强度严重损失，并且废液中不含氯，可用于粗浆洗涤且洗涤液可送碱回收系统处理和燃烧。

（一）氧气与木素的反应

1. 氧与酚型木素结构的反应

氧气具有双自由基的特性，与木质素的反应机理和二氧化氯相似，二氧化氯也是自由基。氧气主要与酚型的木素结构发生反应，并且需要高温和碱性 pH 才能有效反应。如图 7-12 和图 7-13 所示。

首先，在碱性条件下酚型结构木素形成酚盐阴离子。氧气分子，作为自由基，从酚盐阴离子的氧原子上夺取一个电子，形成苯氧自由基和过氧化物阴离子，$O_2 \cdot^-$（图 7-12），然后，过氧化物阴离子 $O_2 \cdot^-$ 与苯氧基或其中间体反应（图 7-13），最终芳环打开，形成黏糠酸（己二烯二羧酸）衍生物，从而使木素变为可溶性木素碎片。

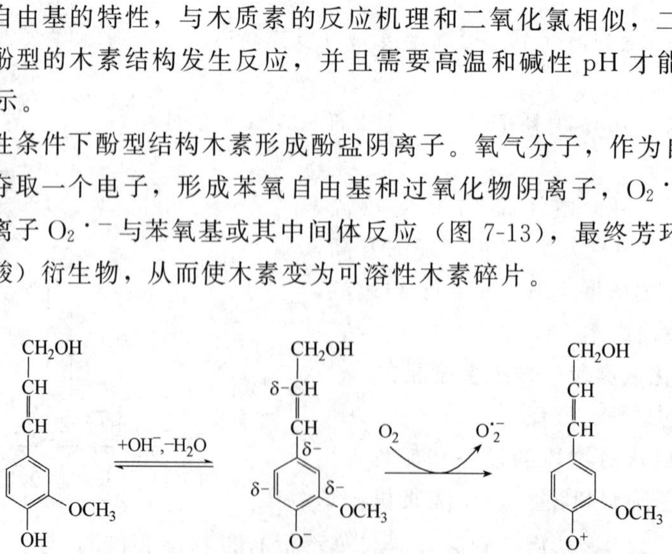

图 7-12　氧气漂白反应的初始步骤

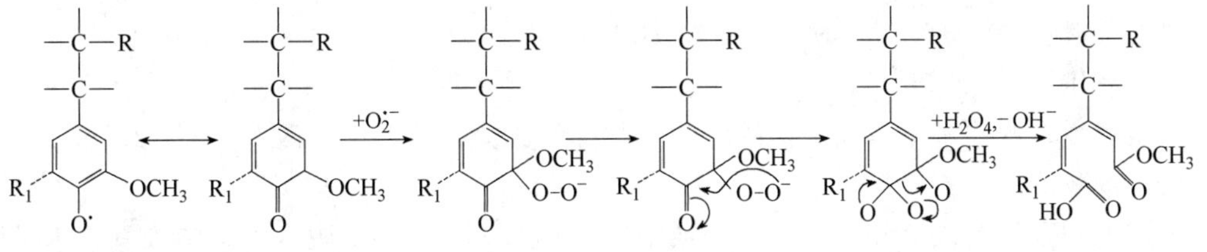

图 7-13　氧漂过程中苯氧自由基最终产物

2. 氧与环共轭的羰基反应

在碱性条件下氧与木素结构中环共轭羟基反应是分步的，最终导致 C_α—C_β 连接的断裂。如图 7-14 所示。

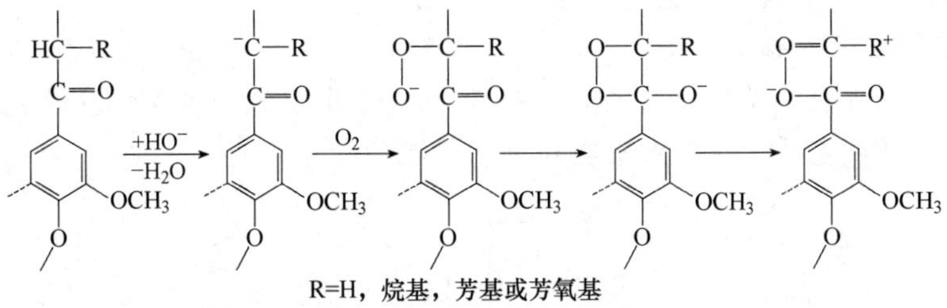

R=H，烷基，芳基或芳氧基

图 7-14　氧与环共轭结构的反应

（二）碳水化合物的降解反应

氧脱木素时碳水化合物的降解反应主要是碱性氧化降解反应，其次是剥皮反应。

在碱性介质中，纤维素和半纤维素会受到分子氧的氧化作用，在 C_2（或 C_3、C_6）位置上形成羰基。在氢氧游离基进攻下，C_2 位置上形成羟烷游离基，再受分子氧氧化作用生成乙酮醇结构。C_2 位置上具有羰基，会进行羰基与烯醇互换，继而发生碱诱导 β—烷氧基消除反应，导致糖苷键断裂，纸浆的黏度和强度下降。在 C_3 和 C_6 位置上引入的羰基能活化配糖键，通过 β—烷氧基消除产生碱性断裂，如图 7-15 所示。

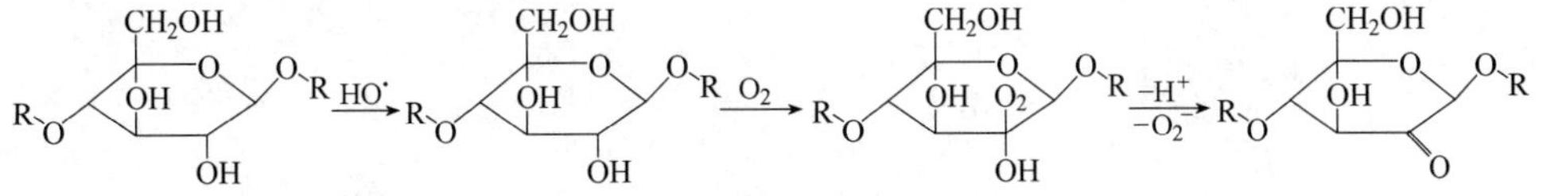

图 7-15　纤维素仲醇基的氧化

由于氧脱木素是在碱性介质并在 100℃ 左右或 100℃ 以上进行的，因此，碳水化合物或多或少会发生一些剥皮反应。氧化降解产生了新的还原性末端基，也能开始剥皮反应。剥皮反应的结果是降低了纸浆的得率和聚合度。但是氧脱木素过程中剥皮反应是次要的。在氧化条件下，碳水化合物的还原性末端基迅速氧化为醛糖酸，防止末端降解。

为了抑制碳水化合物的降解，保护碳水化合物，在氧脱木素时加入保护剂，工业上最重要的保护剂是镁的化合物，如 $MgSO_4$、$MgCO_3$、MgO 等。

（三）氧脱木素的影响因素

（1）用碱量

提高用碱量，脱木素加快，但碳水化合物降解液加快。用碱量应视浆种和氧脱木素的其他条件而定，一般为 2%～5%。

（2）反应温度和时间

温度一般在 90～120℃，时间一般在 1h 以内。

（3）氧压

氧压越高，脱木素率越大，但碳水化合物降解越大，生产上一般 0.6～1.2MPa。

（4）纸浆浓度

生产上均采用高浓（25％～30％）或中浓（10％～15％）氧脱木素。中浓氧脱木素因投资少，安全性高，设备腐蚀少，而被广泛采用。

（5）添加保护剂

工业上最重要的保护剂是镁的化合物，如 $MgCO_3$、$MgSO_4$、$Mg(OH)_2$、MgO 或镁盐络合物等。

（四）氧脱木素的流程及工艺

1. 高浓和低浓氧脱木素流程

氧脱木素的流程有高浓生产流程，见图 7-16。在高浓氧脱木素的生产过程中，绒毛化器是将纸浆分散成绒毛状，以便纸浆能和氧充分接触。

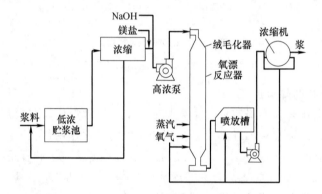

图 7-16　高浓氧脱木素生产流程图

低浓氧脱木素流程见图 7-17。

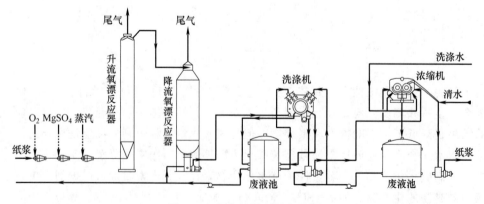

图 7-17　中浓氧脱木素流程图

2. 两段氧脱木素

氧脱木素的缺点是选择性不好，一般单段的氧脱木素不超过 50％，否则引起碳水化合物的严重降解。为了提高氧脱木素和改善脱木素选择性，可采用两段氧脱木素。段间进行洗涤，也可不洗。化学品只在第一段加入，也可以分两段分别加入。一般第一段采用高的碱浓度和氧浓度（通过用量和压力实现），以达到较高的脱木素率，但温度较低，反应时间较短，以防止纸浆的黏度下降；第二段的主要作用是抽提，化学品的浓度较低，而温度较高，时间也较长，如图 7-18 所示。

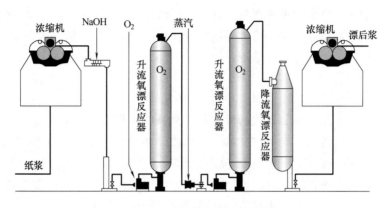

图 7-18　两段氧脱木素工艺流程图

二、碱抽提的强化

氧强化的碱抽提（EO 段）就是在碱抽提时加氧，以强化碱抽提作用，降低纸浆卡伯值，而对纸浆的黏度影响很小（图 7-19）。

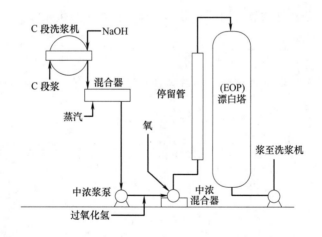

图 7-19　氧气和 H_2O_2 强化的碱抽提（EOP）

氧压和氧气与浆的混合是影响氧强化碱抽提效果的主要因素。通常较佳的氧压为 0.14MPa，氧停留时间约 10min，用氧量为 0.5%（对浆）。由于氧在水中的溶解度很低，应有高强度的混合器使氧和浆均匀地混合才能保证（EO）段的处理效果。（EO）段的反应温度和时间与 E 段相同，但 NaOH 用量要高 0.5%。因为氧强化的碱抽提，木素氧化程度增加，形成的羧酸量也增加。氧强化的碱抽提的副作用是当残气进入纸浆时，浆料的洗涤要困难些。因此要控制好加氧量，并使氧尽量反应完全。

此外，还在运用的强化碱抽提还有过氧化氢强化碱抽提（EP）以及氧气和过氧化氢强化的碱抽提（EOP）。

三、臭 氧 漂 白

（一）臭氧的性质与制备

臭氧是浅蓝色有刺激性臭味气体，有毒，是一种强的氧化剂，其氧化电势为 2.07V。

臭氧气体一般使用电晕放电法制备，这种方法所施加的高压电通过一个放电间隙，含氧气体从此间隙通过，放电造成氧分子的离解，其中有若干部分再结合生成臭氧形式，原理如下：

$$O_2 + 2e^- \longrightarrow 2O^-$$
$$2O^- + 2O_2 \longrightarrow 2O_3 + 2e^-$$

得到的臭氧实际上是臭氧和氧气的混合物，臭氧的体积浓度是 8%～14%。臭氧的浓度越高，制备时所需能耗越高。臭氧浓度的大小取决于生产的需要，对于高浓臭氧漂白系统，6%～7%的臭氧浓度已足够；对于中浓臭氧漂白系统，要求臭氧漂白浓度为 12%～14%。现代臭氧发生器产生的浓度可达 16%。为了降低生产成本，臭氧中的氧气必须分离回用，分离后的氧气可用于氧脱木素，也可经纯化、除湿后用于臭氧发生器。

臭氧在水中易分解，其分解速率随 OH^- 浓度的增加而增加。过渡金属离子（如 Co^{2+}、Fe^{2+} 等）的存在，也会促进臭氧的分解。

（二）臭氧与木素的化学反应

臭氧是一种很强的氧化剂，其氧化电势如下式所式：

$$O_3 + 2H^+ + 2e^- \longrightarrow O_2 + H_2O \qquad E^0 = 2.07V$$

臭氧是三原子、非线性的氧的同素异形体，有 4 种共振杂化体：

臭氧与木素反应，引起苯环裂开，侧链烯键和醚键的断裂。其反应过程如图 7-20 所示。

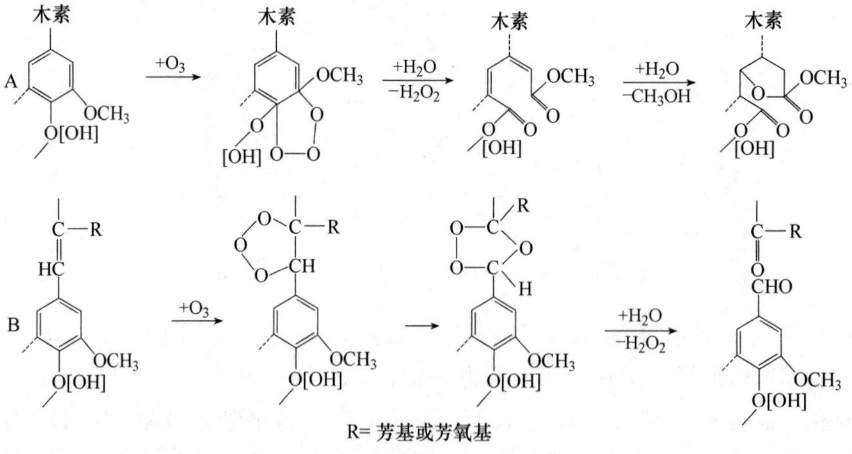

R= 芳基或芳氧基

图 7-20 臭氧与木素苯环和共轭烯键的反应

（三）臭氧和碳水化合物的反应

由于臭氧不是选择性氧化剂，因此它即能氧化木素，也能氧化碳水化合物，使纸浆的黏度、强度和得率下降。

臭氧氧化碳水化合物，使还原性末端基氧化成羧基，醇羟基氧化成羰基，配糖键发生臭氧解而断裂。反应过程如图 7-21 及图 7-22。

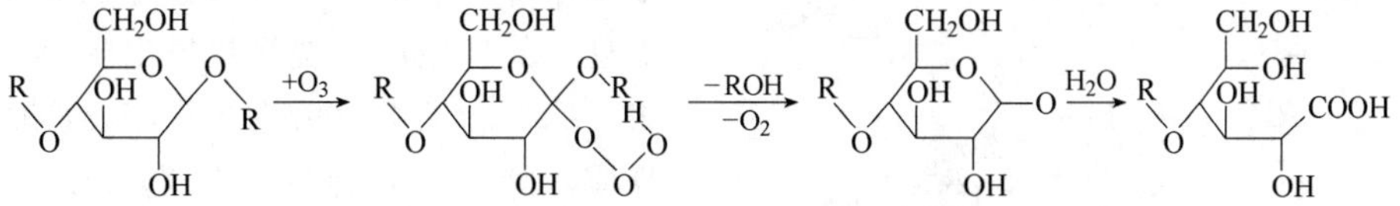

图 7-21　臭氧漂白时纤维素配糖键的断裂

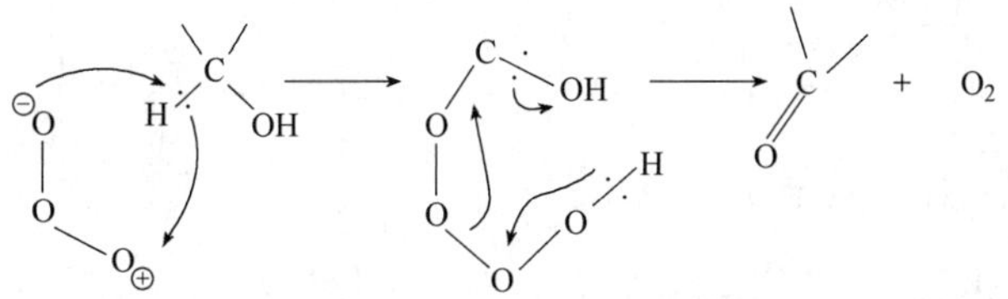

图 7-22　碳水化合物还原性末端基的氧化

（四）臭氧漂白的影响因素

（1）纸浆浓度

臭氧应采用较高浓度，通常臭氧高浓漂白的浓度在 30％～50％之间。但是，由于高强度混合器的出现，在建的臭氧漂白项目多采用中浓。

（2）臭氧用量

臭氧用量增加，卡伯值下降，黏度也随之下降，一般来说一段臭氧漂白其用量一般不超过 1.0％。

（3）pH

臭氧漂白需要在酸性介质中进行，有研究认为最佳 pH 为 2～2.5。

（4）温度

高温会加速臭氧的分解，降低脱木素效率，因此，臭氧漂白通常在常温下进行。

（5）助剂

臭氧漂白前除去过渡金属离子、用酸调节 pH、增加臭氧的稳定性和溶解性，都能改善臭氧的脱木素效率。

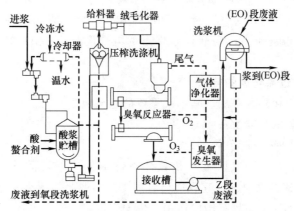

图 7-23　高浓臭氧漂白生产流程图

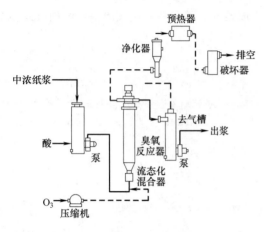

图 7-24　中浓臭氧漂白的生产流程图

（五）臭氧漂白的流程

图 7-23 是高浓臭氧漂白的生产流程。纸浆用冷却了的蒸馏水稀释并加酸和螯合剂处理，然后用压榨洗涤机挤出废液，高浓纸浆经撕碎和绒毛化后进入气相反应塔与臭氧反应，漂白纸浆经洗涤后送（EO）段。图 7-24 为中浓臭氧漂白生产流程图，纸浆经酸化后用泵压入高强度混合器，与用压缩机压入的压力为 0.7～1.2MPa 的臭氧/氧气混合，在升流式反应塔与 O_3 反应，漂后纸浆与气体分离，残余 O_3 被分解，纸浆送洗涤机洗涤。

臭氧可以与二氧化氯在同一漂段进行，以节省一段洗涤，降低能耗。依漂剂加入的顺序组成（DZ）或（ZD）漂段。

四、过氧化氢漂白

（一）过氧化氢的性质

过氧化物较少用于化学浆的单段漂白，工业上主要用在多段漂中与其他漂剂的组合使用。过氧化氢是一种弱氧化剂，它与木素的反应主要是与木素侧链上的羰基和双键反应，使其氧化、改变结构或将侧链碎解。

H_2O_2 是无色透明液体，有轻微的刺激气味，工业用商品浓度多为 30%～50%，能与水、乙醇和乙醚以任何比例混合。纯净的 H_2O_2 稳定性好，但遇过渡金属及紫外光、酶等易分解。H_2O_2 水溶液的 pH 对其稳定性有重要的影响，pH<3 或 pH>6，H_2O_2 的分解速率增加，H_2O_2 必须在 pH 4～5 条件下贮存。H_2O_2 水溶液呈弱酸性，并按下式电离：

$$H_2O_2 \Leftrightarrow H^+ + HOO^-$$

$$Ka = \frac{[H^+][HOO^-]}{[H_2O_2]} = 2.24 \times 10^{-12}（25℃）$$

$$pKa = pH - \log\frac{[HOO^-]}{[H_2O_2]} = 11.6（25℃）$$

pKa—离解常数 Ka 负对数

当温度为 25℃时，若 H_2O_2 有一半离解，则 pH＝pKa；若 pH 为 10.6，则 H_2O_2 仅有 10%离解成 HOO^-。温度越高，在同样条件下的电离度越高；pH 在 9～13 时，pH 越高，电离度越大。

（二）工业上生产过氧化氢的方法

有蒽醌法、电解法和异丙醇法，其中最重要的是蒽醌法。

（三）H_2O_2 与木素的化学反应

1. 与木素醌式结构单元的反应

H_2O_2 在适宜的温度（70℃以下）和碱性条件下使用时，活性反应成分是过氧氢根 HOO^-，HOO^- 是亲核的漂白剂，它仅能与含羰基的结构（如醌类）进行反应，如图 7-25，在这种情况下，过氧化物主要具有增白作用，由于它消除了发色基团。

2. 与木素侧链上的羰基和双键反应

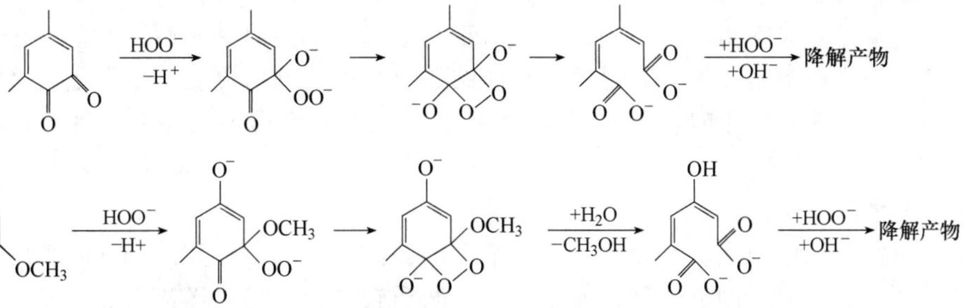

图 7-25 过氧化氢与醌类木素结构单元苯环的反应

过氧化氢能和木素结构单元上的羰基和双键反应，见图 7-26。

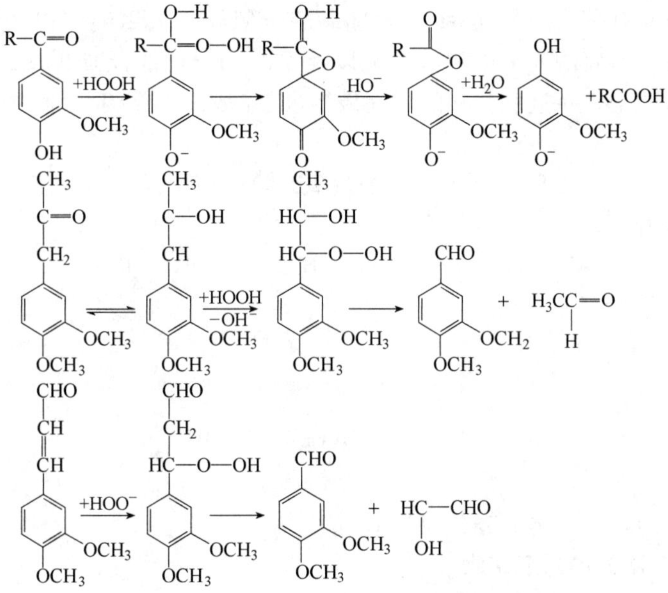

图 7-26 过氧化氢与木素侧链羰基和双键的反应

H_2O_2 分解产生的游离基（HO·，HOO· 等）也会与木素反应。

（四）过氧化氢与碳水化合物的反应

在 H_2O_2 的漂白过程中，H_2O_2 分解生成的氢氧游离基（HO·）和氢过氧游离基（HOO·）都能与碳水化合物反应。HOO· 能浆碳水化合物的还原性末端基氧化成羧基，HO· 既能氧化还原性末端基，也能将醇羟基氧化成羰基，形成乙酮结构，然后在热碱溶液中发生糖苷键的断裂。H_2O_2 分解生成的氧在高温碱性条件下，也能与碳水化合物作用。因此，化学浆经过 H_2O_2 漂白后，纸浆的黏度和强度均有所降低。若漂白条件强烈（高温），过渡金属离子又没有去除，漂白过程中形成的氢氧游离基过多，碳水化合物会发生严重的降解。

（五）H_2O_2 漂白的影响因素

（1）H_2O_2 的用量

通常用于化学浆漂白时，在最后一段用量约 $1\%\sim2\%$；对于废纸，用量为 $2\%\sim4\%$；用于高得率浆时，其用量为 $4\%\sim6\%$。

（2）pH

漂初 pH 为 $10.5\sim11$，漂终有 $10\%\sim20\%$ 的残余过氧化氢，pH 为 $9.0\sim10.0$ 效果较好。

（3）漂白的温度和时间

漂白的温度和时间是两个相关的因素。温度过高，H_2O_2 易分解；时间过长残余 H_2O_2 消失，发生"碱性变暗"而引起返黄。目前的趋势是提高漂白温度，以强化 H_2O_2 漂白和脱木素的作用。一般常压下最高漂白温度为 90℃。压力下漂白温度不超过 120℃，以免引起 H_2O_2 的氧—氧键均裂。

（4）纸浆的浓度

在相同的 H_2O_2 用量下，白度随纸浆浓度的提高而增加。与高浓 H_2O_2 漂白相比，中浓漂白投资少，浆料浓缩的能耗低，操作简单，浆质较均匀，得以迅速发展。

五、过氧酸漂白

（一）过氧酸性质与制备

分子中含有过氧基—O—O—的酸称为过氧酸。例如过氧甲酸（Pf）、过氧醋酸（Pa）、过氧硫酸（也称过氧单硫酸或卡诺酸，Px）以及 Pa 与 Px 的混合酸（Pxa）。

在上述的过氧酸中，对过氧醋酸的研究最多也最深入，在造纸工业中应用的几乎都是过氧醋酸。

过氧酸是由各自的浓酸和 50%～70% 的过氧化氢反应生成，如

过氧醋酸 Pa 的制备：

$$CH_3COOH + H_2O_2 \longrightarrow CH_3\overset{O}{\underset{}{C}}-O-OH + H_2O$$

过氧硫酸 Px 的制备：

$$H_2SO_4 + H_2O_2 \rightleftharpoons HO-\overset{O}{\underset{O}{S}}-O-OH + H_2O$$

Pa 和 Px 是强氧化剂，其氧化电势分别为 1.06V 和 1.44V。

（二）过氧酸与木素的反应机理

过氧酸和木素反应主要有亲电取代（或）加成反应和亲核反应。

1. 与木素的亲电反应

（1）亲电取代

（2）亲电加成

导致芳基醚键的断裂

2. 与木素的亲核反应

（三）Pa 和 Px 的比较

Pa 和 Px 与木素的反应途径是相同的，但其反应性不同。在芳环的亲电取代，Px 的反应比 Pa 强；而在与羰基的亲核反应方面，Pa 攻击能力比 Px 强。而含有 Pa 和 Px 混合过氧酸，既有较强的亲核性，又有较强的亲电性，因此有较强的脱木素和漂白能力。

（四）过氧酸在纸浆漂白中的应用

（1）过氧酸作为脱木素剂

由于过氧酸有较强的脱木素作用，因此可以取代或强化氯化，例如，可将漂白流程由（CD）（EO）DED 改为 Pxa（EOP）D（EP）D，实现了无元素氯漂白。

（2）过氧酸作为活化剂

用作氧或过氧化氢漂白前或漂间活化剂，活化残余木素，使其更易降解溶出，提高白度。

（3）过氧酸作为漂白剂

在 ECF 漂白中可以减少有效氯的用量而达到高白度，在 TCF 漂白中则可以作为一漂段，取代其中一个含氧漂段。

六、生物漂白

生物漂白过程就是以一些微生物或其产生的酶与纸浆中的某些成分作用，形成脱木素或有利于脱木素的状况，并改善纸浆的可漂性或提高纸浆白度的过程。

生物漂白的目的，主要是节省化学漂剂，改善纸浆性能，实现清洁生产，减少漂白污染。

（一）生物漂白用酶及酶产生菌

主要有两类：半纤维素酶（Hemicellulases）和木素降解酶（Ligninases）。

（1）半纤维素酶及酶产生菌

主要是木聚糖酶，能够产生它的微生物主要包括真菌，如担子菌（Basidiomycetes）和根霉（Rhizopus Ehrenberg）；细菌，如放线菌（Actinomycetes）和许多病原体；以及酵母菌（Endomycetales）。

（2）木素降解酶及产生菌

降解木质纤维材料的微生物主要是真菌和某些细菌。研究较多主要有木素过氧化物酶、锰过氧化物酶和漆酶，产生的微生物主要为白腐菌等。

（二）木聚糖酶漂白

（1）木聚糖酶漂白原理

多数学者认为：木聚糖酶能催化水解沉积在纤维表面的木聚糖，有利于纤维里面和表面的木素残片在后续的漂白和碱抽提段容易除去，同时部分 LCC 由于半纤维素的溶解而使残余的木素释放出来，便于其后的漂白。

（2）木聚糖酶处理对纸浆性质的影响

① 对卡伯值的影响：取决于蒸煮的方法和初始卡伯值，一般来说初始卡伯值越高影响越大。

② 对化学漂剂用量的影响：可以减少氯和二氧化氯的用量，减少对环境影响，降低成本。

③ 对纸浆得率、白度和强度的影响：适当处理的情况下，得率大体相当，在 TCF 漂白中，可以提高漂终白度，打浆能耗略有增加，强度相同或略有提高。

④ 对环境影响：减少含氯漂剂用量，降低环境污染。

（3）含木聚糖酶处理的漂白流程

一般作为预处理，安排在传统漂白流程的前面。

七、化学浆的 ECF 和 TCF 漂白的选择与比较

（一）ECF 和 TCF 漂白的选择

选择 ECF 和 TCF 漂白主要要考虑漂白浆的质量要求、漂白成本及对环境的影响。白度和强度要求很高的纸浆应选择 ECF 漂白；对某些专门用途（如食品用的包装纸和纸板）的纸浆必须用 TCF 漂白；对漂白废水有机氯限制非常严格，则应选用 TCF 漂白。

对可漂性较好的纸浆（如亚硫酸盐浆、阔叶木浆），选用 TCF 漂白，较易达到高白度。就漂白成本来说，要达到相同的白度，硫酸盐浆的 ECF 漂白比 TCF 漂白低。所以可以说，TCF 漂白是市场的需要，而 ECF 漂白是质量的需要。建立灵活的漂白系统，既可以采用 ECF 漂白工艺，也可以采用 TCF 漂白工艺，应该是新建浆厂漂白车间的一种较好的选择。

（二）ECF 和 TCF 漂白工艺的比较

（1）漂白浆质量

ECF 漂白硫酸盐浆能够满足强度、白度、白度稳定性和洁净度的最高要求。TCF 可以达到 ECF 漂白相同高的白度，但往往浆料的强度损失较大。

（2）漂浆得率

TCF 漂白要求蒸煮或氧脱木素后的纸浆卡伯值要低，因此未漂浆的得率相对较低，生产高白度 TCF 漂白浆时，漂白过程损失也较多，因此漂白浆的总得率比 ECF 漂白浆要低，一般低 1%～2%。

（3）漂白成本

TCF 漂白化学品的成本与 ECF 漂白相近或略高，一般来说，TCF 漂白浆的成本要高些，其售价应比 ECF 漂白浆高，工厂才有经济效益。

（4）对环境的影响

研究表明，ECF 和 TCF 漂白对环境的影响没有很大的差别。TCF 漂白不会产生有机氯化物，这是 ECF 漂白没法比的；TCF 漂白也是实现无废水排放（TEF）的关键一步。现代化学浆厂 ECF 漂白废水的 AOX 含量已控制在 0.3kg/t 浆以下，其他污染负荷（BOD、COD、色度等）与 TCF 并无多大差别。

第四节　高得率浆的漂白

一、高得率浆漂白的特点

与化学浆漂白相比，高得率浆的漂白有以下特点：

① 为了保持高得率，高得率浆的漂白应采用保留木素的漂白方法。一般采用氧化性漂白剂（H_2O_2）或还原性漂白剂（如 $Na_2S_2O_4$）来改变发色团的结构、减少发色团与助色团之间的作用来脱色。由于不是溶出木素，因此，漂白纸浆容易受光或热的诱导和氧的作用返黄。

② 适应多种漂白工艺。根据浆种、设备和白度的要求不同，机械浆和化学浆的漂白既可在漂白塔或漂白池中进行，也可在磨浆过程中进行，或在抄浆、抄纸过程中浸渍或喷雾漂白；既可以是单段漂白，也可以是两段组合漂白。H_2O_2 漂白时，既可以高浓下进行，也可在中浓或低浓下进行。

③ 对纸浆原料的选择性。云杉、杨木、桦木等机械浆容易漂白；而马尾松、落叶松等的机械浆因为树脂等抽出物含量较多而相对较难漂白；腐材和树皮会降低机械浆白度，影响其可漂性。

④ 对金属离子的敏感性强。因为锰、铜、铁、钴等过渡金属离子不仅会催化分解 H_2O_2 和 $Na_2S_2O_4$，还会与浆中多酚类物质生成有色物质，使机械浆和化学机械浆的白度明显降低。漂前用螯合剂预处理或在漂白时加入螯合剂都有利于漂白效率的提高，常用的螯合剂有 DTPA、EDTA 和 STPP（三聚磷酸钠）。

⑤ 漂白废水污染少。由于 H_2O_2 和 $Na_2S_2O_4$ 漂白均不会产生有机氯化物，H_2O_2 或 $Na_2S_2O_4$ 只是改变发色基团的结构而不降解和溶出木素，而且 H_2O_2 还有杀菌消毒作用，能氧化和漂白废水中的有害物质。因此漂白废水少。

二、高得率浆的过氧化氢漂白技术

1. 中浓 H_2O_2 单段漂白

浆料在送往浓缩机之前，在浆池用 DTPA 处理 15min，处理温度 40～50℃。预处理后浆料经浓缩机洗涤并脱水后，送往混合器，与漂液和蒸汽混合，然后进入漂白塔，反应时间 2h 或更长一些。为了防止纸浆返黄，漂后用 H_2SO_4 或 SO_2 调节 pH（酸化）。如图 7-27。

2. 高浓 H_2O_2 单段漂白

图 7-28 为高浓过氧化氢单段漂白流程图。浆料通常在消潜池中有 DTPA 预处理 15min，温度 60～74℃，然后送往双网压榨脱水机或双辊压榨脱水机浓缩至 35％的浓度，在高浓混合器与漂液混合后，浓度为 28％左右，进入高浓漂白塔反应 1～3h，经螺旋输送器送出，酸化后送造纸。若回用废液，则在漂白塔后需另设一浓缩机脱除废液。

3. 中浓—高浓 H_2O_2 两段漂

图 7-29 为中浓—高浓 H_2O_2 两段漂白流程图。新鲜漂液在第二段加入，第一段则用第二段的漂白废液。

4. 非常规 H_2O_2 漂白

① 盘磨机漂白：盘磨机前加碱性过氧化氢漂液。如图 7-30 所示，木片进入盘磨机前先

用 Na_2SiO_3 和 DTPA 进行预处理，然后在第一段或第二段磨盘机前加入碱性 H_2O_2 漂液，由于盘磨磨区的温度高，又有高的湍流，因此漂白反应快。当 H_2O_2 用量为 2％时，白度可提高 11％ ISO。但是由于盘磨机内温度太高，浆料停留时间短，漂白效率不如漂白塔，Na_2SiO_3 引起磨盘结垢也是一个问题。

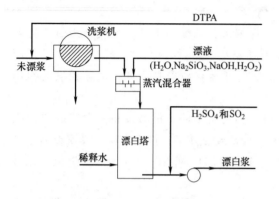

图 7-27　中浓 H_2O_2 单段漂白流程

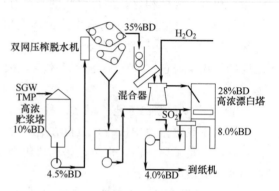

图 7-28　高浓 H_2O_2 单段漂白

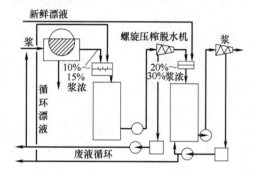

图 7-29　中浓—高浓 H_2O_2 两段漂白流程

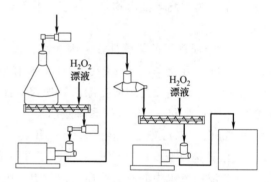

图 7-30　盘磨机漂白流程图

②　闪击干燥：即 H_2O_2 漂白与闪击干燥同时进行，可以节约漂白工段的投资。H_2O_2 漂液喷洒在进入闪击干燥器的浆上，大约 60％的漂白反应是在闪击干燥内短短的 45s 内完成的，余下的漂白反应是在贮存的浆捆中完成。此法必须严格控制用碱量，使当 H_2O_2 耗尽时，纸浆呈中性或微酸性，以免发生"碱性返黄"。

③　浸渍漂白：将干度为 50％左右的湿浆板在 H_2O_2 漂液中浸渍，然后在室温中贮存，一般需要几天时间，才能完成漂白反应。和闪击干燥漂白一样，必须严格控制用碱量。

三、高得率浆的连二亚硫酸盐漂白

连二亚硫酸盐是还原性漂白剂，主要用于机械浆的漂白。早期机械浆漂白更多的是使用稳定较好的 ZnS_2O_3，由于 Zn^{2+} 对水源有污染，因此，大多采用 $Na_2S_2O_4$ 漂白机械浆。

（一）连二亚硫酸盐的制备

现在一般采用硼氢化钠还原法制备，此法成本低，反应如下：

$$NaBH_4 + 8NaHSO_3 \longrightarrow Na_2S_2O_4 + NaBO_2 + 6H_2O$$

（二）连二亚硫酸盐的性质

连二亚硫酸盐是还原剂，因此遇到水中的溶解氧或空气中的氧时能氧化成为 $NaHSO_3$：

$$2Na_2S_2O_4 + O_2 + 2H_2O \longrightarrow 4NaHSO_3$$

如与过量空气（氧气），则能部分氧化成 $NaHSO_4$：

$$Na_2S_2O_4 + O_2 + H_2O \longrightarrow NaHSO_3 + NaHSO_4$$

连二亚硫酸钠还能进行缺氧分解，结果是生成 $Na_2S_2O_3$ 和 $NaHSO_3$：

$$2Na_2S_2O_4 + H_2O \longrightarrow Na_2S_2O_3 + 2NaHSO_3$$

硫代硫酸钠是引起连二亚硫酸钠对金属腐蚀的主要原因。

（三）连二亚硫酸盐的漂白原理

漂白过程中，连二硫酸根离子离解成二氧化硫游离基离子：

$$S_2O_4{}^{2-} \Longleftrightarrow 2SO_2{}^- \cdot$$

$SO_2{}^- \cdot$ 通过电子转移变成 SO_2 和 $SO_2{}^{2-}$：

$$2SO_2{}^- \cdot \longrightarrow SO_2 + SO_2{}^{2-}$$

$SO_2{}^-$、$S_2O_4{}^{2-}$ 和 SO_2 都是还原性物质，都可用作纸浆漂白的还原剂。

连二亚硫酸盐能还原纸浆木素中的苯醌结构、松柏醛（双键）结构，使之变成无色的产物。连二亚硫酸盐本身则被氧化成为亚硫酸氢盐。亚硫酸氢盐本身也能破坏与苯环共轭的双键。邻苯醌结构被二氧化硫游离基离子还原成邻苯二酚阴离子，对苯醌也有类似的反应。连二亚硫酸盐还原和分解的产物——SO_2 和 $HSO_3{}^-$，也有使醌型结构脱色的能力。松柏醛结构的脱色通过几种途径，连二亚硫酸根离子分别起醛基还原剂和亲核加成反应的加成物的作用；亚硫酸氢根与共轭体系反应生成磺酸盐和二磺酸盐。这些途径都导致发色体系的部分还原，使对光的吸收从可见光区转移到近紫外区。其反应过程如图 7-31。

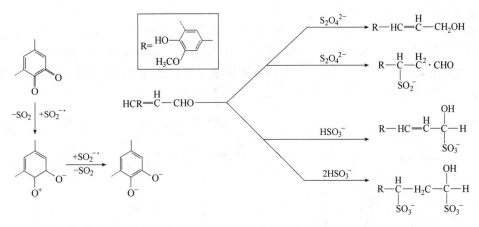

图 7-31　连二亚硫酸盐和亚硫酸氢根离子对苯醌和松柏醛发色团的还原反应

（四）连二亚硫酸盐漂白的影响因素

（1）连二亚硫酸钠用量

当用量达到一定程度时，白度不再提高，连二亚硫酸钠用量一般为 0.25%～1.0%，如配加连二亚硫酸钠用量的 25%～100% 的 $NaHSO_3$，则效果更好。

（2）pH

漂白时的 pH，会影响漂液的稳定，影响漂白的效率。pH 宜在 4.5～6.5，最好为 5.5～6.0。

（3）浆料的浓度

连二亚硫酸钠漂白常用浆浓为 3%～5%。提高浆浓，需强化混合，会带入多量的空气，增加连二亚硫酸钠的分解；浓度过低，水中溶解氧增加，也会增加连二亚硫酸钠的损失。

（4）漂白温度

考虑到加热蒸汽的消耗，漂剂在高温下的分解及温度过高引起纸浆返黄，连二亚硫酸盐漂白温度一般在 45～60℃。

（5）漂白时间

大部分漂白作用发生在加入连二亚硫酸钠漂白剂后的 10～15min，但为了充分利用漂白剂的还原能力，常用的漂白时间为 30～60min。

（6）螯合剂

过渡金属离子不仅会催化连二亚硫酸钠的分解，而且还会与纸浆中的多酚类物质生成有色的络合物，因此，需用螯合剂对纸浆进行预处理，常用的螯合剂有 STPP、EDTA 和 DT-PA，还可以施加柠檬酸钠和硅酸钠。

（五）连二亚硫酸钠的漂白流程

（1）贮浆池漂白

简单，但 $Na_2S_2O_4$ 接触空气的机会多，易被分解，漂白效率较低。

（2）漂白塔漂白

如图 7-32，为在升流塔进行的连二亚硫酸钠漂白的流程图，浆浓 4.5%，防止浆料与空气接触，漂白效果较好，白度可增加 8%～10% ISO。

（3）盘磨机漂白

漂剂在盘磨机入口处加入，高浓高温下进行，浆料与漂剂混合效果好，漂白反应快，当浆料离开磨区时，漂白作用几乎全部完成，若接着再在升流塔进行第二段连二亚硫酸盐漂白，则效果更佳。

（4）H_2O_2-$Na_2S_2O_4$ 两段漂

图 7-33 为中浓 H_2O_2 漂白升流塔 $Na_2S_2O_4$ 漂白流程图。浆料先在中浓条件下用过氧化氢漂白，段间用 SO_2 中和和酸化，调节好 pH 和浆浓，与连二亚硫酸钠混合后进入升流塔漂白，这种氧化性漂白剂——还原性漂白剂两段组合漂白方法兼有氧化和还原作用，能更有效改变或破坏发色基团的结构，白度可提高 10%～20% ISO。

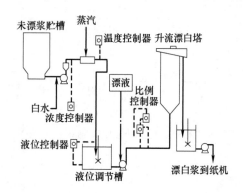

图 7-32　$Na_2S_2O_4$ 漂白塔漂白流程示意图

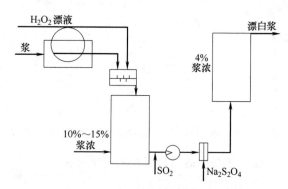

图 7-33　H_2O_2-$Na_2S_2O_4$ 两段漂白流程示意图

四、高得率浆的甲脒亚磺酸漂白

（一）甲脒亚磺酸的性质与漂白机理

甲脒亚磺酸（formamidine sulphinic acid，简称 FAS）也称二氧化硫脲，分子式为 $H_2N(NH)CSO_2H$。FAS 为白色针状晶体，易溶于水，新配制的水溶液接近中性，但放置一段时间后酸度增加。FAS 是一种很有效的还原剂，它在碱性溶液中生成次硫酸和次硫酸钠。

$$H_2N(NH)CSO_2H + H_2O \longrightarrow H_2NC(O)NH_2 + H_2SO_2$$

$$H_2N(NH)CSO_2H + 2NaOH \longrightarrow H_2NH(O)NH_2 + Na_2SO_2 + H_2O$$

次硫酸和次硫酸钠均具有强还原性，能改变纸浆中的发色基团结构，减轻对光的吸收，提高白度。FAS 的脱色效果非常好，对空气的氧化和过渡金属离子的催化分解不敏感，使用时不必酸化，而且无毒无味，使用方便，易生物降解。其主要缺点是价格较高。

（二）影响 FAS 漂白的主要因素

① FAS 用量：一般用量为 $0.5\% \sim 1.0\%$，白度增加 $6\% \sim 9\%$ ISO。用量再增加，白度增加缓慢。

② NaOH 用量：FAS 在碱性条件下能分解出高还原能力的次硫酸和次硫酸盐。较合适的 NaOH 与 FAS 用量比为 0.5。

③ 漂白温度：一般为 $70 \sim 80℃$。

④ 漂白时间：在漂白温度为 $70 \sim 80℃$ 时，漂白时间多为 $30 \sim 60min$。

⑤ 浆料浓度：一般为 $8\% \sim 14\%$ 的中浓漂白。

（三）FAS 漂白流程选择

可以作为 FAS 单段漂（F 段），也可以和 H_2O_2 构成 PF 或 FP 两段漂。

第五节　废纸浆的漂白概述

引起废纸浆发色的原因复杂，除纸浆中的木质外，废纸纸浆中许多添加物等如涂料、染料、油墨、添加剂及其他杂质都影响纸张的白度。对已经漂白过的废纸浆，重新漂白时，其化学反应的作用也有所不同。

（1）废纸浆的漂白助剂品种

废纸浆的漂白化学品主要是过氧化氢，也可用连二亚硫酸盐和甲脒亚磺酸。

（2）漂剂加入点

废纸浆漂白时，漂剂的加入点有以下几个位置：

① 水力碎浆机：在碎解过程中完成漂白；

② 在漂白塔中进行；

③ 在热分散机中加入，在热分散过程中完成漂白。

（3）废纸浆漂白流程

可以采用单段漂，也可以几种漂剂组合漂白。根据纸浆本身性能和漂后白度要求而定。

主要参考文献

[1] 詹怀宇. 制浆原理与工程（第三版）[M]. 北京：中国轻工业出版社，2011.

[2] ［芬兰］Pedro Fardim. 纤维化学和技术-化学制浆Ⅰ [M]. 刘秋娟，杨秋雨，付时雨，译. 北京：中国轻工业出版社，2017.

[3] 詹怀宇，刘秋娟，靳福明. 制浆技术 [M]. 北京：中国轻工业出版社，2012.

[4] 刘忠. 制浆造纸概论 [M]. 北京：中国轻工业出版社，2007.

[5] ［芬兰］Bruno Lonnberg. 机械制浆 [M]. 詹怀宇，李海龙，译. 北京：中国轻工业出版社，2015.

第八章　打　　浆

第一节　打 浆 原 理

一、打浆的意义

经过净化和筛选后的纸浆，还不宜直接用于造纸，必须先经过打浆处理。利用物理方法处理悬浮于水中的纤维，使其具有适应纸机生产上要求的特性，并使所生产的纸张能达到预期的质量，这一过程称为打浆。打浆是对水中纤维悬浮液进行机械等处理，使纤维受到剪切力，改变纤维的形态，使纸浆获得某些特性，并改变纸料的滤水性能，适应纸机的抄造要求。

未经打浆的浆料中含有很多的纤维束，由于纤维既粗又长，表面光滑挺硬而富有弹性，纤维比表面积小，相互间缺乏结合性能，如用未打浆的浆料直接用来抄纸，在网上难以获得均匀地分布，成纸疏松多孔，表面粗糙容易起毛，结合强度低，纸页性能差，不能满足使用的要求。而经过打浆后的纸浆所形成的纸，性能如上所述相反。采用针叶木浆抄制的两种类型的纸的表面形态如图 8-1 所示。

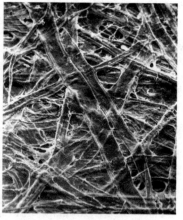

图 8-1　打浆前（左）后（右）的针叶木浆所抄制的纸的表面形态，SEM 130X

纸张性能的获得主要靠打浆，打浆是一种复杂而细致的工艺过程，采用同一种浆料，随着打浆设备、打浆方式、打浆工艺和操作的不同，可以生产出多种不同性质的纸和纸板；而采用不同的纸浆，通过变化打浆工艺，也可以生产出相同的纸品。

二、打浆过程及纤维形态变化

（一）打浆过程

如果不考虑水的冲击力（水力）的作用，在打浆过程中，纤维在打浆设备磨齿之间的运行过程可简化如图 8-2 所示。

打浆过程中纤维受到的剪切力来自三方面，即磨浆设备的磨齿对纤维产生的机械力，纤维与流体间的速度梯度和加速度所产生的水力，纤维和纤维之间的摩擦力。

（二）打浆过程中纤维形态发生的变化

机械和流体的剪切力同时作用于纤维，改变纤维的特性。剪切应力通过发生于转动的飞刀（磨齿）和固定定刀（磨齿）之间的间隙和沟槽的滚动、扭转和拉紧作用强加给纤维。

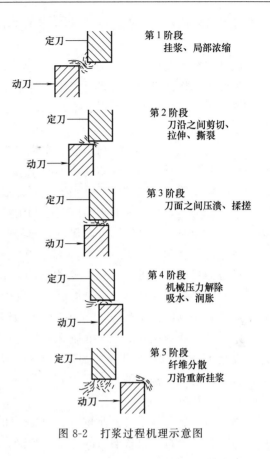

图 8-2 打浆过程机理示意图

通过弯曲、破碎和拉/推等作用将法向应力（张力或压缩力）强加于刀沿（磨齿）与刀（磨齿）面间捕获的纤维絮团。打浆过程中纤维发生了以下变化。

（1）细胞壁的位移和变形

打浆的机械作用使得次生壁中层一定位置的细纤维弯曲，这样细纤维之间空隙有所增加以致能够进入较多的水分。当初生壁还没有被破除之前，次生壁中层发生位移和润胀都受到一定限制。可是反过来，次生壁中层发生位移和润胀又会使纤维更加柔软，从而促进初生壁的破坏。

（2）初生壁和次生壁外层的破除

蒸煮和漂白后的纤维仍存有一定数量的初生壁，影响着纤维润胀。同时，它和次生壁外层都会妨碍次生壁中层细纤维的细纤维化，影响着纤维的结合力。因此需要在打浆过程中借助于机械作用把初生壁和次生壁外层破坏，以利于纤维的润胀和细纤维化作用。

对于不同种类的纸浆，初生壁和次生壁外层破除的难易程度和破除的情况也是不尽相同的。例如，亚硫酸盐纸浆的初生壁和次生壁外层破除，就比硫酸盐纸浆容易一些。

对初生壁破除情况进行的实验研究表明：用 PFI 磨对漂白亚硫酸盐木浆和未漂硫酸盐木浆进行打浆，对于漂白亚硫酸盐浆，仅在 500r/min，即稍为打浆至 16°SR 时，半数以上的纤维失掉了部分的初生壁；在 2000r/min 时，即约 22°SR，纤维初生壁几乎全部受到破坏。而对于未漂白的硫酸盐浆，初生壁的破除速度大大减慢。

（3）润胀

所谓润胀是指高分子化合物在吸收液体的过程中、伴随体积膨胀的一种物理现象。纸浆纤维之所以有润胀能力，主要是由于其带有羟基的关系，因而能在极性液体中发生润胀。打浆时，纤维首先吸水而发生润胀，比体积有所增加，纤维细胞壁结构变得更为松弛，内聚力则有所下降，从而提高了纤维的柔软性和可塑性。与此同时，由于润胀引起内聚力的降低、就更有利于打浆机械作用对纤维的进一步细纤维化，其结果大大增加了纤维的表面积和游离的羟基数目，这无疑将会在纸页干燥时增加纤维之间的接触面积。

润胀程度同纸料的组成有关。半纤维素含量高的亚硫酸盐浆较容易润胀，而硫酸盐浆就比亚硫酸盐润胀程度小些。木素含量高的纸料不易润胀，因此漂白能改进这种纸料的润胀能力。

（4）细纤维化

细纤维化作用是指在打浆过程中，打浆设备的机械物理作用使纤维获得纵向分裂，并分离出细纤维，而且使纤维产生起毛现象，一般认为，细纤维化可分为外部细纤维化和内部细纤维化。

许多研究者把打浆过程细胞壁的变化称为内部细纤维化。通过打浆处理，希望能使纤维获得塑性变形。纤维细胞壁塑性变形的能力，是随着内部细纤维化过程的进展而提高的。内部细纤维化实质上是指破坏纤维细胞壁同心层向的连接的过程，从而使次生壁中层中发生层间的滑动。为此，当纤维处于高度润胀和细纤维化状态时．纤维将会保持良好的柔韧性和可塑性，而纤维与纤维之间即可能保持优异的接触，有利于纤维的结合，在随后纸张干燥时，得到较高的强度和紧度。

纤维的外部细纤维化可提高交织能力，并能增加纤维的外表面积，有利于提高纸张强度，要对一根完整的纤维进行纵向分裂、分丝是比较困难的。但当纤维被切断后，在其切口处则极易发生纵向分裂和分丝。切断越多、细纤维化程度越剧烈。

纤维的细纤维化和纤维的润胀是互相促进的。吸水润胀是为纤维的细纤维化创造有利条件；反之 纤维的细纤维化又能促进纤维进一步吸水润胀。这样反复相互影响着，在整个打浆过程中，这两个作用是互相促进的。

（5）切断

横向切断是指纤维受到足够大的剪切力的作用，而发生断裂的现象。纤维受到横向切断，主要是由于打浆设备磨齿的作用；其次，则是由于在打浆比压相当大的情况下，纤维彼此之间产生磨断的结果。

纤维的横向切断跟其吸水润胀，有着一定的关系。在同一打浆条件下，如果纤维吸水润胀情况比较好，纤维变得较柔软和可塑，这样就不再容易受到横向切断，而是较易于起细纤维化作用。反之，纤维吸水润胀不良时，纤维挺硬发脆，则易于受到横向切断。

一般情况下，在打浆过程中不希望过度地切断纤维，因为过度切断纤维，就会使纸张的强度大大降低，因此，要严格控制纤维受到适当的切断。对于棉麻浆则由于其纤维过长，因此必须加强纤维的切断，降低纤维的平均长度，以利于造纸过程中能够抄出组织均匀的纸张。一般说来，减少纤维的长度，可以提高纸张均匀度和平滑度，但降低了纸张的强度特别是抗张强度。

（6）产生纤维碎片

打浆过程中产生纤维碎片主要有以下三个方面：

① 纤维的初生壁和次生壁外层破除。由于纤维受到的打浆设备刀片的机械摩擦力和纤维间的摩擦力及水力的作用，使纤维的初生壁和次生壁外层被磨碎脱落，有的成为碎片。

② 纸浆中的杂细胞的破碎。

③ 纤维横向被切断产生碎片。

这些碎片的存在，一方面影响纸料的滤水性能，另一方面影响纸页的物理强度。

（7）其他次要作用

除了上述作用外，打浆还会使纤维扭曲、卷曲、压缩和伸长以及半纤维素的溶解等。在打浆过程中纤维表面的半纤维素有部分能够溶解成"凝胶"。其原因是经过打浆，这部分半纤维素在结构上对水的可接近性增加以及化学结构受到破坏，从而使这部分半纤维素产生溶解作用。有人认为其损失在 $0.5\%\sim5\%$ 的范围内，这些溶解出来的物质可以被纤维再吸附。打浆过程中，纤维形态发生的典型变化如图 8-3 所示。

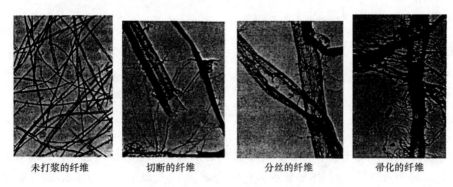

| 未打浆的纤维 | 切断的纤维 | 分丝的纤维 | 帚化的纤维 |

图 8-3　打浆处理后纤维形态的变化

此外，浆料中一些杂细胞，例如，木浆中的木射线细胞，导管等，在打浆过程中很容易被打碎。禾草类杂细胞含量较多，在打浆的过程中容易成为碎片，存在于浆料中，使浆料的滤水性能下降，湿纸幅强度下降。在湿纸幅压榨时，易黏压榨辊，引起断头。

第二节　打浆对纸张性能的影响

（一）纸张强度形成的过程

纸的强度由多种因素决定，包括纤维相互间的结合力，纤维自身的强度，纸中纤维的分布和排列方向等 。最重要的是纤维间的结合力。纤维的结合力有四种：a. 氢键结合力；b. 化学主价键力，即纤维分子链葡萄糖基之间的化学键力；c. 极性键吸引力，即纤维素大分子之间的范德华吸引力；d. 表面交织力，即长纤维分子链的空间交织力。主价键力取决于纤维素大分子的聚合度，因为打浆不易引起纤维素大分子降解，因此，主价键力基本保持不变；极性键吸引力较弱，对纤维结合力影响较小；表面交织力，主要是通过纤维分子链之间的空间交织，增加分子链之间的氢键的数量，提高纤维之间的结合力，对于大多数浆料来说，表面交织力对成纸强度的影响也较小，但对含木素多的磨木浆和难以水化的棉麻浆来说，表面交织力不容忽视。氢键结合力是影响纤维间结合的关键因素，与打浆的关系最为密切，打浆的主要目的之一就是增加氢键结合力，从而提高纸的强度。

水分子与纤维大分子中的羟基极易形成氢键。纤维细胞壁在机械剪切和摩擦力的作用下，微细纤维、原细纤维的比表面积增加，纤维表面产生大量的游离羟基，通过偶极性水分子与纤维形成纤维－水或者纤维－水－纤维的松散连接的氢键结合，促进了纤维表面的吸水性能。当纸料纤维体系的水分子含量较多时，单根纤维悬浮在水中，表面形成纤维羟基－水的强氢键结合；当纸料中的水分子含量减少到一定量时，纤维大分子间的距离缩短，逐渐形成纤维－水－纤维连接，并将羟基组成适当的排列，形成水桥，如图 8-4 所示。在纸幅干燥时，随着纸幅水分进一步减少，纤维受水的表面张力的影响，纸浆纤维相互拉近，纤维之间进一步靠近，当相邻的两根纤维的羟基距离缩小至 $0.26\sim0.28\text{nm}$ 时，纤维素分子中的羟基的氢原子与相邻纤维羟基中的氧原子开始形成 O—H……O 连接，形成氢键结合，如图 8-5 所示。正是这种氢键结合力把纤维与纤维结合起来，使纸具有了强度。

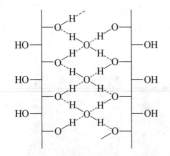

图 8-4　水桥连接的单层水分子
形成的氢键结合

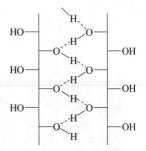

图 8-5　纤维间的氢键结合

纤维素分子的羟基相当多，但是，并不是所有的羟基都能形成氢键结合，研究发现，纤维内部的氢基只有 0.5％～2％能够形成氢键结合，而 98％以上的羟基是结晶或定形区式组成氢键结合，它只能体现纤维本身的强度。而只有游离出来的羟基形式氢键结合，才能体现纸或纸板的强度。

综合上述情况可以认为，氢键结合的条件是：第一，纤维上有游离的羟基；第二，相邻纤维游离的羟基之间的距离在 0.28nm 以内。

打浆产生的各种变化的实质：打浆破坏了纤维内部结构单元的氢键结合，增加了纤维之间的氢键结合。纤维外部细纤维化的结果使纤维的比表面积增加，游离的—OH 更多，水桥增加，纤维间产生的氢键结合增加。而纤维内部细纤维化，使纤维的柔软性增加，纤维的可塑性增加，纤维之间的距离容易被拉近，为纤维间的氢键结合创造了条件。

（二）纤维结合力的影响因素

打浆过程中，纸浆纤维受到的机械剪切力、水力和纤维之间的摩擦力，影响纤维的游离羟基的数量、纤维表面的形态，从而决定纤维结合力的大小。另外，纤维原料的种类、纸浆纤维的化学组成、纤维长度、分布、杂细胞的种类和数量、纤维在成形过程中的交织排列、化学助剂的种类和数量等因素也影响着纤维的结合力。

1. 打浆的影响

打浆可将纤维的 P 层或者 S_1 层除去，有助于纤维的润胀和细纤维化，增加了纤维的柔软性和可塑性，极大地增加了纤维的比表面积，产生了更多游离羟基。成形后在干燥过程中纤维间产生了更多的氢键结合。

2. 纸浆的种类

不同的纸浆原料或者采用不同的制浆、漂白方法获得的纸浆纤维，无论细胞壁的层间结构，各层纤维素与半纤维素的含量，以及单根纤维的聚合度、结晶度等均存在较大的差异，从而对纤维间的结合力产生影响。一般而言，化学木浆的纤维结合力最大，半化学木浆次之，机械木浆最差。对不同的纸浆原料而言，针叶木的结合力最大，阔叶木次之，草类纤维和二次纤维的结合力较差。

3. 纤维素的影响

对于同种纤维原料制得的纸浆，纤维素聚合度高的纸浆纤维，在打浆过程中不易被切断、压溃，单根纤维在打浆中易获得较多的游离羟基，纸页的强度较高。反之，聚合度很低的纸浆纤维，在打浆中易被机械切断和压溃，纤维的细纤维化的程度不够，单根纤维含有的游离羟基较小，抄纸过程中形成的氢键结合较少，纸张的强度较低。因此，高聚合度的纸浆适合生产高强度和高紧度的纸，如复写原纸、电容器纸、钞票纸等特种工业用纸；低聚合度的纸浆适合生产一般要求的松软的纸张，如普通印刷纸、新闻纸等。

4. 半纤维素的影响

半纤维素的分子链比纤维素短，有很多排列不整齐的支链，没有结晶结构，因此，半纤维素含量高的纸浆，打浆时容易吸水润胀和细纤维化，纤维的比表面积增加，在打浆初期容易产生较多的游离羟基，提高纸的强度。随着打浆的进行，半纤维素的水合作用增加，纸浆的滤水性能下降，单根纤维游离羟基数量减少，成纸的强度将缓慢降低。所以纸浆纤维中适当的半纤维素含量有利于纸张的强度，但太多，则对纸张强度不利。

5. 木素的影响

化学纸浆纤维中的木素多分布 P 层或者 S_1 层，高得率浆中的木素结构单元可以分布在胞间层 M 以及 P 层或者 S_1 层，由于木素单元多为苯丙烷结构，亲水性差，在纤维打浆过程中会妨碍纤维吸水润胀和细纤维化，从而影响纤维间的结合力。因此，木素含量高的高得率浆不易生产物理强度高的纸张。

6. 纤维长度的影响

纸浆的纤维长度可以直接影响成纸的撕裂度、抗张强度和耐破度。纸张受外力撕裂时，纤维自身的强度占主导作用，纤维之间的结合力相对于自身的强度较小，影响并不显著，因此，纸张的撕裂度是随纤维长度的增加而增加的。

7. 添加剂的影响

在纸浆纤维中添加亲水性的添加剂也会显著增加纤维之间的结合力。如淀粉、蛋白质、羧甲基纤维素、植物胶等。这些物质的结构中含有极性羟基，能增加纤维间的氢键结合，提高纤维之间的结合力，增加纸页的物理强度。同时，在纸料中加入胶料，硫酸铝、填料等物质会妨碍纤维彼此间的接触，减少纤维之间的氢键形成的数量，降低纤维之间的结合力。

（三）打浆与纸张性能的关系

在打浆过程中存在着一对矛盾，一方面增加了纤维的结合力，另一方面却降低了纤维的平均长度。二者都对纸性能产生影响。

一般来说，由于打浆增加了纤维结合力，降低了纤维平均长度，所以它一方面能够提高纸的抗张强度、耐破度和耐折度，同时增加了纸的平滑性、挺硬性和紧度，但是另一方面却降低了纸的撕裂度和不透明性以及增加纸的收缩性。

打浆过程中纸张物理性能的变化，如图8-6所示。

从图中可以看出，随着打浆的进行，纤维结合力不断增长，而平均长度不断下降，并且在打浆初期，纤维结合力的上升和纤维长度的下降是以较快的速度发展着的。至于后期，两者速度均逐渐减慢，由于在打浆过程中两者发展的速度不同，因而对纸张性质各自产生不同程度的影响。现就打浆对各种指标的影响分别讨论如下：

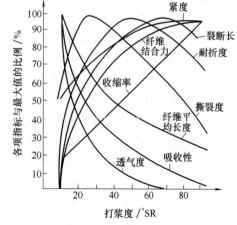

图 8-6　木浆打浆与纸张物理性质的关系

1. 抗张强度

通常，纸张的纵向抗张强度要大于横向抗张强度，并且水分含量在 5％ 左右时，抗张强度最大。纸的抗张强度主要取决于纤维的结合力和纤维平均长度，同时也受纤维交织排列和纤维自身强度等因素的影响。

通常，在打浆初期抗张强度上升很快，以后渐渐缓慢下来，并且升到一定数值之后，抗张强度会下降，出现转折现象。当打浆比压较大时，这一转折现象更为明显。产生转折的原因，主要是受到纤维结合力和平均纤维长度两者变化的影响，在打浆初期，主要影响纸张抗张强度的是纤维结合力；随着打浆时间的延长，纤维结合力虽然也继续有所提高，但是由于纤维平均长度的继续下降，也会影响到抗张强度的变化。这种对比关系，自然就会使纸张的抗张强度产生转折点，而转折现象产生的早晚则与打浆方式有密切的关系。

2. 撕裂度

撕裂度与裂断长有所不同，影响纸张撕裂度主要是纤维平均长度，其次才是纤维结合力、纤维强度等。不论用哪种纸料抄出的纸，在纸料打浆度还不很高的时候，撕裂度一般都是随着打浆度的增高而增大，这是由于纤维结合力的增长所致。但因纤维长度是影响撕裂度的最主要因素，所以在纸料打浆度并没有提高多少的情况下，撕裂度就已经达到了最高点。其后，随着纤维长度的继续减小，并转为主导作用的方面，撕裂度即发生转折下降。

3. 耐折度

不论那一种原料的纸料，纸张的耐折度都同样是随着打浆的进行而有所提高，其发展趋势又与裂断长性质相似，即在达到最高值以后出现转折。纤维结合力对耐折度的影响，不如对裂断长影响那么大；但是，纤维平均长度却对耐折度有很大的影响，具体表现在耐折度很容易达到转折点，也就是说，在纸料打浆并不太高的情况下，耐折度即发生转折。

耐折度除了受纤维平均长度和纤维结合力两者影响之外，还与纤维的弹性有关。纤维弹性大，纸的耐折度高，而纤维的弹性又与纸张的含水量有密切的关系。当水分含量较多时，耐折度随着弹性的增加而增加，但当水分含量达到一定限度后，又会使纤维结合力下降。

4. 耐破度

纸张耐破度的变化情况一般与裂断长相似，主要影响它的因素也是纤维结合力，其次才是纤维平均长度、纤维本身强度和纤维交织情况等。

因为影响耐破度和裂断长的因素完全相同，表现在曲线形状上也很相似，但是，耐破度曲线后部有下降较严重的现象，则是由于测定耐破度时，纸张不仅受到拉力，同时也受到撕力作用，所以在打浆度比较高的时候，耐破度下降程度大于纸张的裂断长。

5. 透气度

纸张的透气度是随着打浆度的增长而降低的。在打浆过程中，纤维结合力逐渐增大，纤维外表面积亦逐渐增加。因此透气度曲线下降极快，接近于抛物线的形状。

纸张透气度一般在 70～90°SR 时接近于零，即是说在这时已经完全"羊皮化"了。

6. 吸收性

纸张的吸收性也是随着打浆度的增长而降低，打浆对吸收性的影响情况基本上与透气度相同。这是由于以打浆度高的纸料抄成的纸一般结合较为紧密，纤维的比表面积较大，致使气孔大为减小，结果吸收性能大为降低。

7. 不透明度

影响纸张不透明度的因素主要是纤维结合力。打浆度越高的纸料，纤维在纸机上干燥时由于表面张力的作用极易靠拢在一起，促进氢键的形成和纤维结合力的提高。与此同时，纸张发生收缩，并降低了纸的透气性和不透明度。打浆度越高，折射面越小，纸越透明，而不透明度越低。

8. 紧度

纸张紧度对纸张性质和物理强度均有一定的影响。紧度大的纸张，其透气度必然较低，不透明度较差，同时，在一定范围内其裂断长和耐破度均较高，而断裂度则较小。

随着打浆时间的增加，纸料的打浆度开始增加得很快，随后逐渐减慢，这是由于到达打浆后期，纤维已高度吸水润胀和细纤维化，变成很黏的纸料，并且柔软可塑，进一步吸水润胀和细纤维化比较困难，但抄成的纸张紧度和密度大大地增加，透气度和多孔性则大为降低。

9. 收缩性

纸张的收缩性在很大程度上取决于打浆特性和纸料种类。一般说来，凡纤维长而又经过良好打浆的纸料，抄成纸后，收缩性都是比较高的。

第三节　打浆工艺

一、打浆方式

纸张的性能主要取决于打浆，根据纸的性能要求，应选用不同的打浆方式。打浆方式有以下四种：长纤维游离状打浆、短纤维游离状打浆、长纤维黏状打浆、短纤维黏状打浆。其打浆后所对应的纸浆的纤维形态如图8-7所示。

所谓游离状打浆，是以降低纤维长度为主的一种打浆方式；黏状打浆是以纤维吸水润胀、细纤维化为主的打浆方式。长纤维打浆是指尽可能地保留纸浆中纤维的长度；短纤维打浆，是指尽量对纤维进行切断的打浆方式。

实际生产中，四种打浆方式不可能截然分开。即游离状打浆中纤维不可避免地有一定程度的润胀和细纤维化；黏状打浆也无法避免的有纤维被切断；长纤维打浆的纸浆中也含有短纤维，而短纤维打浆的纸浆中也有一些长纤维存在。

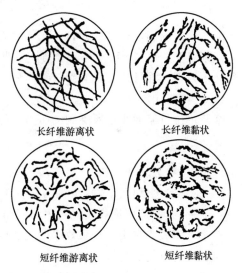

长纤维游离状　　　　长纤维黏状

短纤维游离状　　　　短纤维黏状

图8-7　四种打浆方式的纤维形态

不同的打浆方式只表明打浆的方向，并不表示打浆的程度。打浆的程度主要是用打浆度来衡量。通常打浆度低于30°SR以下的浆料称为游离浆；而打浆度高于70°SR的浆料称为黏状浆，在30～70°SR之间的浆料称为半游离半黏状浆。所以游离打浆方式打出的浆料不一定是游离浆。表8-1列出了一些纸品的打浆方式。

表8-1　不同纸品的打浆方式

纸种	定量 /（g/m²）	纤维平均长度 /mm	打浆度 /°SR	打浆方式	
纸袋纸	80	2.0～2.4	20～25	长纤维	黏　状
牛皮纸	40～100	1.8～2.4	22～40	长纤维	游离状
滤纸	100	1.2～1.5	25～30	中等长	游离状

续表

纸种	定量 /（g/m²）	纤维平均长度 /mm	打浆度 /°SR	打浆方式	
吸墨纸	100	0.7～1.0	20～30	短纤维	游离状
描图纸	50	1.2～1.6	85～90	中等长	黏状
防油纸		1.5～2.0	65～75	长纤维	黏状
电容器纸	8～10	1.1～1.4	92～96	短纤维	高黏状
卷烟纸	22	0.9～1.4	88～92	短纤维	黏状
书写纸	80	1.5～1.8	48～55	中等长	半黏状
印刷纸	52	1.5～1.8	30～40	中等长	半游离
打字纸	28	0.95～1.1	56～60	短纤维	半黏状

不同的打浆方式应采用不同的打浆方法。打游离浆，要求打浆的时间短，迅速对纤维进行切断，尽量减少纤维的润胀和水化。打浆的浓度要低，压力要大，即下重力。所采用的刀（齿）片数量要少，刀（齿）片要薄，以一次下重刀为宜。打黏状浆，为了使纤维尽量纤维化、润胀水化，避免遭到过多的切断，打浆时间要长，先轻刀疏解分散纤维，然后分次下刀，逐步加重压力，可分段打浆，或多台打浆机串联打浆，打浆浓度应高一些，刀（齿）片要厚一些。

二、打浆的影响因素

影响打浆的因素很多，如打浆比压、刀间距、打浆时间、浆料浓度、浆料性质、刀的特性、打浆温度、纸料 pH 及添加物等。这些因素之间存在内在联系，每个因素的变化不仅影响到其他因素，而且还会影响到打浆质量、产量和电耗。

（一）打浆比压

纸浆单位打浆面积上所受到的压力，称为打浆比压。其公式如下：

$$p = \frac{F}{A} \tag{8-1}$$

式中　p——打浆比压，Pa

　　　F——盘磨磨区间或打浆机飞刀与底刀间的压力，N

　　　A——盘磨磨区或打浆机飞刀与底刀接触面积，m²

打浆比压大小是决定打浆效率的主要因素，确定好的打浆比压是保证打浆质量、缩短打浆时间、节约电耗的关键。

打浆比压的大小与刀间距离有密切的关系，通常要保持打浆的刀间距在 2～3 根纤维的直径的距离，否则刀片直接接触刀面，即没有浆层，不仅失去打浆作用，而且磨损刀片，引起爆刀。打浆比压的大小，可以通过打浆机的电流量来间接显示，所以实际打浆操作时，在其他条作一定的条件下，通过控制打浆电流的电流来控制刀间距。电流大，则刀间距小。

（二）打浆浓度

纸料的浓度对打浆的质量有很大的影响。根据近年来打浆工艺的发展，打浆浓度可分为低浓、中浓、高浓三种，有人认为 10% 以下的浓度称为低浓打浆，10%～20% 的浓度称为中浓打浆，而高浓打浆的浓度在 20%～30% 甚至更高。

在低浓打浆的范畴内，打浆浓度较高，则进入飞刀与底刀之间的浆层较厚，纤维数量增多，有利于促进纤维间的挤压和揉搓作用，有助于纤维分散、润胀和细纤维化。同时，单根纤维所分担承受的压力也相应减小，从而减少了纤维的切断作用。由此可见，打浆浓度较高，适合于黏状打浆的要求。游离状打浆则要求切断纤维，而不希望纤维过多吸水润胀，打浆浓度可控制低一些。

中浓打浆（浓度 10%～20%）虽能有助于提高纸张强度，但效果既不甚显著，且动力消耗又高，因此未能在工业生产中获得应用。

高浓打浆能赋予纸张以较高的撕裂度、伸长率和耐破度等。

高浓打浆目前是采用附有强制喂料装置的盘式磨浆机，以解决浆料浓度大，流动性差等问题。一般可采用螺旋推进器作为喂料装置，将纸料推进高浓盘磨机中进行打浆。

在打浆过程中，纤维受到刀片的冲击、压溃和纤维彼此之间的摩擦作用，其初生壁和次生壁外层得到破坏，从而促进纤维的吸水润胀和细纤维化。在低浓打浆时，由于大量的水在纤维间起着润滑作用，因此纤维间的摩擦力很少，对纤维的结构形态不易产生影响。低浓打浆主要靠磨盘刀片的作用，因此要求磨盘刀片之间的间距必须保持在单根纤维厚度左右，务使纤维受到剧烈的摩擦作用。高浓打浆主要依靠磨盘间纸料的相互摩擦，而不是靠磨盘本身的作用，因此盘磨间的间隙可以加大，从而避免了纤维的过度压溃和切断。高浓打浆时纤维长度变化不大，而低浓打浆时，长纤维比例大大降低，短纤维和细小纤维比例显著增加，因而打浆度上升较快，其滤水性能也较差。在纤维形态方面，经过高浓打浆的纤维细纤维化程度要比低浓打浆的大得多。另外，经过高浓打浆的纤维多呈扭曲状，而低浓打浆的纤维则呈宽带状。

由于高浓打浆能够更多地保持纤维的长度和强度，因此纸浆的撕裂度要比低浓打浆的高得多。同时，由于经高浓打浆后纤维多呈扭曲状，纤维具有很高的收缩能力，因此纸张的收缩率得到大大改善，其结果是纸张韧性和耐破度得到一定程度的提高，而抗张强度则可能略有降低。综上所述，由于抗张强度变化不大，而伸长率有着较大幅度的增加，最终表现在纸的韧性上大为提高，这点对纸袋纸的使用性能是极为重要的。

但高浓打浆也存有一些问题，例如动力消耗较大，纸张的紧度大，不透明度、尺寸的稳定性和挺度均较差。

（三）通过量

在间歇式的打浆机打浆过程中，每次装浆量影响打浆作用的频次；在连续式的打浆设备中，当串联的台数一定时，控制纸浆的通过量，可以在一定程度上控制打浆的作用。在打浆浓度和打浆负荷不变的条件下，打浆时浆料通过量增加，浆料通过磨区的速度加快，即意味着每根纤维在磨区的停留时间缩短，受到打浆作用的机会少，因而打浆质量有所下降。实际生产中，在满足产量的情况下，以打浆负荷的大小作为控制打浆质量的主要依据，而以小范围内适度调节浆料通过量作为控制打浆质量的辅助因素。

（四）打浆温度

打浆过程中，因摩擦产生了热量，一部分机械能转化为热能，使浆料的温度升高。浆料温度升高会促使纸浆纤维中的水分外流，纤维的润胀程度下降，纤维变得挺硬，难以分丝、帚化。因此，打浆时纸浆温度升高，不利于打浆。有些高黏状打浆，为了减轻这种不利作用，会通过浆管外的套管用冷冻水冷却浆管，对纸浆进行冷却。对于亚硫酸盐浆，过高的打浆温度会使纸浆中的树脂溶出，引起或增加抄纸时的树脂障碍。

一般要求打浆温度不超过 45℃，温度过高时应考虑采取降温措施。

（五）纸料种类和化学组成的影响

各种不同纤维原料，经过不同方式的制浆手段，也会制得化学组成各不相同的纸浆。这种纤维结构和化学组成的区别，往往导致纸浆的打浆性能的差异。当纸浆中 α-纤维素含量较多，半纤维素含量较少时，纤维不易取得润胀和细纤维化作用，纸张物理强度难以得到发展，但纸张的松厚度、多孔性和吸水性能则有较大增长。另外，如果木素含量较多，则又表明纤维细胞壁（特别是初生壁和次生壁外层），没有获得足够的破坏，直接影响到纤维的润胀和细纤维化。

（六）pH 对打浆的影响

打浆的 pH 主要取决于用水的质量和浆料的洗涤情况，在实际生产中，一般不调节 pH。若在酸性条件下打浆，成纸强度低，易发脆，对打浆不利。而在碱性条件下打浆，对纸张的耐破度有所提高，这是因为在碱性条件下，纤维中的低分子部分容易发生剥皮反应而被除去，使水容易扩散到纤维内部，促进纤维的润胀作用，降低纤维的内聚力，增加纤维的柔韧性，因而减少了打浆机械作用对纤维的损伤。纤维润胀以后，更容易细纤维化，从而使成纸的强度有所提高。另外，打浆过程中添加 NaOH 会引起残余木素溶出，也可能对提高纸张的强度有好处。

（七）刀质和刀厚

打浆机的磨盘的材质及齿纹对打浆的影响最大。确定打浆工艺时，首先要选择好磨盘。但通常来说，游离状打浆宜采用薄刀，即磨齿宽度较窄的磨盘。反之，黏状打浆，则宜采用厚刀较为适宜。厚刀比较不易切断纤维而较易对纤维进行分丝、细纤维化。钢刀切断纤维作用大，而石刀最适于黏状打浆。

三、打浆质量评估

打浆过程中，需简单、快速掌握浆料的变化，对浆料进行一些检测。实际生产中对浆料一般检测浆料的浓度、打浆度和湿重。而进一步的科研，需对浆料更准确地检测其长度、水化度、保水值、筛分等，甚至纸浆纤维的比表面积、粗度等。

（一）打浆度

打浆度俗称叩解度，反映浆料的脱水难易程度，综合地表示纤维被切断、分丝、润胀和水化等打浆的作用效果。

打浆度不能确切反映浆料的性能，因为影响浆料脱水的因素很多。如纤维的细纤维化会影响浆料的脱水性能，并有利于改善纸页的强度。而纤维的切断也会影响浆料的脱水性能，但会降低纸张的强度，因此，可以采用纤维的切断和细纤维化两种不同的打浆方式达到相同的打浆度，但浆料的性质和强度完全不同。因此，生产中通常还需没定浆料的湿重，确定纸浆纤维的长度。

滤水性能还可以通过加拿大标准游离度（CSF）表示。

（二）湿重

湿重是和打浆度同时检测的，是测定打浆度时，挂在框架上浆料的质量，包括纤维和水两部分质量。因为纤维越长，在框架上挂住的纤维就越多，质量越大。所以，湿重是间接地表示浆料中纤维的长度。湿重能够简单、快速地检测出来。

准确地检测纤维长度可用显微镜法，或其他现代仪器进行分析。

（三）保水值（WRV）

浆料的保水值可以反映纤维的润胀程度及细纤维化程度，其测定方法如下：把一定质量的浆料放入小玻管中，将小玻管放入高速离心机内，经高速离心机处理后，把浆料中的游离水甩出，使纤维只保留润胀水，然后称量至恒重，即为纤维保留水分的能力。计算如下：

$$保水值＝(湿浆质量－干浆质量)×100\%/干浆质量 \tag{8-2}$$

（四）水化度

水化度是表示纤维在打浆过程中吸收结合水总量的一种方法。水化度的测定方法之一是煮沸法，即加热煮沸纸料 1h，利用加热的方法去掉纤维结合水，然后按照普通方法测定其打浆度；以不加热的纸浆和加热煮沸过的纸浆分别测得的打浆度差值表示水化度。另一种是酒精法，即将纸料放在酒精内，利用酒精将纤维结合水置换出来，然后用普通方法测定其打浆度，纸浆在酒精处理前后的打浆度差值即为水化度。

第四节　现代打浆设备特征

打浆设备有间歇式和连续式两大类。间歇式主要是槽式打浆机，其产量低，能耗大，操作劳动强度大；但对纤维原料的适应性强。目前基本被淘汰，只是用于极少量的特种纸的打浆。现代连续式打浆设备有锥形打浆机、圆柱打浆机、圆盘磨，另外，还有高浓磨浆设备等。

一、圆　盘　磨

盘磨机的设备特征，主要包括：齿宽、齿沟及深度、磨盘梯度、磨齿交角、挡坝等。磨齿的设计应根据原料的种类、制浆方法、成浆质量和生产能力等进行综合考虑。盘磨内部结构见图 8-8，盘磨的磨片见图 8-9。打浆过程中，纤维在盘磨间的运动如图 8-10 所示。

图 8-8　敞开的双盘磨打浆机

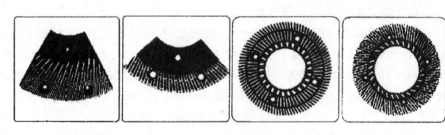

图 8-9　盘磨的磨片

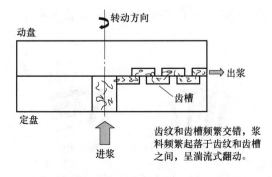

图 8-10　打浆过程中纤维在盘磨间的运动示意图

1. 齿形

磨片的齿型分疏解和帚化型，疏解型常用正锯齿和斜锯齿型。帚化型常用平齿型和圆弧齿型。如图 8-11 所示。齿型的种类繁多，一般认为以疏解纤维、轻微打浆为主的，采用细沟细齿和浅齿；以切断为主的，采用较小的齿宽；以帚化为主的，采用较大的齿宽；对浓度较高的浆料，采用窄的齿纹和浅齿，以减少浆料在齿沟中沉积和堵塞。

135

已疏解的纤维需进一步提高打浆度时，齿沟应浅而且窄，因窄齿沟可以增加磨浆面积，增加纤维受冲击的次数，齿沟浅有利于沟内的浆料进入齿面，获得充分磨浆的机会。处理阔叶材和草类原料等短纤维浆料，为避免纤维过分切断，应选用帚化型的平齿为主。如图8-12所示，要求齿纹断面的梯度尽量小一些，以能满足铸时拔模的要求，防止因齿面磨损后，齿槽的截面积急剧减少而影响磨浆效果。

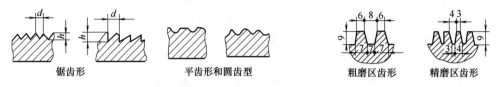

图 8-11　金属磨盘的齿型　　　　图 8-12　等腰梯形平齿面的齿型

2. 齿沟

齿沟深度 h 影响纸浆的流送。深度小，送浆的阻力大，会减少纸浆的通过量，沟宽 b 与齿的大小有关，按产量、质量和齿型的不同要求，h 常在 $2\sim8$mm 之间，b 可取 $4\sim10$mm。由于磨盘内区的直径很小，线速较低，两磨盘组合时，在磨盘横切面上应设有一定的磨盘梯度，如图8-13所示。梯度适宜，浆流畅通，可防止堵塞，并在同一磨盘上，起到轻刀疏解和重刀打浆的作用。浆料入口处称为粗磨区，粗磨区盘间间隙大，并采用较浅齿沟和宽的齿纹，能促进浆料迅速疏解，并使浆料沿锥隙均匀地导入精磨区。精磨区的盘齿较窄，齿沟较深，线速较大，有利于制浆的精磨过程。盘磨锥形梯度的大小，应根据浆料的浓度、粗度的程度来考虑。

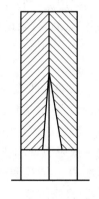

图 8-13　磨片梯度示意图

3. 磨纹倾角

磨齿与磨盘半径之间的夹角，称磨纹倾角，一般在 $15°\sim20°$ 之间，倾角的方向和大小对浆料的流速有很大的影响。若磨盘的转动方向与齿纹倾角方向相反时，"泵出作用"增强，如图8-14所示，产量增加而打浆质量下降。反之，磨盘的转动方向与齿纹的倾斜方向相同，磨齿对浆料起着"拉入"作用。此时，浆流的速度减慢，在磨盘内停留的时间增加，有利于增强打浆作用，而产量下降。

4. 交叉角

转盘与定盘的齿纹是交叉排列的，交叉角越大，盘齿对纤维的剪切作用越小。当齿纹相互平行时，如图8-15所示，切断作用最强，帚化能力最差。反之，当转盘与定盘的齿纹相互垂直时，切断作用最小，而摩擦作用、帚化能力最强，对纤维的撕裂和帚化能力最大，生产能力却随之下降。

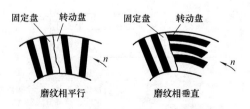

图 8-14　磨齿倾角方向的作用　　　　图 8-15　转盘与定盘磨纹的相互位置

5. 挡坝

为了延长浆料在磨盘内的停留时间，防止浆料顺齿沟直通外排出，在磨盘上设有挡坝或称封闭圈，能有效地防止浆料"短路"，消除生浆片或纤维束，提高打浆的均匀度。挡坝有多种形式，如弧形封闭圈、周边封闭圈、多层同心圆封闭圈、凹袋式挡坝、条状宽边封闭圈和粒状宽边封闭圈等。在国产 $\phi450$ 以下的中小型盘磨上，采用弧形封闭圈效果较好，$\phi600$ 以上的磨片，各磨区的挡坝应该有所不同。图 8-9 中可以看到磨片中的挡坝。

6. 磨片材质

磨盘是盘磨机的关键部件，其工作条件决定了它的材质不仅要耐磨蚀，而且还要有较高的韧性。磨齿材料有金属和非金属两大类：金属材料是制造磨片的主要材料，主要为镍硬铸铁、高铬白口铁和不锈钢等。这些材料均具有良好的机械强度，由它们制成的磨齿比较薄，一般为 3～8mm，并且还可以采用表面处理工艺提高磨齿的耐磨性，延长使用寿命。由于金属制成的磨齿薄，可以在较大的比刀缘负荷下强烈切断棉、麻及针叶木等长纤维浆，是游离打浆最适合的磨齿材料。如适当增加磨齿厚度，磨齿的磨浆面积增加了，可磨出质量较好的半黏状浆，但因金属齿面光滑，加上水的润滑作用，齿面与纤维间的摩擦力小、齿面对纤维的摩擦效率低，不易使纤维表面分丝帚化，浆料打浆度上升慢、能耗增加、浆温升高，盘磨机的生产能力下降。因此，金属材质的磨盘不宜用于磨黏状浆。

非金属材质主要有硬度较高的天然石、人造石、陶瓷及高强橡胶等。与金属材料相比，大多数非金属制作的磨盘齿面粗糙、孔隙多且均匀。当纤维在磨齿间受压移动时，其中部分纤维被压进齿面的孔隙中，受到孔隙边缘的撕裂和压溃，加速了纤维外壁的破坏和细纤维化，增加了纤维的表面积，磨浆时打浆度上升快、纤维切断少，所生产的纸强度好。如果用来生产强度要求高、吸收性和变形要求不高的纸张，不管是长纤维还是短纤维，均可用非金属磨盘处理浆料，以达到高产、优质、低能耗和噪声小的目的。但是，非金属材质盘磨的强度一盘较差，磨损快，寿命低；经受不了高压和高温，否则容易"爆刀"，盘磨碎裂；磨盘直径也不可能很大。

二、大锥度锥形磨浆机

大锥度磨浆机如图 8-16 及图 8-17 所示，其结构特点是锥度大（60°～70°），转子短，牢固结实，圆锥体大端直径是小端直径的 2～3 倍，圆周线速度随着圆锥体直径的增加而呈直线递增约 2～3 倍。大锥度磨浆机的打浆效果与其转子及定子齿型有很大的关系，齿型对打浆效果的影响与盘磨机的齿型对打浆效果的影响情况相似。

实际生产显示，大锥度磨浆机与盘磨比较，锥形磨浆机和盘磨均有较长的精磨区，浆料在磨区内均有较长的停留时间；盘磨对纤维的切断和产生的碎片比锥形磨浆机多；磨浆比

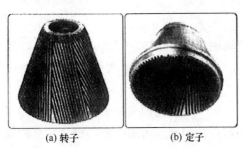

(a) 转子　　　　　　(b) 定子

图 8-16　大锥度磨浆机转子及定子

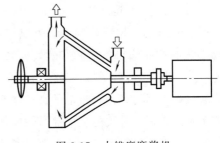

图 8-17　大锥度磨浆机

压、能耗相同时，盘磨磨浆的游离度比锥形磨浆机下降得快；锥形磨浆机打浆后的成纸和盘磨相比，有较好的抗张强度和韧性；在纸张强度相同的情况下，锥形磨浆机的能耗低于盘磨机；当串联安装使用，锥形磨浆机比盘磨更为稳定。

三、双向流式圆柱形磨浆机

1. 工作原理与基本结构

圆柱形磨浆机的离心力作用方向和纤维悬浮液流动方向成直角，能将纤维悬浮液甩到定子齿面上。输送纤维悬浮液通过磨浆区时被离心分离而脱水，脱出的水填充了定子的齿槽；同时，纤维悬浮液保留在磨浆机磨齿表面，并被浓缩；在磨区通过对浆料的连续加速，从齿槽中压出的水和浆料在高频率下重新混合，使磨后浆获得了正面效应——柔软性提高。浓缩作用使磨盘表面有大量的纤维，使得转子磨齿碰撞纤维几率增大，使纤维之间的摩擦局部增强；较厚的纤维垫可以支撑较大的负荷，也即可以较高的单位边缘负荷运行；在相同工艺条件下磨浆间隙相对盘式和锥形磨浆机较大。这说明圆柱形磨浆机在磨浆质量上有优势。

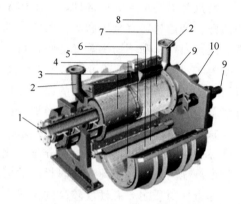

图 8-18　双向流式圆柱形磨浆机
1—空心主轴进浆管　2—出浆管　3,8—转子外表齿
4,7—定子内表齿　5,6—转子、定子中间给浆槽
9—磨浆间隙调节装置　10—传动主轴

由于单向流式圆柱磨浆机必须依靠纸浆出口的压差和飞刀辊两端推浆叶轮来使纸浆进出磨浆区域，使得轴向受力较大；双向流式圆柱形磨浆机就没有这种缺点，如图 8-18 所示。

双向流式圆柱形磨浆机是由主轴（一半为空心主轴，提供进浆通道；另一半为实心主轴连接传动电机）、进浆口、出浆口、定子、转子、间隙调节装置等构成。空心圆柱形的定子包络着转子，上部为 2 个出浆口；空心圆柱形的定子和圆柱形转子以孔盘区出浆口为界，被分成左右两个区，其两个区的齿纹与母线夹角倾斜方向相反，如图 8-19，有利于由中间进入磨区的纸浆分别向两侧流动。

基本工作原理：利用纸浆进浆压力从主轴的空心段一侧进浆口供料至圆柱转子中部的孔盘区；利用孔盘区产生的离心力和纸浆进浆压力使纸浆经过孔盘区出浆槽口，均匀地输送到磨浆区的左右两个区域；在圆柱式的两个反向流动的磨浆区进行充分的研磨，最后成浆分别从上部左右 2 个出料口出浆，进入后续工段。通过小电动机驱动定子、转子磨齿间隙调节装置，从而调节磨浆区中的磨盘间隙。

2. 磨浆间隙调节装置

通过调节动、定磨齿间隙，在转子和定子磨齿间施加一定的正压力，得到了磨浆过程所必需的有效缘角负荷和有效表面负荷。图 8-20 为双流式圆柱形磨浆机磨浆间隙调节装置。

磨浆机是通过径向调节定子来控制磨浆间隙的。定子的径向调节是通过两斜面的相互作用来实现的。调节装置的上半部沿轴向运动，利用斜面的相互作用来带动与定子相连的调节装置的下半部沿径向运动，从而调节磨片的间隙。

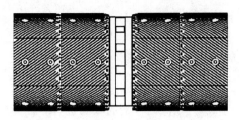

图 8-19 双向流式圆柱形磨浆机转子

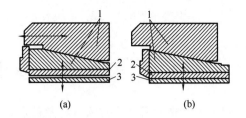

图 8-20 双向流式圆柱形磨浆机间隙调节示意图

（a）打开 （b）关闭（即达到磨浆位置）

1—调节装置 2—定子 3—转子

主要参考文献

［1］ 河北海. 造纸原理与工程 ［M］. 北京：中国轻工业出版社，2010.

［2］ 陈克复. 制浆造纸机械与设备（下）（第三版）［M］. 北京：中国轻工业出版社，2011.

［3］ 张美云. 造纸技术 ［M］. 北京：中国轻工业出版社，2014.

［4］ 沙力争. 造纸技术实用教程 ［M］. 北京：中国轻工业出版社，2017.

第九章 造纸辅料及其应用

纸张的抄造过程中需加入一些辅助性物料，一方面是为了保证抄造的顺利进行，提高生产效率，改善纸机的运行性能；另一方面是为了提高成纸的质量，使纸张获得一些特殊性能。所加入的这些抄纸的辅助性助剂，前者称为过程性造纸助剂；后者称为功能性助剂。常用的造纸辅料见表9-1。实际应用时，各种辅料选用、辅料的处理、添加的位置、添加量和生产的纸的品种、所用的浆料及造纸设备有关。

表 9-1　常用造纸辅料的类型及主要品种

类　　型	主　要　品　种
浆内施胶剂	分散松香胶、AKD、ASA
表面施胶剂	改性淀粉、SAE、SMA、AKD、聚乙烯醇、动物胶、藻酸钠
填料	重质碳酸钙(GCC)、轻质碳酸钙(PCC)、二氧化钛、滑石粉、高岭土
助留、助滤剂	聚丙烯酰胺(CPAM)、聚乙烯亚胺(PEI)、阳离子淀粉、阳离子瓜尔胶
干强剂	淀粉及各种变性接枝淀粉、聚丙烯酰胺、聚酰胺
湿强剂	三聚氰胺甲醛树脂、双醛淀粉、聚乙烯亚胺、聚酰胺-环氧氯丙烷
浆内消泡剂	聚醚类、脂肪酸酯类、有机硅类
柔软剂	高碳醇、改性羊毛酯、高分子蜡、有机硅高分子
分散剂	聚氧化乙烯(PEO)、聚丙烯酰胺(PAM)、海藻酸钠
色料	颜料(有机和无机)和染料(酸性、碱性、直接、活性染料)
其他	荧光增白剂,树脂控制剂、阳离子固着剂(阴离子垃圾捕捉剂)

第一节　施　　胶

纸张是由纤维交织而成，由于植物具有亲水性以及纸页结构的多孔性，一般纸张很容易为水性液体所润湿和浸透，为了使纸张具有抗水性或别的一些特性，通常在抄纸过程中对纸幅要进行施胶，所用的添加剂叫施胶剂。

施胶的方法有内部施胶（浆内施胶）、表面施胶和双重施胶三种。内部施胶也称为浆内施胶，在纸或纸板的抄造过程中，将施胶剂加入纤维水悬浮液，混合均匀后再沉淀到纤维表面；表面施胶，是纸页形成后在半干或干燥后的纸页或纸板的表面均匀涂上胶料；双重施胶则是在浆内及纸面进行施胶。

一、浆内施胶

现在生产上流行使用的浆内施胶剂主要有烷基烯酮二聚体（AKD）、烯基琥珀酸酐（ASA）和阳离子分散松香胶。

（一）松香施胶剂

1. 松香及松香胶施胶机理

松香是一种大分子有机酸，是从松树等针叶木中提取的黄色至棕色固体。

松香中 87%～90% 是树脂酸的混合物，其他成分包括约 10% 的中性物质和少量的

（3%～5%）脂肪酸。树脂酸的分子式为 $C_{19}H_{29}COOH$，相对分子质量为 302.04，典型的树脂酸为松脂酸和海松酸，其结构式如图 9-1 所示。

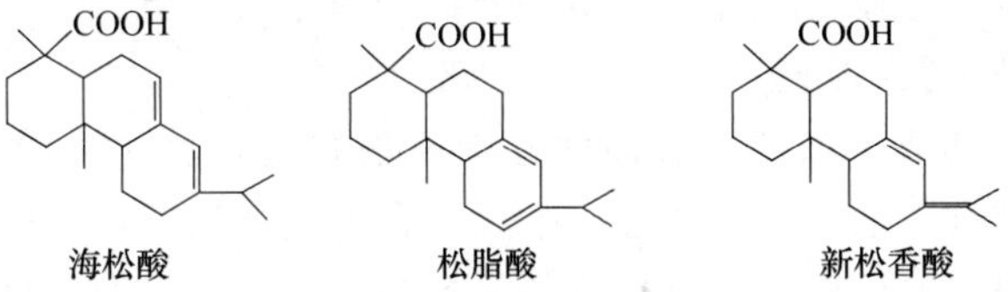

海松酸　　　　　　松脂酸　　　　　　新松香酸

图 9-1　树脂酸的结构式

松香的主要成分树脂酸中包括由碳氢元素组成的三元环和一个极性羧基，是一种典型的两性分子，其中非极性部分赋予纤维疏水性能，而极性羧基通过水合铝离子的架桥作用将松香分子固定在纤维上，并且使分子的疏水部分定向朝外，这是松香分子作为浆内施胶剂的基本作用原理。

作为浆内施胶剂，先要将松香制备成松香胶乳液，这有两种制备方式：一种是通过皂化反应，将松香制备成皂化松香乳液。通过控制碱（NaOH 或 Na_2CO_3）的用量，可做成完全皂化（褐色松香胶）和部分皂化（白色松香胶）。白色松香胶中游离松香含量为 20%～40%。另一种松香乳液的制备方法是采用乳化剂乳化的方法，在松香熔融的状态下或与水、乳化剂一起在高温、高压下，进行乳化，得到分散松香胶乳液。

松香胶施胶效应最后取得是在干燥过程中完成的，如图 9-2 所示。松香胶料是两性分子，松香（R—COOH）中的羧基（—COOH）是一个极性基，具有亲水性，而R—基（$C_{19}H_{29}$—）为非极性基，是疏水基团，松香胶沉淀物定着到纤维表面之后，只有发生内取向，使非极性的疏水基团朝外形成定向的规则排列，才能降低纸面的自由能，取得抗液性施胶效果。但干燥前由于水的存在，水是一种极性较强的物质，有可能使松香胶的内取向发生逆转，因而定着在纤维表面上的松香粒子是处于无规则地排列状态，

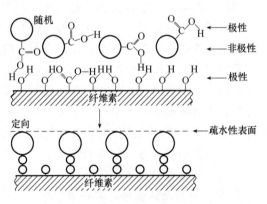

图 9-2　松香胶偶极分子取向示意图

但由于松香胶沉淀物中带有铝离子，有助于胶料的极性部分更好地固着在纤维上，加上干燥过程中水分的不断蒸发，从而防止或阻滞胶料极性基团取向的逆转。另外，干燥过程胶料沉淀物的羟联反应以及熔融和软化作用都可使疏水基团得到更好的排列，使非极性基团向外，而极性基团埋入纸页中，从而使纸面自由能降低，获得抗液性能。

2. 阳离子分散松香胶

因制造方法不同，松香胶分皂化松香胶和分散松香胶。前者用于酸性条件下的造纸系统，施胶效率低，目前基本被淘汰。分散松香胶中游离松香含量在 75% 以上甚至 100%，可在弱酸或偏中性的造纸系统中使用，施胶效率高，成为现代造纸系统的一种浆内施胶剂，主要用于食品包装纸的施胶。

（1）阳离子分散松香胶的特性

阳离子分散松香胶是一种带有正电荷的高分散松香胶。该产品外观为白色乳液，固含量

为 35% 左右，基本上均为游离松香，粒径为 $0.2\sim0.5\mu m$，可用水任意稀释，机械稳定性良好。由于阳离子分散松香胶自身的正电荷能自行留着于纤维表面上，所以有较高的留着率。施胶剂用量、硫酸铝用量也显著下降，且不会与钙镁等金属离子产生结垢或生成沉淀物。

（2）阳离子分散松香胶的制备

阳离子分散松香胶是通过阳离子表面活性剂对松香进行乳化，或辅以高分子阳离子化剂，使胶乳微粒表面带有正电荷，即通过对熔融松香进行乳化制备而成。自身阳离子化松香胶是利用松香分子中羧基的反应或通过松香与不饱和阳离子单体的共聚在松香分子上引入阳离子基以实现阳离子化，即把游离松香制备成带有正电荷的表面活性剂。

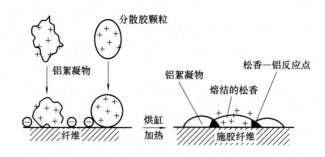

图 9-3　阳离子分散松香胶的施胶机理

（3）阳离子分散松香胶的施胶机理

阳离子分散松香胶自身或乳液颗粒带有中等电荷密度（Zeta 电位为 20mV），属弱电性，虽然可依靠静电引力自行留着在纤维表面，但是由于静电引力比较弱，仍需加入少量的阳离子型助留剂才能获得松香粒子的良好留着。当吸附带有阳电荷的松香粒子的湿纸幅进入纸机干燥部时，由于游离松香酸有较低的熔化温度，松香粒子比较容易软化，并和纤维上的铝离子反应，继而将松香粒子定位，使疏水基转向纤维外侧，亲水基与纤维牢固结合，形成一层良好的疏水层，实现施胶作用。如图 9-3 所示。

（4）皂化松香胶与分散松香胶（阳离子分散松香胶）的比较

作为分散松香胶，具有以下特点：

① 由大量分散的微细游离松香组成，与矾土反应缓慢，通过络合反应，生成松香酸铝；

② 与皂化松香虽都是松香系施胶剂，但分散松香胶的施胶效果要比皂化松香胶强得多，甚至是强化松香胶的两倍，即达到相同施胶度时，松香用量可节约 50%；

③ 可适当提高干燥温度，胶粒絮凝较少；

④ 施胶时可少用或不用硫酸铝而采用阳离子树脂作为定着剂，在 pH 6～7 的弱酸性或中性条件下进行施胶，对采用碳酸钙填料的场合及对提高纸浆的抗老化性能和减少造纸设备的腐蚀等均是有益的。对抗硬水施胶和抗夏季施胶障碍也优于皂化胶；

⑤ 可较均匀地分布在纤维上，对纸强度的影响较小；

⑥ 可逆向施胶；

⑦假中性施胶。

（二）合成施胶剂施胶

合成施胶剂与松香施胶剂的主要差别在于胶料定着在纤维上的化学性质不同，松香胶和纤维结合是靠水合铝离子和极性力的络合作用；而合成胶存在着反应基，反应基与纤维之间直接形成共价键结合，不需要沉淀剂，但合成胶与纤维共价键反应是相当缓慢的，需要一段熟化时间。合成施胶剂能与纤维素直接构成化学键结合，因此也叫作反应型施胶剂。这类施胶剂常用的用 ADK 和 ASA，其结构特点是由与纤维素反应的活性基团和疏水基团构成；反应基团能与纤维素反应生成酮酯，而拥有的长碳链具有憎液性官能团，从而起施胶作用。

1. 烷基烯酮二聚体（AKD）

（1）AKD 的结构特点

AKD 是一种不饱和内酯，溶点为 40～50℃，外观为蜡状固体，在 65.5℃以上极易水解生成酮，应在低温下保存，不宜长期存放。AKD 不溶于水，使用前以阳离子淀粉及表面活性剂乳化，加入胶体保护剂，在常温下可贮存一至数月。

AKD 结构式如下：

$$R-\overset{\overset{\displaystyle H}{|}}{C}=\overset{}{C}-\overset{\overset{\displaystyle H}{|}}{C}-R$$
$$\underset{O-C=O}{}$$

式中 R 代表烷基。AKD 分子上含有两种基团，一是疏水基团，是两个含有 12～20 个碳原子的长链烷基，赋予 AKD 分子良好的疏水能力，适用于作抄纸施胶剂的十四烷基和十六烷基；另外一种是反应活性基团，就烯酮二聚形成的内酯环，赋予 AKD 分子与纤维素分子上的羟基结合的反应活性。

（2）AKD 胶乳的制备

AKD 不溶于水，在使用前，必须先进行乳化方可用于纸浆内部施胶，乳化方法是先把AKD 加热，搅拌加入阳离子淀粉稳定剂和少量表面活性剂，有时也加入少量促进剂（低相对分子质量高电荷密度的阳离子聚合物）、杀菌剂和消泡剂等。充分搅拌送入高压均质机处理即可得到高度分散的水包油性 AKD 乳液。

（3）AKD 的施胶机理

AKD 分子通过静电吸引留在纸幅中，其吸附作用可由阳离子淀粉乳化产生或添加其他助留剂实现。AKD 进入干燥后受热熔化，在纤维表面扩展，分子中反应活性基团朝向纤维，疏水基团向外，朝向纤维的反应基与纤维素的羟基发生不可逆的酯化反应，形成共价键结合，在纤维表面形成一层稳定的疏水薄膜，从而赋予纸张相应的抗水性能，AKD 与纤维素反应式如图 9-4 所示。其反应历程如图 9-5 所示。

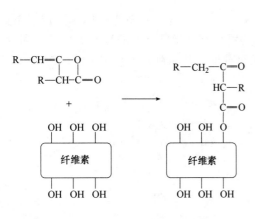

图 9-4　AKD 与纤维素的反应式

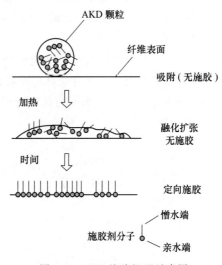

图 9-5　AKD 施胶机理示意图

（4）AKD 的施胶特点

AKD 是反应型施胶剂，可以用于浆内施胶也可用于表面施胶。AKD 可以 pH 6～9 下施胶，即可以在中碱性条件下进行施胶，因此，AKD 施胶最大特点是可以采用 $CaCO_3$ 作为纸张的填料，使纸张的白度、不透明度、耐折度、表面强度、耐久性能和印刷性能均有明显地提高，且纸张的脆性明显降低。AKD 施胶可以有效控制纸板的边缘渗透，所以液体包装纸往往用其施胶。但 AKD 施胶时胶粒与纤维熟化作用较为缓慢，通常成纸下机后两周左右时间才能完成熟化，通过使用施胶增效剂可适当提高 AKD 的熟化程度。AKD 在水中不稳定，在 65.5℃以上时极易水解生成酮而丧失施胶效果，因此胶液应保持在较低的温度下，通常在 20℃以下进行 AKD 乳液的贮存和运输，但是在冬季时应避免冷冻。为减少 AKD 发生水解，其加入点应靠近纸机上网处。AKD 乳液的浓度约 35%，浆内施胶时用量为纤维量的 0.2%左右。

2.烯基琥珀酸酐（ASA）

（1）ASA 的结构特点

ASA 是一种带黄色的油状产品，其化学结构通式如下。

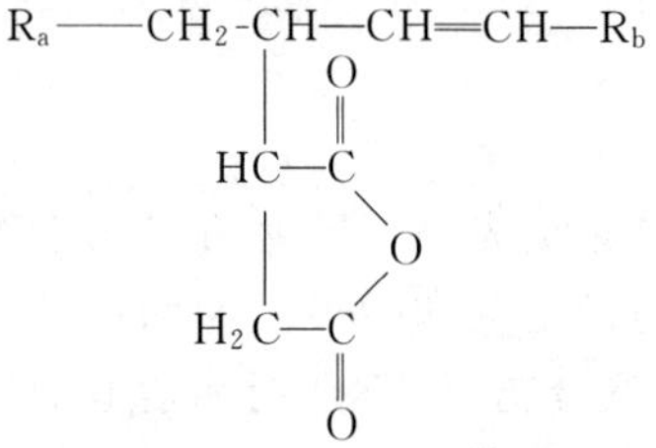

此物能贮存很长时间，但是必须防止水或潮湿。ASA 分子结构烯烃碳氢骨架和与之相边的琥珀酸酐，α-烯烃中的碳原子数通常为 14～20，一般来说，较长的链长和线性度能够产生更有效的 ASA 施胶度。如果线性烯烃中的碳原子数超过 20，ASA 在室温下将成为固体，不再适合乳化。ASA 不溶于水，乳化时加少量的活化剂，还需加入阳离子淀粉和合成阳离子聚合物作为稳定剂，以降低 ASA 水解的影响，必须在纸厂现场乳化并尽快使用。

ASA 也属于反应型中性施胶剂，近些年，由于其反应活性高，胶料的成本低，熟化速率快，被广泛用于高级纸和纸板的浆内施胶，尤其适用机内涂布的大型高速纸机的施胶。

（2）ASA 的施胶机理

ASA 分子结构中的酸酐是该施胶剂的活性基团，长链烯烃基是憎水基团。在抄纸条件下，ASA 分子中的酸酐具有很高的反应活性，能与纤维素和半纤维素的羟基反应形成酯键，使 ASA 分子定向排列，憎水的长链烯烃基指向纸页外面，从而赋予纸页抗水性。ASA 与纤维素发生如下反应，如图 9-6 所示。

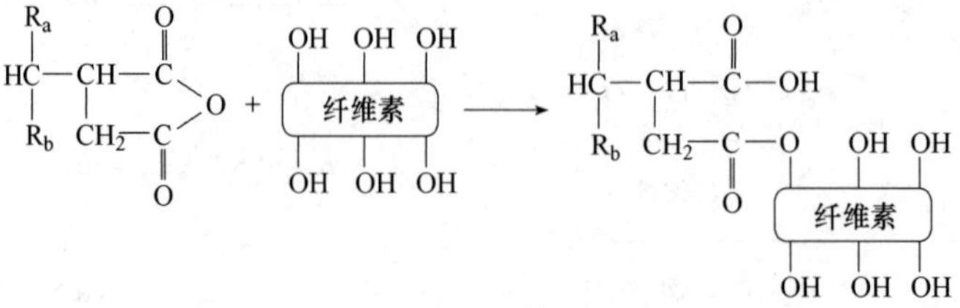

图 9-6　ASA 与纤维素的反应式

同时，ASA 也会发生水解，生成二羧酸，二羧酸再与浆料中的 Ca^{2+}、Mg^{2+} 等作用，生成带有黏性很强的二羧酸钙等，导致抄纸过程中黏压榨辊，引起湿纸幅断头，抄造困难。

（3）ASA 施胶特点

ASA 与纤维反应速度快，可在常温下与纤维形成稳定的结合而体现施胶效果，在常见纸机干燥条件下下机即可达到 90% 的施胶度，无须熟化。ASA 合成工艺简单，环境污染小，其常温下呈液态，乳化方便，并与硫酸铝相容性好，适用 pH 范围宽，施胶体系容易转换。

ASA 极易水解引起黏压榨辊、结垢等现象，需在纸厂现场乳化并立即用。

（4）影响 ASA 施胶的因素

① 浆种。浆种对 ASA 施胶的影响与 AKD 基本类似，其施胶效果：木浆＞草浆；阔叶木浆＞针叶木浆；化学浆＞机械浆。

② 细小纤维与填料。一般细小纤维与填料的比表面积较大，含量的提高会增加对 ASA 的需求，$CaCO_3$ 可作为浆料的 pH 缓冲剂，并能与 ASA 的水解物形成憎水性钙盐，有利于 ASA 施胶，但有可能形成黏状沉淀物。

③ pH。ASA 有效施胶 pH 的范围是 5～10，比 AKD 范围宽，pH 过高会加速 ASA 水解，不利于施胶。

④ 干燥温度。干燥温度大小对 ASA 施胶效果没有明显影响。

⑤ 施胶逆转。ASA 不易发生逆转，因为其活性高，纸页中只有少量的未反应胶料存在。但如果纸页中有较多未反应的 ASA，则会水解成二元酸，降低纸页的抗水性。

⑥ 加入点。由于填料具有较大的比表面积，更容易吸附 ASA 乳液颗粒，而吸附在填料上的 ASA 不能起到施胶的作用，因此要求 ASA 填料之前加入。

ASA 和 AKD 两种施胶剂施胶效果比较见表 9-2。

表 9-2　ASA 与 AKD 施胶性能比较

性　能	ASA	AKD
商品形态	油状物	乳液
反应速度	非常快	中等
水解物	引起沉淀、损失施胶效果	对施胶基本无害
使用 pH	5～10	6～9
熟化速率	无须熟化，施胶压榨前施胶度可达 90% 以上	须熟化，需要较长时间才能获得施胶度
施胶效率	适度抗水性，不抗酸性、碱性	中、高抗水性，抗酸/碱性
对成纸的影响	纸张不会打滑	纸张可能打滑，打包困难
使用方法	现场乳化，工艺要求高	计量添加、操作方便
施胶成本	较低	较高
其他	须乳化剂/助留剂，酸/中性系统容易转化	须助留剂，酸/中性系统转换困难

（5）ASA 的乳化质量及施胶时的用量

ASA 乳化颗粒粒径为 $0.25～3.00\mu m$，较理想有分布范围为 $0.25～1.5\mu m$，无明显水解、破乳现象；高级纸的用量为 0.075%～0.15%，纸和纸板的用量为 0.075%～0.5%。

相同条件下，由分散松香胶切换成 ASA 施胶表明：成纸的平滑度、表面强度明显提高，但由于添加了高分子助留剂，纸张灰分明显增加，而裂断长、耐折度有所降低；纸机运行正常，无抄造障碍；酸性施胶剂与中性 ASA 施胶剂可以共存，且能实现稳定的不停机切换。

二、表面施胶

纸页的表面施胶是指湿纸幅经干燥部脱除水分至定值后（纸幅的水分含量一般为12%），在纸页的表面均匀地涂覆适当胶料的工艺过程。一般涂布量在 $0.3\% \sim 2.0\%\,g/m^2$ 之间。

表面施胶后纸页的很多性能发生变化，不仅提高了纸页的抗液体渗透能力。这些纸页性能的变化，主要取决于表面施胶剂性能，可以说表面施胶的作用是多方面的，具体如下：

（1）提高纸和纸板的表面强度，改善纸幅的表面性能和印刷性能

表面施胶在纸面施涂一层胶料，由于胶料的黏合力和氢键作用，可以提高纸页的表面强度，减少纸页印刷时的掉毛掉粉现象。并且表面施胶还可以填平纸页表面的空隙，增加纸面的平滑度、吸墨性、耐久性和耐磨性等。提高纸页的表面强度和印刷性能是表面施胶最主要的目的和作用。

（2）改善纸页的外观、结构性质和吸收性

在纸面施涂一层胶料可以封闭纸页的空隙，改善纸页外观和手感性，使纸页更加细腻、光滑，降低纸页吸收性和透气性，减少空隙率。

（3）提高纸页抗拒液体的渗透能力

通过选用适当的胶料进行表面施胶，可以提高纸页憎水性和抗油性的施胶效果，提高憎液性能，提高施胶度。

（4）提高纸和纸板的物理强度

施涂的胶料可以提高纸页的物理强度，如耐折度、耐破度、抗张强度和挺度等。

（5）减少纸页两面性和变形性

大部分纸张需要经过表面施胶处理，特别是文化、印刷和包装类的纸和纸板。

（一）常用的表面施胶剂

表面施胶剂分天然和合成两大类。天然胶包括淀粉、动物胶（皮胶、骨胶）、干酪素、瓜尔胶、石蜡、纤维素衍生物等高分子施胶剂，其中以淀粉及其改性产品为代表；合成表面施胶剂有苯乙烯、丙烯酸、丙烯酸酯等。当前，通常是将天然的表面施胶剂和合成表面施胶剂共混后涂布于纸页表面。这其中，改性淀粉约占表面施胶剂总量的90%以上。

1. 氧化淀粉

天然淀粉用不同的氧化剂处理后便成为氧化淀粉，通常用次氯酸钠（NaClO）来氧化。次氯酸钠很容易分解出游离基形式的氧（即 O·），是一种很强的氧化剂。反应完成后，在悬浮液中留下氯化钠，通过用水洗涤淀粉加以除去。在氧化过程的第一阶段，葡萄糖残基上的羟基在低 pH 下氧化成醛基，再进一步增加 pH，形成羧基。

当然，不会将所有—OH 全部氧化，一般根据其用途决定其氧化程度。羧基使淀粉分子分开，致使直链淀粉不可能有天然淀粉那样多的退减。因此，氧化淀粉有较稳定的黏度，黏度下降是由于氧化剂将淀粉分子断裂成较短的链分子。

氧化淀粉可以单独使用，也可与聚乙烯醇或胶乳等复配后使用。

2. 酶转化淀粉

在适宜的条件下，在淀粉酶的作用下使得淀粉大分子链发生断裂、聚合度降低。造纸业通常使用 α-淀粉酶，其使用量仅为淀粉的千分之几，经济效益较好。淀粉的酶解工艺简单，价格低廉，黏度容易控制，生产过程无污染。

酶解淀粉黏度较低，流动性好，透明度较高，表面施胶时不仅容易吸附于纸面，而且易于向纸内渗透，提高纤维之间的结合力，改善纸页的表面强度。

酶转化淀粉由于价格较低，获得较多应用。可连续酶解，其过程如图 9-7。

可以单独用转化淀粉作为表面施胶剂，也可以与动物胶混合使用。

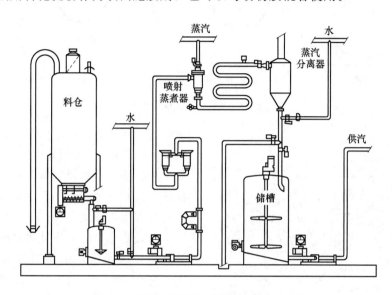

图 9-7 淀粉连续蒸煮（酶解）工艺流程图

3. 聚乙烯醇

聚乙烯醇能使纸张获得较强的抗油性能，其黏结力强。如与脲醛树脂或铬化合物（例如醋酸铬、重铬酸铜或钠）配用，又能提高憎水性能。用于表面施胶的聚乙烯醇应可溶于 $60\sim85℃$ 热水。聚乙烯醇具有优良的成膜性能，对纤维和填料有良好的黏结力，用于纸和纸板的表面处理时，它们的尺寸稳定性和表面强度可得到显著的改善。

4. 合成树脂类表面施胶剂

水溶性聚合物表面施胶剂主要是苯乙烯-马来酸酐共聚物（SMA 类）及苯乙烯-丙烯酸共聚物（SAA 类）的铵盐、钠盐或混合盐。SMA 与松香浆内施胶和淀粉表面施胶相比，SMA 可使纸的耐折度提高 $50\%\sim100\%$，抗张强度提高 $15\%\sim25\%$，耐破度提高 30%，撕裂度保持不变。

苯乙烯与丙烯酸酯单体通过乳液聚合制备的共聚物（SAE）通常是以胶乳形式使用，以 $5\%\sim10\%$ 的质量比例，配入到改性淀粉表面施胶中，可取得较好的表面施胶效果。

（二）表面施胶方法

1. 传统的施胶压榨装置类型

传统的施胶压榨结构中，主要是用胶料液灌淌压区入口，如图 9-8，使纸页吸附若干胶料液，剩余部分在压区被除去。通常按布置形式可分为直立式、水平式或倾斜式。

水平式施胶压榨布置，由于纸页两边的胶料池深度一样，解决了不等量吸附的问题；直立式结构最有利于运行，但压区中纸页两边胶料池的深度不等；倾斜式施胶压榨是折中的方案，它避免了水平压榨时纸页垂直运行所带来的运纸麻烦。

传统施胶压榨的局限性：

在较高车速时，传统施胶压榨的胶料池开始从移动的纸幅和辊子表面吸取动能。随着纸

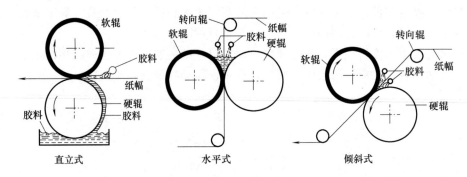

图 9-8　传统不同形式的施胶压榨

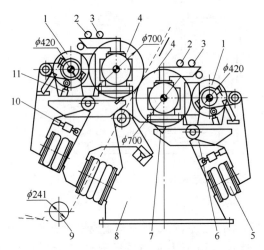

图 9-9　膜转移施胶机的结构

1—计量辊　2—上胶管　3—喷水管　4—转移辊
5—加压气胎　6—接胶盘　7—边缘刮刀　8—机架
9—弧形辊　10—机械限位装置　11—调整装置

页快速地移向压区，压区压力使多余的胶液以更大的作用力往回和（或）往上流动。最终水力作用大，致使胶液击破池面并溅出压区外。这种料池扰动的后果是纸机横向的固形物吸移量很不均匀。

在较高车速时，还使更多的胶液量留在施胶压榨压区出口纸张与各辊之间的表面上，随着纸页离开压区，各胶液膜不均匀地开裂成两层，一部分留在纸上，一部分留在辊上。结果又使固形物的吸移量不均。

传统施胶压榨的另一个问题是，两个辊的速度配合在高车速时变得更为严重。很小的速度差就可使纸张表面有印痕并增加断纸。

2. 现代表面施胶——膜转移施胶

膜转移施胶机的主要结构如图 9-9 所示。主要由机架、计量辊、转移辊、上胶及接胶装置、加压及限位装置、边缘刮刀、喷淋清洗装置等组成。

首先通过计量辊的计量，在转移辊的表面涂上一层均匀的胶料薄膜，随后再在转移压区中移到纸幅上。该方法可保证良好的运行性能，良好的施涂精度和操作安全性。

上胶量的计量可以通过流体动力装置即刮刀，将多余胶料刮去，如图 9-10 所示。也可采用具有独特的沟槽计量方式，其施胶量的调节可通过更换缠绕不同直径钢丝辊、调节涂料的固含量、辊间压力和速比调节等方法实现，如图 9-11。高质量的辊筒制造精度保证了纸页施胶质量；采用独用的挠度补偿机构来弥补计量辊和转移辊之间压力调节的变化，即使涂布量很低时，也可保证良好的遮盖性和匀度。

并且，膜转移施胶机可实现高固含量施胶，胶液浓度可达 16%～20%，比普通施胶压榨高 1 倍，相同的施胶量使干燥部的蒸汽消耗可减少一半，并可实现较高车速下稳定运行且保证施胶量横幅一致。膜转移施胶纸幅的干燥负荷大大下降。如图 9-12 所示。

（三）影响表面施胶的主要因素

影响表面施胶的主要因素有纸页的特性及其干度、胶液组分、胶液的浓度、施胶温度、

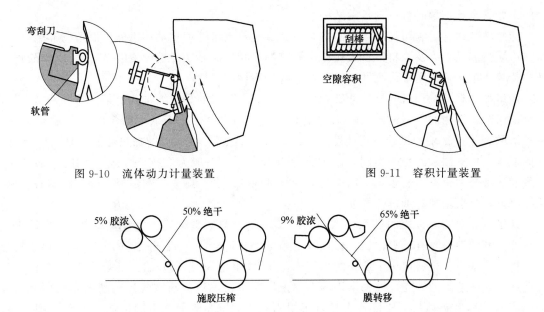

图 9-10　流体动力计量装置　　　　　图 9-11　容积计量装置

图 9-12　施胶压榨和膜转移表面施胶干燥负荷效果比较

施胶方式、施胶压力等。

1. 纸页的特性及其干度

纸页的特性包括纤维的组成，原纸的结构特性、定量和紧度等。纸页定量大容易吸收胶液，紧度高则不易吸收胶液。吸收胶液是表面施胶的重要过程。而进入施胶部的纸页干度对表面施胶效果和施胶工艺的正常进行具有更加重要的意义。纸页干度高，原纸易于吸收胶液。原纸的水分太高，不但不利于吸收胶液，反而因纸页强度不足，易造成断头。

2. 胶液的组成

胶液的成分不同取决于表面施胶的主要目的。对于提高表面强度为目的的表面施胶，则应选用如聚乙烯醇、淀粉、合成胶乳类的表面施胶剂。对于改变纸页抗拒性能的表面施胶，则应选用比表面积较低的胶料。对于需要多重目的的表面施胶，则需要选用多种胶料复配的表面施胶剂。

3. 胶液的浓度

胶液的浓度取决于施胶量和施胶装置的要求。施胶量大的表面施胶，需要相对高的胶液浓度，反之则应降低胶液的浓度。当然，胶液的浓度应该与施胶设备的特征要求相适应。

4. 施胶的温度

施胶的温度高则流动性好，温度太低则胶液易于凝结产生流送障碍。胶液的温度高也有利于胶液向纸页内部渗透转移。

5. 施胶的压力

施胶时胶辊的压力应根据施胶量和纸页的性质要求来设定。压力高，胶液进入纸页的量相对来说就少。当然，压力大小还取决于设备要求。

第二节　加　　填

加填就是在纸料的纤维悬浮液中加入不溶于水或微溶于水的白色矿物质微细颜料，使制得的纸张具有不加填时难以具备的某些性质。

造纸填料通常是利用高品质天然矿物直接经过机械研磨和化学加工处理制造的非金属的粉体或浆料制品，以及原料来自天然非金属矿物经化学合成方法生产的产品如轻质碳酸钙、钛白粉等，也包括采用现代改性技术制造的各种高性能填覆产品。

造纸加填料的最初目的是降低纸的成本，现在主要目的是使纸张获得某些特殊性质。填料有助于改善纸张的下列性质：a. 通过填充纸页中的空隙，提高纸页的匀度；b. 提供一个更平滑的表面；c. 增加纸的不透明度和白度；d. 增加适印性；e. 增加尺寸稳定性；f. 降低纸的成本。根据添加的目的不同，添加量也有所不同，一般为20％～40％。同时，加填对纸张和造纸过程也有不利影响。加填会减少纤维间的结合，造成纸的强度下降，印刷时易掉毛掉粉，同时会增加对纸机的磨蚀。

造纸工业目前最常用的三大类填料是：碳酸钙（研磨碳酸钙、沉淀碳酸钙）、高岭土、滑石粉。其他填料还有二氧化钛、硫化锌、硫酸钙、硅藻土、硫酸钡，另外还有硅铝酸盐、硅酸钙，一些有机填料也用于纸张的生产中。从20世纪80年代开始，造纸工业经历着从酸法造纸向碱法造纸的转变，过去常用的高岭土和滑石粉填料逐渐被各种碳酸钙填料所替代，2002年国内碳酸钙填料消耗量首次超过了滑石粉。表9-3所示是不同造纸系统和所用填料等的主要差别。

表 9-3　酸、碱性造纸系统及所用填料等

项　　目	酸性造纸	碱性造纸
施胶化学品	松香、矾土	AKD,ASA
填料	高岭土,皂土,二氧化钛,滑石粉	高岭土,皂土,二氧化钛,GCC,PCC
助留剂	阳离子型	阴离子型/阳离子型
pH 值	4.0～5.0	7.0～9.0
电化学(ζ 电位)	-15～25mV	-10mV 至中性

（一）填料的性质

填料的折射率、颗粒形态、粒径及其分布、比表面积、颗粒电荷、pH、溶解性和磨蚀性是重要的性质，它们对纸张的不透明度和物理性质有很大影响。

1. 折射率

折射率是由填料的化学成分和分子结构所决定的一项基本性质。原子结构对光散射性（不透明度）有直接影响。这是因为光进入填料后在其内部发生多次折射而不是直接透过。填料的折射率越大，折射光的数量越多，使纸张的不透明度越高。

2. 颗粒形态

颗粒的形态是填料的一种重要性质。它影响光散射方式，从而影响纸中填料的光学特性。据研究发现，各种沉淀$CaCO_3$的形态不同，其光散射能力不同。棱柱形和菱形晶胞分别形成桶形和立方体形的固体颗粒，偏三角形晶胞形成具有许多微孔颗粒，是这些微孔的尺寸而不是颗粒的尺寸使散射光达到最大。因此，不同形状的颗粒，其光散射的最佳值不同。据预测，最大的散射光是球形颗粒，在粒径为1/2波长或其直径为0.20～$0.30\mu m$时获得，在这个范围以外，光散射效率下降，但这仅对球形颗粒（如塑料填料、TiO_2及某些球形碳酸钙）有效，非球形颗粒填料（如高岭土、滑石粉和某些PCC）并不遵循这一规律。

颗粒形状一般与填料类型直接相关，TiO_2、硅石和塑料填料一般形成球形颗粒，PCC的颗粒形状由其生产过程控制，有四种基本晶胞形式：a. 针形的棒状晶体或针形的文石晶

体；b. 菱形或立方形的方解石晶体；c. 偏三角形方解石晶体；d. 棱柱形或桶形的方解石晶体，研磨 $CaCO_3$ 形状不规则。高岭土和滑石粉由于其晶体结构呈扁平状。

3. 粒径及其分布

填料的粒径大小、粒径分布及填料粒子的聚集程度强烈地影响着填料的光学性质。研究发现，当填料粒径范围较窄，特别是填料在纸张中均匀分布时，有助于提高光散射率。理论上，高反射系数的球形粒子粒径为 $0.2\sim0.3\mu m$（相当于 $1/2$ 波长）时发生最大光散射；低反射系数的填料粒径更大（$0.4\sim0.5\mu m$）时发生最大光散射。但实际填料粒子很少为球形。另据研究发现，扁平状的颗粒如高岭土，最大不透明度在其球形直径为 $0.70\sim1.50\mu m$ 时获得，棱柱形的沉淀 $CaCO_3$ 在其直径为 $0.40\sim0.50\mu m$，偏三角形在其当量直径为 $0.90\sim1.5\mu m$ 时分别达到最大光散射。同时必须说明的是，以最佳粒径为中心的粒径分布范围越窄时，越有利于增加纸的不透明度。在纸厂中，使用助留剂有助于填料在纸中的留着，但同时会引起填料聚集。

填料聚集可通过使用恰当的湿部添加剂（尤其是助留剂和淀粉）、优化填料的添加方法和添加顺序来控制，某些填料更容易形成聚集体。合成的硅石和硅酸盐填料可通过沉淀法制得粒径为 $0.02\mu m$ 的分散颗粒，但其聚集体尺寸可达 $1.0\sim40\mu m$，TiO_2 容易聚集，因而必须小心处理，以保证其留着在纸页中的颗粒直径在 $0.20\sim0.30\mu m$ 的最佳粒径范围内。煅烧的高岭土是通过煅烧或熔融小的高岭土颗粒形成大的聚集体颗粒。

4. 比表面积

颗粒粒径、粒径分布及颗粒形状都对比表面积有直接影响。颗粒的比表面积影响光散射，也影响纸张强度和印刷性能。通常比表面积高的填料会增加纸页的适印性，但会削弱纸页的强度，增加施胶的难度，这主要是由于加填后影响纸张中纤维与纤维间的结合，并干扰造纸湿部化学。

5. 颗粒电荷

填料颗粒表面电荷在填料分散中起重要作用。影响填料状态的非水力作用力有三种：范德华力（常为引力）、静电力、空间阻力。这三种力随颗粒间的距离变化而变化。它们之间的平衡决定了填料粒子是呈悬浮状态还是絮聚，ζ 电位是表示胶体颗粒间静电力的一种方法，一般填料的 ζ 电位为 $-30\sim30mV$ 之间。影响 ζ 电位的因素有 pH、无机盐、分散剂、聚合电解质如助留剂和助滤剂。

6. 溶解性

天然黏土型填料的溶解性极为有限，大约为 0.1%，且不受 pH 的影响，滑石粉中由于存在部分可溶的菱镁矿（$3\%\sim4\%$），使其在酸性条件下的溶解度略高一些。$CaCO_3$ 在酸性条件下会部分溶解，随温度的增高，其溶解度降低。溶有 $CaCO_3$ 的纯水 pH 为 $8.4\sim9.9$，主要是由 CO_2 的溶解度决定的。在纯水中，$CaCO_3$ 溶解度很小，仅为 $25mg/L$，而在含有 CO_2 的水中，$CaCO_3$ 的溶解度可达 $1500mg/L$，若 pH 下降到 $6.5\sim7.0$，会极大地提高其溶解度。

7. pH

填料泥浆的 pH 与其表面基团和可溶成分有关，黏土的泥浆呈微酸性，pH $4.5\sim5.0$，滑石粉和 $CaCO_3$ 泥浆呈碱性。

8. 磨蚀性

磨蚀性是填料的一项重要指标，高磨蚀性的填料会对纸机网部和印刷版造成过多的磨损，填料的磨蚀性主要是由两个因素引起的：晶体的性质或填料的硬度（原子间结合强度、空间排列和杂质等），填料的物理性质（粒径、粒径分布、形状、表面积等）。少量杂质，如硅石和石英是造成磨蚀的主要原因。同种结晶形式时，大颗粒填料的磨蚀性高。

（二）填料和种类

造纸填料可分为无机填料和有机高分子填料两大类：

① 无机填料：滑石粉、高岭土、硅藻土、生石膏、熟石膏、重晶石、白垩、沉淀碳酸钙、钙镁白、亚硫酸钙、碳酸镁、硫酸钡粉、沉淀硫酸钙、二氧化钛、锌白、钛钙白、锌钡白、加钛锌钡白、沉淀硅酸盐、硅酸铝等。

② 有机高分子填料：高细度聚乙烯粉、脲醛树脂粉等。

常用造纸填料的特性见表 9-4。

表 9-4　常用填料的特性

填料种类	化学组成（近似值）	密度 /(g/cm³)	粒度 /μm	折光率	散射系数 /100sp	亮度 /%	颗粒形状
滑石粉	30.6%MgO, 62%SiO₂	2.70	0.25～5.0	1.57	—	96.8	片状
瓷土	39%Al₂O₃, 45%SiO₂	2.58	0.5～10.0	1.58	9.5～11.5	82.0	片状
重质碳酸钙	96%CaCO₃	2.65	0.10～2.50	1.650	17～24	98	圆形
沉淀碳酸钙	98.6CaCO₃	2.65	0.10～0.35	1.685	28～36	98.9	菱形
二氧化钛	98%TiO₂	3.90	0.15～0.30	2.550	43～51	95.1	球形
金红石钛白	90%～95%TiO₂	4.20	0.15～0.30	2.700	54～68	96.0	球形

（三）填料的选用

生产一种纸张选用何种填料是根据纸张的质量要求与用途而定的，同时要考虑生产成本与经济效益。填料的选择一般遵循以下规则：颗粒细而匀，纯度高，以增加覆盖能力和填料留着率；白度高、亮度大、无杂质、有光泽；相对密度大；不易溶于水；折光率较高，散射系数较大，以提高纸张的不透明度；化学性能稳定，不易受酸碱作用，不易产生氧化和还原作用；资源丰富，便于加工，运输方便，价格低廉。

（四）填料对纸页强度性能的不利影响

由于填料分散于纤维之间，阻挠了纤维间的结合和氢键形成，使纸张的物理强度下降，如同一种纸张中，灰分增加，其裂断长将下降，耐折度下降，伸长率呈直线下降，其中填料颗粒的尺寸和形状起着关键的作用。一般来说，填料颗粒越小，其颗粒所带负电荷对纸张强度的影响就越大。球形颗粒比片状颗粒、不规则的鳞片状颗粒对纸张强度的影响更大。颗粒尺寸越小，不利影响越大。因此，二氧化钛、菱面形沉淀碳酸钙和更小的鳞片形沉淀碳酸钙对强度有更强烈的影响，瓷土因为其片状结构，又非常有害，研磨碳酸钙有大的颗粒尺寸和坚实形状，对强度的危害性最小。在常用的填料中瓷土对强度的影响最大，碳酸钙其次，滑石粉更小。用阳离子淀粉作为干强剂最主要的原因之一就是用来弥补填料对纸张强度方面的不利影响。

加填会使纸张掉毛掉粉现象增加，使纸张的毛细孔增加，提高了纸张的吸墨性，减少纸张的伸缩变形和保水性能。在网部和压榨部容易脱水并加快干燥速度。加填料会降低纸张的施胶度，特别是碱性填料对酸性施胶的危害性更大。

（五）填料的留着机理

可以认为，填料的留着是机械过滤和胶体吸附的综合作用的结果，并以吸附作用为主。

颗粒较大的填料（例如滑石粉、瓷土等）不易随同白水流失，留着率较高。纸张定量较大，纤维构成较厚滤层，过滤速率较低，填料留着也就较多。这是机械过滤学说的基本观点。这一观点能够在某些方面解释填料的留着，但无法解释颗粒细小的填料的留着，也无法解释助留剂的作用。

胶体吸附学说则认为，填料颗粒在水中带负电荷，吸附带正电的电解质（例如矾土），变为带正电荷，并沉积在带负电荷的纤维上。在等电点附近，可以取得最佳的絮聚，有利于填料的留着。事实上，在纸浆中加用矾土、铝酸钠、硅酸钠、动物胶、阳离子淀粉、聚丙烯酰胺、聚丙烯酯等，均能起促进絮聚的作用，有利于助留。可以在造纸机前的冲浆泵、流浆箱、稳浆箱等处加入这一类助留剂。

生产实践证明，填料留着率随下列情况而增加：a. 纸张定量和厚度的增加；b. 纸浆打浆度的提高；c. 施胶时矾土用量的增加；d. 配浆比率中长纤维的增多；e. 白水回用量的增加；f. 浆料温度的提高。提高造纸机车速，加大真空箱、真空伏辊、真空压榨等处的真空度，增加造纸机网部振幅和振次，均不利于填料的留着。在网部用案板取代部分案辊，取得较缓和的抽吸作用，又可望提高填料留着率。

（六）中-碱性造纸的特点

由于当今造纸过程中所添加的造纸填料一般是碳酸钙，包括研磨碳酸钙和沉淀碳酸钙，因此，整个造纸系统为碱性造纸系统（pH 6.5～8.5）。之所以能使用碳酸钙作为填料，是因为当今造纸业一般是采用烷基烯酮二聚体（AKD）或烯基琥珀酸酐（ASA）作为浆内施胶。相对于酸性造纸（pH 4.0～5.5），中-碱性造纸的特点见表9-5。

表 9-5　中-碱性造纸的特点

工 艺 优 点	产 品 优 点
①碳酸钙可用作填料和用于涂布 ②减少磨浆和干燥时的能量消耗 ③较高的滤水速度，容易滤水 ④无机可溶物较少累积 ⑤减少吨纸耗水量 ⑥可利用成本较低的纸料，增加填料用量 ⑦减少腐蚀	①增加纸的强度性质，使之可以使用较多填料或较差纤维（例如磨木浆） ②较高的填料含量提供较好的不透明度，良好的印刷性能，例如好的多孔性、松厚度、可压缩性、抗透印和白度 ③纸的水分较高时经压光不至于变黑 ④提高纸的耐久性 ⑤提高抗化学侵蚀性
工 艺 缺 点	产 品 缺 点
①需要合成的内部施胶剂，施胶剂水解会产生问题 ②湿部温度受限制 ③综合性工厂的酸性(pH<4)化学浆能引起问题 ④机械浆产生大量阴离子垃圾 ⑤沉淀和黏辊问题，磨损和堵塞网和毛毯 ⑥较高的微生物活性（黏液） ⑦留着系统的优化比较烦琐 ⑧化学不相容性，例如限制使用明矾、需要使用更贵的染料和湿强树脂及光学增白剂失效	①施胶剂熟化可能不完全，调节施胶度困难，施胶逆转和短效施胶能影响产品质量 ②需要用高级填料提高不透明度 ③pH>7.5时引起机械浆返黄 ④复制时色料黏结不充分 ⑤强施胶时纸页表面较滑 ⑥光学增白剂用量较高会影响市场销售（纸的光泽度较低）

第三节　染色和调色

一、染色和调色的目的与作用

将某种色料加入纸浆中或施加于纸张的表面，使得纸张能有选择地吸收可见光中的大部分光谱，不吸收并反射出所需要色泽的光谱，此过程称为染色。纸的调色是指在漂白纸浆中加入少量的蓝色、紫蓝色或紫红色，使其与漂白纸浆中相应呈现的淡橙、浅黄色起互补作用而显出白色，也称显白。在漂白化学浆中，有时加入荧光增白剂以增加纸张的亮度，也是一种显白作用。由于木质素能吸收从荧光增白剂发出的可见光，因此，荧光增白剂一般用在不含机械浆的纸料中。

二、色料的种类和性质

（一）酸性染料

酸性染料一般是小分子型物质，其相对分子质量为 $350 \sim 500$，并且含有共轭双键，均是水溶性的盐（以钠盐或钾盐形式存在）。酸性染料一般都含有磺酸基、羧基、和羟基等可溶性基团，多在酸性介质中染色，故称酸性染料。大部分酸性染料是偶氮型化合物。与直接染料相比，酸性染料中含有更多的酸性基团，从而也增加了后者的水溶性。酸性染料为带有苯羟基或磺酸基团的有机化合物，呈酸性，极易溶于水。酸性染料着色能力较差，色泽的鲜艳程度不如碱性染料。其耐光性较强，但耐酸、耐碱和抗氯性能则极差，抗潮性能也较弱。

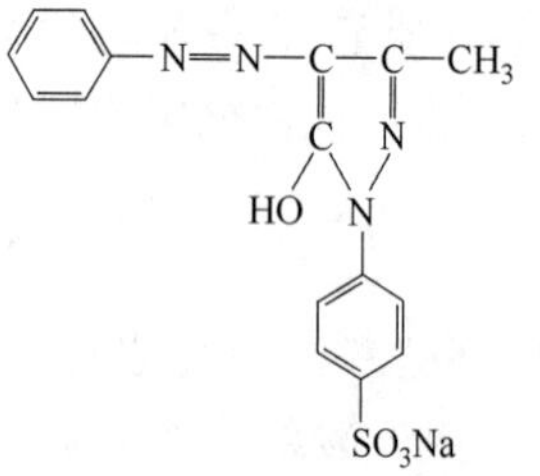

酸性染料对纤维素无亲和力，但对蛋白质的亲和力极强，故常用于皮革和纺织品的染色。用于染纸时，必须使用矾土作为媒染剂。使用酸性染料，一般均能取得较均匀的着色，但在

图 9-13　酸性嫩黄 G

纸机干燥部受热后，颜色加深，失去光泽。酸性染料对木素也无亲和力，因此，在混合浆中使用，也不致会出现色斑。使用时，pH 最好在 $4.5 \sim 5.0$，浆料温度对酸性染料影响不大。图 9-13 是其代表——酸性嫩黄 G 的结构式。

酸性染料使用特点：

① 酸性染料在水中的溶解度很大，本身带有强负电性基团，对纤维的亲和力很小，纸浆染色时需使用矾土作媒染剂，才能使染料留着于纤维上，对纤维素纤维染色效果远不及直接染料和碱性染料。

② 对蛋白质纤维有极强的亲和力，宜用于皮革的染色。

③ 对木素也无亲和力，所以对混合浆染色不会产生色斑。

④ 温度对酸性染料影响不大，染色时 pH 以 $4.5 \sim 5.0$ 为宜。

（二）碱性染料

碱性染料为具有氨基碱性基团的有机化合物，可溶于水，呈碱性。碱性染料着色能力极强，其发色团对纤维具有很强的亲和力，尤其对含有木素的未漂白浆和机械浆纤维，色调鲜艳，是色纸生产中获得最广泛应用的色料。碱性染料对本色化学浆和磨木浆具有较强亲和力，不施胶不加矾，也能取得良好的染色效果。对漂白浆，则亲和力较弱。使用碱性染料时，温度最好不超过 70℃，否则易生成不溶性色淀，在纸中出现色斑；pH 一般应为 $4.5 \sim 6.5$。碱性染料耐光性极差，耐酸、耐碱、抗氯等性能也较弱，特别是遇碱和硬水，极易生成色斑，遇酸则易于生成色淀。

碱性染料示例：盐基槐黄（碱性嫩黄）结构式如下

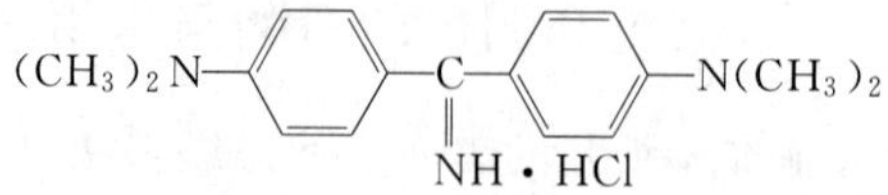

碱性染料主要用于包装用纸，含有本色浆和磨木浆的书写纸。在碱性染色中，棕色染料占的体积为最大，主要是因为包装用纸中原料基本上全都是二次纤维，箱纸板中的棕色染料应接近于未漂白的牛皮箱纸板的颜色，减少视觉差并且表现出一定的性能。

碱性染料使用特点：

① 碱性染料对本色浆具有较强的亲和力，不加胶和矾也能取得良好的效果；

② 对漂白浆亲和力很弱，对漂白浆染色时必须加用媒染剂；

③ 使用时温度最好不要超过 70℃，否则易形成不溶性色淀，在纸中出现色斑，染色 pH 一般为 4.5～5.5。

④ 漂白化学浆和磨木浆的混合浆料染色，易出现染色不匀现象，应先染漂化学浆，等着色后再加磨木浆。另一方法是在混合浆中先加胶、加矾后再加染料，这样可减少染料对磨木浆的亲和力，使染色均匀。

⑤ 碱性染料对纸浆的染色是以沉淀方式与纤维结合的，一般其色相比染料本身色相还要鲜艳。

（三）直接染料

直接染料为含有磺酸基团的偶氮化合物，其水溶性略逊于酸性染料，且易于形成胶体溶液。直接染料色泽较暗，适用于深色纸张。直接染料着色能力不如碱性料好，但其耐光性能则优于碱性染料，有些直接染料的耐光甚至比酸性染料还要强些。直接染料对纤维素具有极强的亲和力，在没有加胶加矾或加媒染剂的情况下，仍能取得良好染色效果。由于其亲和力较强，较易出现染色不均匀，用于施胶纸时，最好是在加胶之后，加染料和加矾。这样做可以在一定程度上克服染色不均匀的缺陷，但是由于色淀的生成，又会影响到色纸的光泽。直接染料常用于不加胶、不加矾、具有吸水性能的纸种。使用时，pH 为 5.5～6.5，如加 5%～10%氯化钠，并将染料温度提高到 38～60℃，可使不施胶纸取得较深色调。

直接染料示例：直接湖蓝 6B 结构式如下：

直接染料的使用特点如下：

① 直接染料对纤维素纤维亲和力很强，但如果染料与纸浆混合不匀，部分纤维易优先染色而出现色斑，所以染料与纸浆要充分混合。

② 直接染料最适宜对不施胶或轻施胶度的纸浆进行染色。由于大部分直接染料遇酸后会使染料水溶性降低并凝结成沉淀，因此，直接染料应在胶料加入之后、硫酸铝加入之前添加，使染料在中性或微碱性状态下被纤维所吸附，以获得较好的染色效果。

③ 直接染料不适宜对磨木浆进行染色，由于磨木浆纤维表面比化学浆小，不易吸收染料，染色后色泽浅淡。

④ 经脲醛树脂处理的纸张，不能使用直接染料染色，因为脲醛树脂不能吸收直接染料。

应该指出，同类染料可以混合使用，酸性染料也可以与大多数染料混用。但是，碱性染料如与酸性染料或直接染料混合在一起，则会生成色淀，导致染色不均匀。

（四）荧光增白剂（OBA）

荧光增白剂又称光学增白剂，是一种可以吸收紫外光并发出可见的蓝色、蓝紫色等荧光的一类有机化合物。纸浆纤维总是呈黄至灰白色，即使经过一般漂白处理，依然不能消除这种微黄色调。在纸浆中加入荧光增白剂后，增白剂吸收紫外光而发出蓝色荧光，根据光学互补原理，可使纸浆变为纯白度，同时使纸浆产生更亮、更艳的效果。

荧光增白剂被纤维吸附而固着在纸上，在光照下，增白剂能吸收日光中不可见的紫外光，将其转为可见光，从纸面发出不同强度和差异的荧光。当紫外光停止照射纸面，这种从纸面发出的荧光也很快消失。由于荧光增白剂分子结构不同，辐射的最大荧光波长的荧光呈光色调也不同。增白剂辐射出的微蓝色荧光，可与纸张原来微黄色调互补而呈白色，使纸张增白。同时，由于辐射出强烈的可见荧光，使纸张总的可见光的反射率增大，从而增加了纸的亮度。这样，使白色的纸张更加洁白，使浅色纸张更加悦目、鲜艳。可见，荧光增白剂不仅能使纸张增白，也能增亮，故荧光增白剂的作用是光学上的增亮补色。

荧光增白剂的种类很多，但造纸用荧光增白剂主要有：双三嗪氨基二苯乙烯类增白剂、香豆素类增白剂、二苯并噁唑类增白剂等。

第四节　助留助滤剂

抄纸基本上是一个过滤过程，造纸成形网是一个连续的过滤装置，在网上将纸料中的大部分悬浮固形物截留下来而成为纸页，穿过成形网的水和少部分悬浮固形物称为"白水"。在这过滤成形的过程中，加入的起助留作用的添加剂称为助留剂；助滤剂是在抄纸过程中用于改变纸浆滤水性能的化学助剂；兼有助留、助滤作用的添加剂称为助留助滤剂。

一、助留、助滤剂的种类

一般用作助留剂和电荷中和剂的所有助剂都可用作助滤剂，常用的助滤剂种类包括电荷中和剂（明矾、PAC）、阳离子聚合电解质（CPAM、PEI、阳离子淀粉、聚酰胺多胺、阳离子瓜尔胶）、酶（纤维素酶和半纤维素酶）、阴离子微粒（胶体硅和钠基膨润土）等。

助留剂和助滤剂大体上分为三类：

① 无机产品类。主要有硫酸铝、铝酸钠、聚氯化铝和聚合氧化铝络合物。这类只起助留作用，效果不甚明显。

② 改性天然产品类。主要有阳离子淀粉、羧甲基纤维素、改性植物胶等。这类产品作用效果也不很明显且用量大，主要是助留作用，为助留剂。

③ 高分子聚合物类。主要是聚胺类，兼有助留和助滤作用，称为助留助滤剂。用得较多的为阳电荷的高分子聚合物，主要有阳离子聚丙烯酰胺（CPAM）、聚乙烯亚胺（PEI）、聚胺（PA）、聚酰胺（PPE）等。

二、助留助滤的机理

（一）Zeta 电位电荷中和机理

纸料中带负电荷的细小粒子或胶体粒子，彼此间借静电排斥力互相排斥，处于相对稳定状态。一旦被凝聚剂的助留化学品（如硫酸铝、聚合氯化铝）所中和时，粒子间的静电排斥力消失，而代之以范德华力，从而产生粒子的凝聚，如图 9-14。这一般是在达到等电点或 Zeta 电位为零时发生，亦称为电中和机理。凝聚的特点是其凝聚块易受剪切力的破坏，但一旦消除剪切力，即可恢复原状。

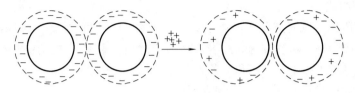

图 9-14　电荷中和机理

（二）补丁絮凝

阳离子型聚合物（例如 PEI）的强电荷会抢先吸附部分纤维或细小物料，形成局部性阳电荷，这些纤维或细小物料的局部阳电荷也可吸附表面仍为阴电荷的纤维、细小纤维和填料，产生补丁（嵌镶）结合而使细小纤维和填料留着，如图 9-15 所示。

（三）桥联絮凝

具有足够长的高分子聚合物（例如，阳离子聚丙烯酰胺 CPAM），可在纤维、填料粒子等空隙间架桥，并形成凝聚。不仅长链阳离子型具有这种效应，阴离子型高聚物在少量正电介质如硫酸铝存在下，也有类似形态桥联形成。如图 9-16 所示。

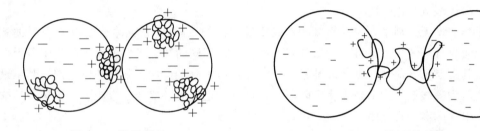

图 9-15　补丁机理　　　　　　　　图 9-16　桥联絮凝机理

第五节　其他添加剂的使用

一、纸页增强剂

（一）干强剂

1. 纸的干强度

干强度是指纸或纸板在干态（标准温度和湿度）时测得的物理性能。

干强剂是指通过增加纤维与纤维之间的键结合力而提高纸页干强度的化学助剂。这类助剂一般在纸机的湿部加入，也可施加在纸页表面（如施胶压榨、压光机等）。常用的干强剂有淀粉、植物胶、纤维素衍生物和树脂等。

2. 干强剂的增强机理

干强剂的增强机理主要有三方面的原因：

① 纤维间的结合力是影响纸页强度的最重要的因素，纤维间结合力很多，影响最大的是氢键结合力；

② 干强剂往往也是纤维的分散剂，能使纸浆中的纤维分布更加均匀，可以改善纸页的成形，这样可以均匀纤维间的结合，导致纤维间与高分子之间的结合点增加，提高干强度；

③ 干强剂能够提高细小纤维的留着和纸页的滤水，因而可以改善纸页之间纤维的结合。上述几种机理相互关联，尤其是第一种机理是纸张强度增加的主要原因。

3. 主要的干强剂

造纸工业常用的干强剂可分成两类：天然聚合物和合成聚合物，前者如淀粉及其改性物、壳聚糖及其改性物、植物胶等；后者如聚丙烯酰胺、聚 N-乙烯基甲酰/聚乙烯胺等。目前，最常用的商品型干强剂是淀粉衍生物，约占市场份额的 95% 左右。

（1）阳离子淀粉

阳离子淀粉是淀粉与胺等化合物反应生成含有胺基或铵基的醚衍生物，其呈阳电性，能与带阴电荷的纤维、细小纤维及填料等紧密结合，起到增强或助留助滤作用。评价阳离子淀粉改性程度的主要指标是取代度，其理论上最大值是 3，造纸工业使用的阳离子淀粉取代度通常在 0.01～0.07 之间。使用时依用途选择合适的取代度：提高强度为主时，选择取代度较低的阳离子淀粉；提高助留助滤为主时，选用取代度较高的阳离子淀粉；增强与助留助滤兼顾时，使用取代度适中的阳离子淀粉。

商品级阳离子淀粉有叔胺烷基醚和季铵烷基醚两类，前者只有在酸性条件下才呈阳电性，因此仅适用于酸性抄纸体系；后者在较大的 pH 范围内都呈正电性，因此对造纸的抄造环境由酸性向中碱性转变起到很大的助推作用。

（2）聚丙烯酰胺（PAM）

在合成类的增干强剂中，聚丙烯酰胺是应用最广泛的。PAM 系列聚合物具有很强的絮聚作用，可使大分子链之间架桥，根据其离子性，具有不同的结合机理。对于阴离子聚丙烯酰胺，由于其带有负电荷，与纸浆纤维相同，因此在使用时必须加入阳离子促进剂，其中最具代表的物质为硫酸铝。为了减少使用阳离子促进剂，也可通过聚合反应在阴离子聚丙烯酰胺的结构上引入阳离子官能团。

（3）聚 N-乙烯基甲酰/聚乙烯胺

聚 N-乙烯基甲酰/聚乙烯胺类干强剂是由甲酰胺进行聚合然后水解得到的。其相对分子质量和电荷密度可以在很大的范围内变化，从而适应不同性能的需求。中等相对分子质量、中低电荷密度的聚乙烯胺的增干强效果非常好。这类水溶性的聚合物含有伯氨基，从而可与纤维素形成氢键，增强了纤维间的结合力。

（二）湿强剂

1. 湿强度纸及湿强度

由于水分对纸张的特殊影响，纸张润湿时强度迅速降低或消失。润湿时测得的强度称湿强度。通常在湿润后尚能保持其相当比例强度性能的纸称为湿强度纸或湿强纸。一般认为，湿强度纸在被湿润后至少应保留其干强度的 15% 强度。

湿强度保留率：湿强度保留率或称湿强度百分数，被广泛用作处理有效性指标。是指纸样在湿态与同一纸样在干态时的抗张强度比。可用式（9-1）表示：

$$湿强度 = \frac{湿抗张强度}{干抗张强度} \times 100\% \tag{9-1}$$

湿强度保留率通常也称为湿强度，它避免了纸张定量的影响，其明显的缺点是经湿强树脂处理后纸的干强度一般也相应增加，不能真实获得湿强度的百分率。

2. 增湿强的机理

增湿强的机理有：

① 保护原有的纤维间的结合：湿强剂在纤维周围形成一个交错的链状网络结构（自交联），如图 9-17、图 9-18，阻止纤维的吸水润胀以保持原有的纤维间的氢键结合；

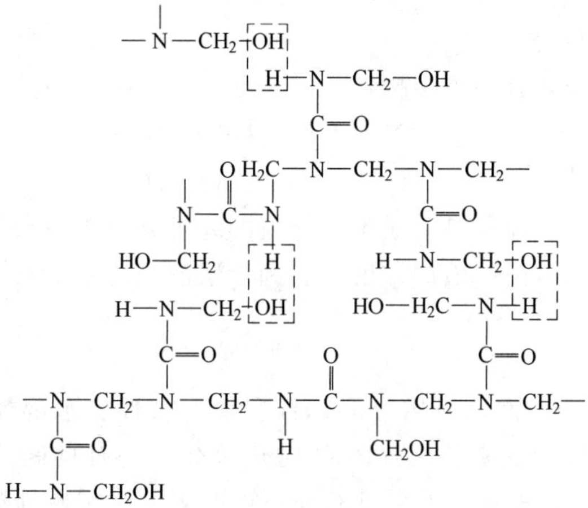

图 9-17　脲醛树脂自交联

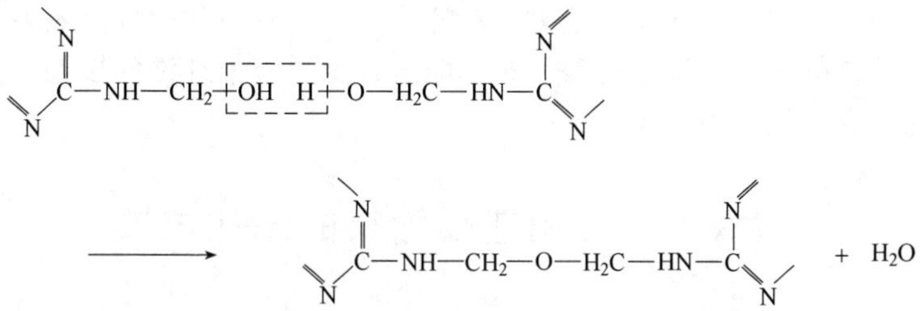

图 9-18　三聚氰胺甲醛树脂（MF）的自交联反应

② 产生新的抗水纤维结合键：湿强剂与纸浆纤维交联形成了新的共价键、氢键等抗水结合键，从而增加了纤维结合强度。在实际应用中，湿强剂的增强是通过上述两种机理的综合作用来体现的。

常用的湿强剂有：脲醛树脂（UF）、三聚氰胺甲醛树脂（MF），聚酰胺多胺环氧氯丙烷（PAE），聚乙烯亚胺（PEI），双醛淀粉（DAS）等。其中 PAE 用得最多，湿强效果好，但价格较高、与阴离子不相容、固化速度慢，损纸回收难，另外有机氯含量高，不利于环保；而 MF、UF 含有游离甲醛，对人体健康不利。

二、分　散　剂

（一）分散机理

纸浆纤维分散剂的主要作用是减少纤维的絮凝、改进纸料的成形，从而得到外观和性能均匀的纸张。造纸过程中，纤维、填料和一些助剂都是水不溶性的，在水中有自聚集的趋势。分散机理有：

① 加入分散剂可使固体颗粒表面形成双分子层结构，外层分散剂极性端与水有较强的亲和力，增加了固体粒子被水湿润的程度。固体粒子之间因静电斥力而相互远离，从而达到良好的分散效果。

② 聚合物分散剂的分子链，在浆水悬浮液中伸展开和黏度增加，都会有利于纤维的分散。因为伸展的聚合物分子链可阻止纤维表面相互接近，使过度絮凝不能发生，黏度的增加也限制纤维在悬浮液中的运动。

（二）常用纸料分散剂

1. 部分水解聚丙烯酰胺

部分水解聚丙烯酰胺具有如下结构：

$$\sim\sim\sim CH_2CH\!-\!CH_2CH\sim\sim\sim$$
$$\underset{CONH_2}{|}\qquad\underset{COOH}{|}$$

由于分子链中含有负电性羧基，对带负电荷的纤维素纤维有分散效果，并且在相对分子质量为 300 万左右时，能提高浆液的黏度，有利于浆液中纤维的悬浮，是长纤维的一种高效分散剂。

2. 聚氧化乙烯（PEO）

PEO 是抄纸用纤维分散剂，应用最多，具有很高黏性、水溶性和润滑性，产品易溶于水，但必须使用适当分散设备来溶解。PEO 对长短纤维均有良好的分散作用，而且具有助留、增强作用，适应 pH 范围宽。此外，它还可以改善纸张柔软性和光滑程度。一般用于分散剂的 PEO 相对分子质量大于 300 万，低于此值时用量很大。

3. 树胶

很多树胶（如刺梧桐胶、槐树豆胶等）对纤维素纤维有极佳的分散效果。这些树胶是纤维的保护胶体，其负电荷在纤维上均匀分布，能阻止悬浮液中纤维的接近，它们也能提高悬浮液的黏度，使纤维凝聚作用减少。

第六节　常用造纸辅料的添加位置

造纸常用辅料主要包括浆内施胶剂、填料、助留助滤剂、增强剂、调色剂等。这些辅料必须在纸机的供浆系统中添加进去。如图 9-19 所示。根据助剂的性能和作用，添加点可有几个选择点。

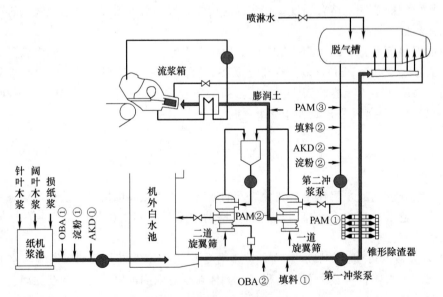

图 9-19　常用造纸辅料的添加点

图中 PAM 和膨润土所构成的微粒助留系统，在压力筛前加入 PAM①，在压力筛后加入膨润土，产生微粒絮凝作用，兼顾了对纸料的助留助滤和确保纸页有较好的匀度。AKD

添加点的选择要考虑白水中的阴离子物质对其的不良影响，也要考虑其在水中水解的发生，选择好恰当的加入点。填料在净化（除渣器）之前加入易被除去导致留着率低，减少吸附AKD也是要在实际选择添加点的应用中需要考虑的。消泡剂、杀菌剂可在回用的白水中加入。图9-18标明了常见辅料不同的添加点，但具体添加位置要视抄造纸种及工艺而定。

主要参考文献

［1］［芬兰］HannuPaulapuro. 造纸Ⅰ　纸料制备与湿部［M］. 刘温霞，于得海，李国海，等译. 北京：中国轻工业出版社，2016.

［2］河北海. 造纸原理与工程［M］. 北京：中国轻工业出版社，2010.

［3］毕松林. 造纸化学品及其应用［M］. 北京：中国纺织出版社，2007.

［4］张美云. 造纸技术［M］. 北京：中国轻工业出版社，2014.

［5］沙力争. 造纸技术实用教程［M］. 北京：中国轻工业出版社，2017.

［6］刘忠. 制浆造纸概论［M］. 北京：中国轻工业出版社，2007.

［7］夏华林. 碳酸钙在造纸工业中的应用和发展［J］. 造纸化学品，2000（2）：5-7.

［8］朱勇强. 造纸填料的类型及其特性. 上海造纸，2005，36（2）：36-41.

［9］曹邦威. 造纸助剂与干湿增强剂的理论与应用［M］. 北京：中国轻工业出版社，2011.

第十章 纸机的供浆和纸料的流送

供浆系统是指在纸料的制备系统后至抄造前，对纸料进行的一系列处理过程。供浆系统的流程和设备，因纸张的品种、纸料的种类、生产规模、设备等的不同而有所差异，但基本过程是相近的。纸浆流送是通过流送设备（流浆箱）将纸料以适当的方式送到成形器（纸机）的网部，这一系统称之为纸料的流送系统。

第一节　纸机供浆系统

一、纸料的组成及供浆系统的作用

从成浆池到纸浆上网为止，纸料都是以纤维悬浮液的状态存在的。一般情况下，纸料是由纤维、水、辅料等物质组成的复杂的固、液、气三相共存的分散体系。固相的基本成分是纤维、细小纤维，其次是胶料、填料、其他化学助剂等。液相的主要成分是水，还有溶解于水中的各种化学品，如助留剂、助滤剂、明矾液、消泡剂、防腐剂、干强剂、湿强剂等。气相主要是游离、吸附以及溶解的空气。

供浆系统的作用：a. 将浆料和化学品以一定的比例在供浆系统中以白水进行均匀混合；b. 有效地除去由浆料、填料、化学品等材料带入系统的杂质，提高浆料上网的洁净度；c. 尽可能有效地除去系统中的空气；d. 浆料通过系统后获得良好的分散，除去纤维束及絮聚物等；e. 保证进入流浆箱上网浆料浓度、流量、压力的稳定，尽可能降低由于设备（泵、筛）性能所产生的脉冲作用；f. 尽可能缩短由于改变品种和调整工艺后系统达到稳定所需时间。

二、供浆系统的工艺流程

供浆系统的流程和设备，因纸张的品种、纸料的种类、生产规模、设备等的不同而有所差异，但基本过程是相近的。其流程如图 10-1 所示。

① 由高位箱和定量控制阀组成的调量系统为纸机提供可控稳定的上网浆量，以保证纸机抄造纸页定量的稳定；

② 调量后的纸料到网下白水池通过冲浆泵与网下白水混合稀释，完成纸料的稀释过程；

③ 利用多段（4～5 段）锥形除渣器组成的净化系统和多段（2～3 段）筛浆机组成的筛选系统来保证上网浆料的质量，同时减少净化筛选损失，利用除气器来有效地除去纸料中的空气和泡沫；

④ 通过白水的短循环系统和长循环系统合理地回用白水。在纸机湿部，纸幅成形时脱除的水，以及真空箱和压榨进一步脱除的水，统称为白水。白水短循环系统是浆网下收集的浓白水通过冲浆泵与调量系统送来的浓纸料混合稀释，然后经过净化、除气、筛选处理后再送到流浆箱和网部，在网部形成纸页并脱水，脱出的白水到网下白水池又进入下一次循环。这种来自网部的浓白水，进入冲浆泵稀释浆料，最后进入流浆箱。这种白水循环路径称为"短循环"，短循环作用是增加通过流浆箱的干物质纸料流量；由于成浆池贮存的纸料浓度一

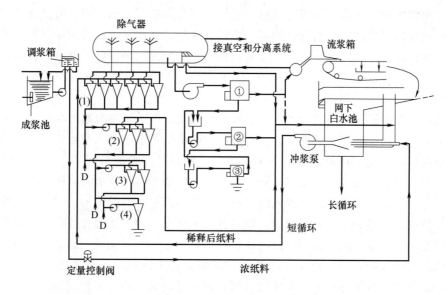

图 10-1　供浆系统流程图

(1),(2),(3),(4)—由四段组成的纸料净化系统　①,②,③—由三段组成的纸料筛选系统

般为 2.5%～3.5%，而离开纸机网部纸页的干度一般为 18%～22%，加上在造纸过程中还使用一定数量的清水，所以在抄纸过程中网部脱出的白水（包括网下浓白水和真空系统的稀白水）在短循环过程中是不可能用完的。往往抄造 1t 纸有几十吨多余的白水，这些白水必须送到备浆系统等使用。这种来自纸机湿部，不用于稀释流浆箱浆料的另一部分白水（稀白水），送到更前面的生产工序的白水循环路径称为"长循环"，长循环的目的是改善系统物料和热量的利用。

（一）纸料的调量和稀释

1. 纸料调量和稀释的目的和作用

纸料调量的目的是按照造纸机车速和定量的要求提供连续稳定的供浆量；稀释的目的是按造纸机抄造的要求，将纸料稀释到适合的浓度，以便在抄纸过程中形成均匀的湿纸页。纸料稀释的程度取决于纸张的品种、定量和质量要求、纸料性质、造纸机的形式和结构特点等因素。一般情况下调量和稀释是同时进行的，纸料和稀释一般使用网部浓白水，以节约用水、回收白水中的细小纤维、填料及能量，并减少环境污染。

2. 纸料调量和稀释的方法

纸料的调量和稀释常用的方法主要有控制阀控纸料流量的冲浆泵内冲浆，浓浆泵变速输送的冲浆泵内冲浆，另外还有两种适用于小型纸机的冲浆箱内冲箱和冲浆池内冲浆。

使用定量控制阀（调量阀）的冲浆泵内冲浆法是目前使用得较普遍的一种方法。如图 10-2 所示。

用可控速度成浆泵的冲浆泵内冲浆法，其特点

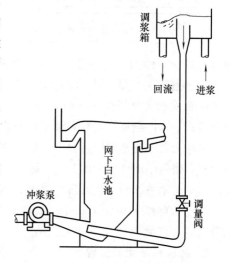

图 10-2　调量阀与冲浆泵内冲浆

是使用可控速度的成浆泵取代稳压高位箱和定量控制阀起到调量的作用。通过变频电机，变更和控制成浆泵的转速达到控制送往冲浆泵的纸料流量，从而达到准确调量和稳定纸张定量的目的。与使用定量控制阀的冲浆泵内冲浆法相比，这个方法具有反应更快和控制更准确的优点。

3. 冲浆泵

冲浆泵是供浆系统最关键的设备，是供浆系统的动力源，它混合浆料与白水，并将混合后的浆料送去流浆箱。冲浆泵的流量、扬程关系到整个供浆系统的正常运转。它的输送能力直接影响到纸机的车速，如果冲浆泵的流量不足，纸机的车速无法提高，如果它的扬程过小，则无法提供足够的压力，不能保证除渣器及网前压力筛的正常运转，因为它们的运转需要一定的压力，而此压力是冲浆泵提供的。冲浆泵是抄纸系统的最大的一台泵，对它的要求是必须十分精确，流量和压力必须稳定，没有脉冲和波动，而且还要在整个纸机操作范围内及时改变的能力。冲浆泵通常采用直流电动机带动，可连续平滑无级调速，当纸机车速变化时，通过调节冲浆泵的转速使进浆量和纸机车速相适应。冲浆泵也有采用交流电动机带动的，这时，调节供浆量不是调节上浆泵的转速，而是通过调节阀门来控制的。

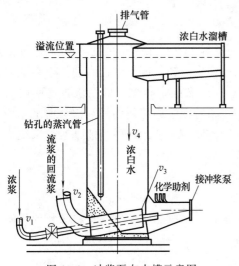

图 10-3　冲浆泵白水槽示意图

4. 冲浆白水槽（池）

冲浆白水槽的作用是使白水经过供浆系统时保持稳定的速度，同时除去白水中的泡沫和空气。穿过冲浆白水槽的浓浆管最好插入到冲浆泵的入口端，浓浆的流速 v_1 至少为浓白水入口流速 v_3 的 5 倍；白水槽中的浓白水向下流动的速度 v_4 要低于 0.15m/s，白水在白水槽中的停留时间应在 1.0～1.5min，以利于空气泡顺利上升，自然排气。冲浆泵吸入口为直接向上吸入形式，槽底要向吸入口倾斜。如图 10-3 所示。

（二）纸料的筛选和净化

1. 筛选和净化的目的与原理

为了提高产品质量、抄造效率以及成纸的使用和后加工性能，需要进一步除去纸料中残余的杂质，在纸料上网前对其进行筛选和净化是最后一道把关。纸料中的杂质分纤维性杂质和非纤维性杂质两大类，非纤维性杂质可分为金属性杂质和非金属性杂质两大类。纤维性杂质主要来自于损纸处理系统的碎片、浆团和其他杂质；金属性杂质则主要来源于设备管道的腐蚀磨耗和生产过程中混入的金属碎屑和微粒；非金属性杂质主要是生产过程带来的砂粒、尘土和各种胶黏性物质。筛选的目的在于除去纸料中相对密度小而体积大的杂质，因此筛选设备是利用几何尺寸及形状差异来分离杂质的。净化的目的是除去纸料中相对密度较大的杂质，因此净化设备是利于密度差来分离杂质的。

除了去除纸料中的杂质外，纸料上网前的筛选和净化还具有将纸料中的纤维、填料和助剂分散，并使之流体化，避免其结团、沉积和絮聚，使纸料纤维悬浮液符合上网要求。

2. 筛选和净化的流程

纸机供浆系统中的锥形除渣器和压力筛分别类似于图 4-20 和图 4-23。图 10-4 是一个由三段锥形除渣器和压力筛组成的净化、筛选流程。

（三）纸料的除气

1.纸料中的空气来源及存在状态

（1）纸料中的空气来源

纸料中的空气来源于这几方面：

① 不适当的机械搅拌引进空气：纸料中少量的空气一般是在搅拌及纸料跌落时混入浆中的，如在浆池、高位箱和网下坑的出口上方，激烈的搅拌或搅拌槽中液位太低时会产生过度的涡流，将混入空气。

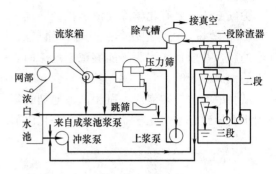

图 10-4　纸料的净化和筛选流程

② 输送固定出口位置不合理，离开液面，高高喷下引进空气；

③ 输送设备如浆泵、白水泵漏气引进空气；

④ 回收利用白水引进空气：纸料中空气的主要来源在于大量使用了网下白水，从纸机成形部来的自由排水，落入白水盘或白水池中，再汇集到成形网下面或纸机后部的白水槽中，这些白水不可避免地吸取了大量的游离空气。

（2）纸料中空气的存在状态

纸料中所含的空气有 3 种状态存在，即游离状空气、结合状的空气和溶解于水中的空气。当压力、温度和环境发生变化时，以这 3 种状态存在于纸料中的空气是可以相互转换的。

游离状态的空气以微小气泡的形式分散在纸料中或以泡沫的形式存在，它能够改变纤维的相对密度、纸料的可压缩性和脱水性，而且存在于纤维与纤维之间和附着在纤维之上的空气泡往往又是形成泡沫的主要原因，因此游离状的空气对纸料的性质影响较大。结合状态的空气一般吸附在纤维上，它使纤维的质量相对地"减少"，纤维易于浮起，易于与其他纤维絮聚，能够造成泡沫，使网上脱水速率降低。溶解于水中的空气对纸料性质的影响不大，但当悬浮体处于饱和状态时就会从水中析出，转化成结合状态或游离状态的空气。在泵送纸料的过程中，由于泵对纸料的搅动和剪切作用，能够将结合状态的空气转变为游离状态的空气。游离状态的空气是结合状态和溶解于水中的空气的来源。

（3）纸料中空气危害及除气的作用

夹杂在纸料中的空气和泡沫对纸机抄造过程及纸张质量均有较大的影响。纸料中的空气和泡沫会降低纸页的匀度，会在纸上产生如孔洞、小斑点等纸病，影响纸张的质量，生产纸板时，则容易分层。此外，纸料中的空气和泡沫还会导致供浆系统及纸页过程不稳定，造成纸页定量的波动，降低网上纸料滤水速度。因此，现代高速造纸机广泛地使用了除气装置。

纸料除气的作用是：

① 避免在纸机流浆箱中产生泡沫，并把不含气泡的纸料喷射到成形部，从而改进纸页的成形，解决纸页中出现的泡沫点、针眼等纸病；

② 由于没有气泡与纤维结合在一起，从而使到流浆箱中的纸料的絮聚易于分散，有助于改善纸页的匀度；

③ 导致管道系统脉动的幅度降低，使纸页的定量更加稳定；

④ 加快成形部的脱水，提高成形部的脱水能力。

2.除气方法

除气方法主要有化学除气法、机械除气法、溜槽辅助除气、除气泵除气等方法。

① 化学除气法是把化学品（各种除气消泡剂）加入到纸料和白水中，这些添加剂进入气泡的膜，并取代气泡膜中能够稳定泡沫的表面活性物质，从而降低泡沫的弹性和稳定性。当小的泡沫破裂时，它们就比较容易合并成为比较大的气泡，上升到纸料或白水表面，从而除去纸料中的空气和泡沫。所用的消泡剂必须对纤维素没有亲和力或亲和力很低。消泡剂的使用也会导致白水中化学品的增加，恶化湿部环境。

② 机械除气法主要是利用突然减压的方法使纸料中气泡的体积突然膨胀而释放出来，泡沫的稳定性也会降低而破裂。典型的方法是特克雷特除气法，如图 10-5 所示，其净化和除气联合运行。在高真空度下纸料受到喷射、冲击、沸腾等三重作用而把纸料中的空气和其他气体除去。这种方法能够有效地除去纸料中的空气，包括游离状态、结合状态和溶解状态的空气。另一种除气器是和净化器（除渣器）分开运行的，如图 10-6，这种除气装置投资成本和运行费用较低，可省去二段的真空泵。

③ 溜槽辅助除气。图 10-7 所示的是纸机网部浓白水流至网下白水槽的一个溜槽，也称除气槽，相比网下白水槽，它的除气效果更好。为使白水中的气泡涌出，网下白水槽中白水向下流动的速度不能超

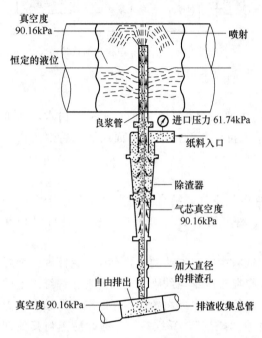

图 10-5 除渣器-特克雷特管结构示意图

过 0.15m/s，为了降低向下的流速，需要加大网下白水槽的直径以及降低短循环的白水量，这对设备及纸张匀度都不利。在现代造纸过程中，网下白水槽和其上面的白水溜槽，组成了一套除气设备，可提高除气效率。

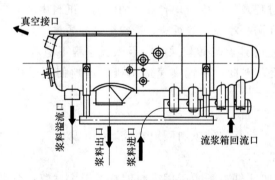

图 10-6 和除渣器分开运行的除气罐

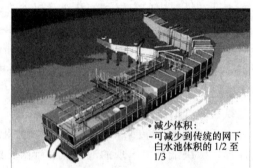

图 10-7 除气槽（网下白水溜槽）

④ 除气泵除气。在离心除渣器中，纸料悬浮液中的空气可被脱出到一定程度，即带有离心能力的除渣器会对脱气产生一定效果。将离心法脱气的原理应用到专门的泵中，图 10-8 是新型脱气泵的工作示意图。

通过使用这种专门的脱气的泵，提供源源不断的不含空气的稀释水，有可能设计出新的纸机短循环。

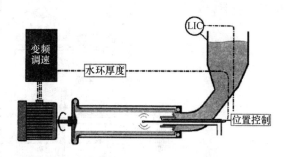

图 10-8　脱气泵工作原理示意图

三、供浆系统的压力脉冲及其消除

供浆系统的压力脉冲是指纸料在流送过程中压力或流量的波动。供浆系统压力脉冲的表现形式是纸料流动的速度波动。由于造成脉冲的原因不同，这种脉冲可以是周期性的（由冲浆泵和压力筛造成），也可以是非周期性的（由纸料输送和白水循环系统的管路等造成）。

1. 压力脉冲的危害

纸料的压力脉冲会使供浆过程发生二次流动，产生波的叠加，结果引起纤维的集结，造成纸料流的纵向浓度不均匀。压力脉冲还会带来上网纸料喷浆体积流量的变化。纸料流的纵向浓度不均匀上网、纸料体积流量的变化均会造成上网纸料中绝干纤维量的变化，从而引起纸页的纵向定量的波动，对车速较高的封闭满流式流浆箱，纸料压力脉冲所造成的定量波动更为突出。纸料的压力脉冲还会影响吸水箱的抽吸作用，因而造成纸机负荷的波动，产生喘气现象。

2. 压力脉冲产生的原因

造成供浆系统中纸料压力脉冲的原因很多，其中冲浆泵和旋翼筛产生的脉冲过大，输送管道因设计不良而产生积气振动、水击及管体振动，操作条件变化等，是造成纸料中压力脉冲的重要原因。

3. 压力脉冲的抑制和消除

首先，在供浆系统的工艺操作上，针对不规则压力脉冲的来源合理控制工艺，如白水池、冲浆池、高位箱要有稳定的液位，最好控制有一定的溢流量；防止管道、设备的漏气，减少气泡带入。其次，在流程设计和管道安装上配置要合理，尽可能保持纸料流动的稳定，如旋翼筛会产生压力脉冲，锥形除渣器对系统的脉冲有衰减作用，故纸料先经过旋翼筛再经过锥形除渣器，脉冲会减小；多台产生脉冲的设备之间，它们产生的压力脉冲能够互相衰减或抵消，而不是相互叠加；在管线、阀门及弯头的位置安排要合理，并有一定的倾斜，防止产生二次流动和气泡的积聚。

在供浆系统中采用无脉冲或低脉冲冲浆泵和多叶片旋翼筛，合理设计供浆系统纸料的输送及白水循环管道等，都是减少纸料脉冲的有效措施。但要完全消除脉冲是比较困难的，因此在流浆箱前还要设置脉冲抑制设备，进一步减少纸料的脉冲。

压力脉冲的衰减和消除设备可分为接触式和非接触式两大类。在接触式脉冲消除设备中，浆流表面直接与气垫接触，利用气垫的弹性抑制脉冲。在非接触式脉冲消除设备中，利用膜片及气垫的弹性来衰减和消除脉冲，目前纸厂多采用非接触式的。如图 10-9 所示。该脉冲衰减器是通过调整脉冲衰减器气室内的空气容积和压力来实现的。当管道中浆流压力升高时，膜片上升，压向垫块，起到吸收脉冲的作用。图 10-10 为接触式脉冲衰减器，脉冲减小是依靠空气流动阻力、孔板以及脉冲衰减器当中压缩空气垫的气动阻尼效应之间的相互作用来实现。

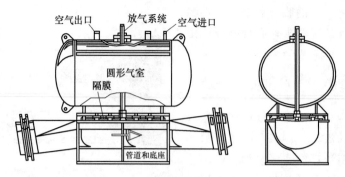

图 10-9　非接触式脉冲衰减器

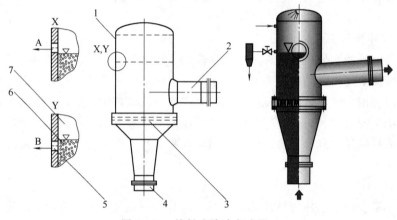

图 10-10　接触式脉冲衰减器

1—压缩空气接口　2—纸料出口　3—孔板　4—纸料入口　5—纸料溢流孔　6—纸料悬浮液　7—压缩空气垫

第二节　纸料的流送

一、纸料悬浮液的流动状态

纸料悬浮液是由固相的纤维、液相的水和气相的空气组成，是一种三相同时存在的复杂体系，其流动特性随着纸料浓度和流速等因素的不同而不断变化，流动机理复杂，影响因素较多。一般将纸料悬浮液按其固含量高低分为低浓、中浓和高浓 3 种，从纸料输送的角度来说，7％以下的为低浓，7％～15％为中浓，15％以上为高浓。

纸料悬浮液的流动可分为塞流、混流和湍流 3 种基本流动状态，如图 10-11 所示。流速不大时，纤维相互交织的网络就成为连带的整体，叫网络塞体；网络与管壁之间存在着一层很薄的水膜，叫水环；纤维之间观察不出有相对运动，整个网络像塞子一样向前滑移，这种移动状态称为塞流，具有稳定性。随着流速的增加，管壁的剪切力破坏了网络塞体的稳定性，其表面的纤维逐渐分散而进入水环，水环厚度增加，网络塞

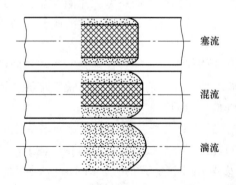

图 10-11　纸料悬浮液的不同流动状态

体变小，这个流动区间类似于水流的过渡流，称为混流。当流速足够大时，剪切力足以克服网络内的摩擦力，整个网络彻底分散，纸料中各个质点的速度不同，纤维的运动杂乱无章，此时纸料的流动状态称为湍流。由塞流转变为混流和由混流转变为湍流的转折点所需的流速分别为上下临界流速，其大小与纸料的浓度和性质（浆料和种类、硬度、打浆度等）有关，但纸料浓度是决定上下临界流速的主要因素，纸料浓度越高，上下临界流速就越大。

二、纸料悬浮液流动过程中的湍动

1. 湍动的概念

当流体的雷诺数超过一定数值时，流体就处于湍动状态，这时管道内每一个流体质点做不规则的、在速度大小和方向都发生变化的脉动，流体微团的这种不规则脉动称为湍动。在纸浆的流送过程中，合理的湍动对纤维分散、匀度改善和絮聚减少是有利的。

2. 湍动的表示方法

湍动可用湍动规模和湍动强度来表示。湍动规模是指在湍动场中，发生速度波动的平均距离大小的量，即湍动尺寸大小。湍动强度指在湍动场中，发生速度变化的大小或湍动时产生剪切力的大小。

3. 湍动类型

湍动在纸料流送过程中可分为 3 种流态：

① 低强微湍动。指湍动尺度小而湍动强度又低的一种湍流状态。这种湍流所产生的剪切力不足抗拒纤维之间内在强度，因而动平衡点在纤维絮聚物较多的地方，不能分散纤维网络，这种湍动在纸料的输送过程中是不希望的。

② 高强大湍动。这是一种湍动强度很高而湍动尺度也很大的湍流状态，如图 10-12 所示。其产生的剪切力不能作用于单根纤维上，因而也不能分散纤维网络，即不能破坏纤维的絮聚物，且消耗的能量高，这种湍动也是不希望的。

③ 高强微湍动。这是一种湍动强度很高而湍动尺度又很小的湍流状态，如图 10-13 所示。其产生的强大的剪切力可以作用于每根纤维上，从而破坏纤维絮聚物的内聚力，达到分散纤维的目的，这是纸料流送过程中所希望的一种湍动流态。

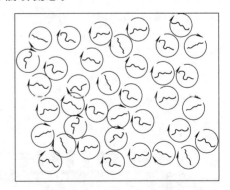

图 10-12　纸料高强大湍流效果示意图　　　　图 10-13　纸料高强微湍流效果示意图

4. 湍动物特点

湍动具有生存期很短的特点，通常用毫秒或几分之一毫秒表示。湍动还有两重性，湍动能分散纤维，但又能给纤维创造碰撞交缠的机会，一旦湍动衰减下来，纤维又将交缠成网络及絮聚团。因此，在纸机的纸料流送中，纸料应保持适度的湍动。

三、流浆箱的作用及结构原理

（一）流浆箱的作用

纸浆流送是通过流送设备（流浆箱）将纸料以适当的方式送到成形器（纸机）的网部，这一过程称为纸料的流送。纸料的流送是由纸机的流浆箱来完成的。流浆箱是纸机最重要的部分之一，被称之为纸机的"心脏"，其主要的作用是：

① 沿纸机的横幅全宽均匀、稳定地分布纸料，保证压力均布、速度均布、流量均布、浓度均布以及纤维定向的可控性和均匀性。并将纸料以最适当的角度喷射上网，送到成形部最合适的位置；

② 有效地分散纤维，防止絮聚。保障上网纸料流中的纤维、细小纤维和造纸化学品的分布均匀；

③ 按照工艺要求，提供和保持稳定的上网纸料流压头和浆网关系，并且便于控制和调节。

流浆箱在结构上应有足够的刚度，箱内各侧边要平滑，没有挂浆现象，要便于操作、清洗、维护的控制。

（二）流浆箱的组成及各部作用

纸机流浆箱主要由布浆装置、整流装置和上网装置等三部分组成。

1. 布浆装置

布浆装置又称布浆器，其作用是沿着纸机横幅全宽提供压力、速度、流量和上网固体物质量（绝干）均匀一致的上网纸料流。如图 10-14 所示。

高效的布浆器应满足以下几点：沿着纸机的全宽压力相等且稳定；不使浆流分成大的支流；对纸料的不稳定不敏感；内壁光滑不挂浆；便于清洗和维护。

传统的布浆器由布浆总管（一般为矩形锥管或圆锥管）和布浆元件块（包括相应的整流消能装置）组成，而现代纸机流浆箱的布浆装置则增设了稀释水浓度控制系统。

为了使布浆器总管压力恒定，并防止纤维、尘埃、泡沫、空气等聚集到末端，总管纸料必须有一定的回流量。调节回流量可以控制总管中流态的变化，保证支管浆流压力的稳定与纸料的分布均匀，回流量一般在 5%～15%。

圆筒布浆器，如图 10-15 所示，其主体由上圆柱体和下圆锥体构成。下锥体底部有进浆

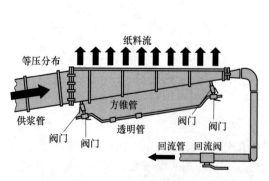

图 10-14　流浆箱布浆器

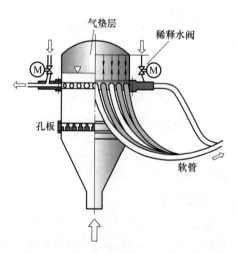

图 10-15　圆筒布浆器

口，上端是一个平衡室，上圆柱体的底部配有射流扩散组合装置。上圆柱体中部外环绕着纸浆支管，用柔性管与流浆箱连接。浆流在圆柱体内的液面维持在支管入口上部，上面的气垫层可作为脉冲衰减器。圆柱体顶部还配有稀释水环管，在环管上装有与支管数量相同的稀释水计量调节阀。

相对于传统布浆器，圆筒形布浆器彻底克服了传统圆锥总管、方锥总管布浆器不符合流体力学要求的缺点，解决了浆流进入各支管的压力差异问题。

2. 布浆整流元件

布浆整流元件是流浆箱的核心组成部分，其作用是使纸料在流送过程中产生高强微湍流。常用的布浆元件有多管、孔板、管束和阶梯扩散布浆器，如图 10-16 所示。还有匀浆辊、飘片等。

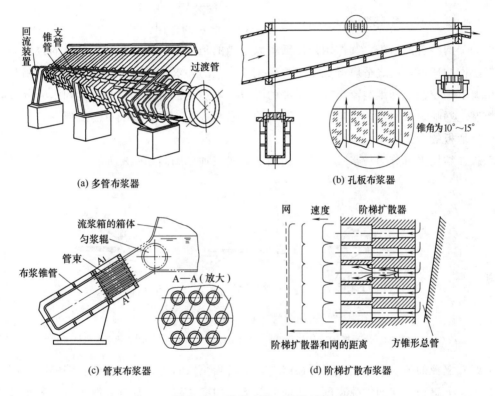

(a) 多管布浆器

(b) 孔板布浆器

(c) 管束布浆器

(d) 阶梯扩散布浆器

图 10-16　各种布浆、整流元件

多管在结构上可分为圆形直管（进浆、出浆断面均为圆形的直管）、异形管（进浆断面为圆形、出浆断面为矩形）和文丘里管。

孔板是一块有很多小孔的固定板，一般用有机玻璃制作，进浆面开有一定角度的小槽，这是为了孔板避免入口挂浆堵塞小孔。

管束是一种由大量的小直径管子组成的一种高效的水力式布浆整流元件。组成管束的管子两头管径是不相同的，一般纸料入口端的管径较小，呈圆形的断面，而纸料的出口端管径较大，可以是圆形断面或六角和五角断面，并且互相连接在一起，从而使纸料能够圆滑地扩散到整个断面上。纸料在管束内流动时，由于摩擦作用，在管壁附近形成强烈的湍动。同时，由于管束的端部是慢慢扩大的，从而产生更微细的强度大的湍动即高强微湍动，从而分散纤维，防止纸料絮聚。

阶梯扩散器是一种兼布浆和整流双重功能的元件。其作用原理类似于管速。

匀浆辊又称孔辊，是一个薄壁且壁上开有大量小孔的中空管辊。纸料通过匀浆辊时，先穿过辊面的孔进入辊内，随后穿孔流出辊外，随着匀浆辊的转动，在匀浆辊相邻两孔之间形成强烈的小涡流，使浆料处于微湍动状态，从而分散纤维。

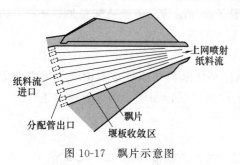

图 10-17 飘片示意图

飘片是装在堰板收敛区的一组平行的薄片，如图 10-17 所示。其材质为聚碳酸酯或聚氨酯，厚度为 3mm。由于飘片把纸料隔开分成许多相互平行的纸料流，并且逐渐缩小厚度，使纸料产生加速度，对纸料产生了较大的剪切力，分散了纤维悬浮液。

3. 上网装置（堰板）

（1）堰板的作用

作为上网装置的堰板，其作用是使纸料以适当的角度喷射到成形部最合适的位置，并控制纸料上网的速度，使之适应纸机车速的变化和工艺的要求；通过对唇口开度的全幅和局部的微小调节，控制上网纸料流全幅和局部的流量，以达到控制纸机横幅定量和水分分布的目的；控制上网喷射纸料流的稳定性及其湍流的强度和规模，以改进纸页的成形。

（2）堰板的形式和特点

堰板在结构上可分为喷浆式、垂直式和结合式三种，如图 10-18 所示。

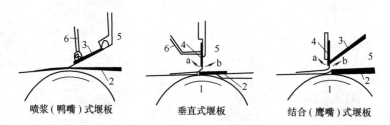

图 10-18 三种常见的喷嘴式堰板

1—胸辊 2—下唇板 3—上唇板 4—垂直堰板 5—堰池 6—上唇板调节机构

喷浆式堰板的喷浆口由上、下唇板组成，上唇板是倾斜的，具有逐渐收缩的喷浆道，容易调节上、下唇板之间的间隙宽度，从而调节纸页的横幅定量；垂直式堰板与流浆箱堰池的前壁结合为一体，通过调节机构可控制堰板向前（图中的 a 方向）、向后（图中的 b 方向）作 15°的倾斜。这种堰板结构简单，纸料在喷浆口突然加速，分散纤维，但难以调节开度，易挂浆，现在很少使用；结合式堰板是在喷浆式堰板的上唇板上加一个突出 5～7mm 的垂直上堰板，使纸料在上网之前受到一次强烈的收缩，更好地分散纸料。上唇板可做全幅上、下调节和局部微调并可在水平方向前后倾斜 25mm。由于垂直上堰板仅突出 5～7mm，而且此处纸料处于加速过程，因此不至于造成挂浆现象。

四、纸幅横幅定量的调节

（一）纸幅匀度的要求

对于流浆箱，其流送效果的好坏，有两点要求最为重要：

① 纸页的横幅定量分布应更加均匀一致，横幅定量波动偏差要大幅降低；

② 纸页全幅的纤维定向分布应更加均匀一致，满足对纤维定向有要求的纸种。

（二）纸页横幅定量的调节方法及各自特点

传统流浆箱是以设在上唇板的多组局部开度调节装置来调节纸页横幅定量的，即流量调节，通过调节流浆箱局部喷浆流量来调节全幅宽的纸页定量，如图 10-19。但这样却使喷出的纸料产生了横流和偏流，纸幅上的纤维定向不一致，纸页结构不均匀，给成纸带来一些纸病。现代纸机采用的是浓度调节的方法，如图 10-20 及图 10-15 所示。具体调节过程如图 10-21 所示：当纸页横幅某处的定量偏离标准定量时，相对应于该处稀释水的流量能根据情况作相应调整，该处的纸料量和稀释水量的比率随之变化，局部上网浓度及定量得到调节。通过

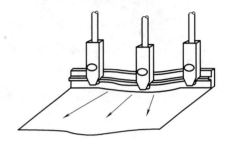

图 10-19　流量调节产生横流和偏流

变化稀释水的浓度调节方法，消除了因唇口变形引起的横流和偏流问题，即无横流和偏流产生。从而分离了横幅定量波动与纤维定向偏离的连带关系，纸幅中纤维定向一致。

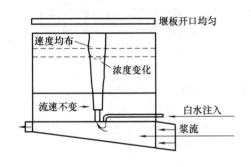

图 10-20　稀释水浓度调节原理图

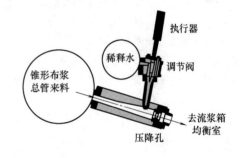

图 10-21　稀释水系统

五、流浆箱的类型及特点

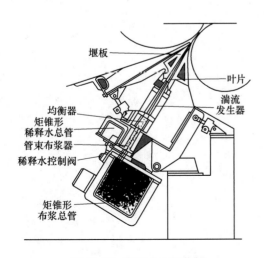

图 10-22　高速水力流浆箱

按流浆箱箱体结构形式，可把流浆箱归纳为敞开型和压力型，压力型包括气垫式和水力式（包括满流水力式和满流气垫结合水力式）。敞开式流浆箱只能用于低速纸机。气垫式则是通过空气压力，提高流浆箱体内的压力，从而提高喷浆速度。水力式则是通过浆泵提高流浆箱体内的浆流水压，提高喷浆速度。满流是指整个箱体内充满了纸料悬浮液。现代纸机流浆箱基本都是满流水力式或满流气垫结合水力式，如图 10-22 和图 10-23 所示，并且带有稀释水浓度控制系统。有的纸板机采用多层流浆箱（多通道流浆箱）如图 10-24 所示。

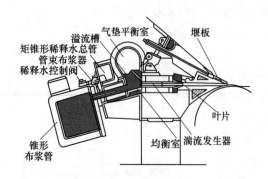

图 10-23　满流气垫结合式水力流浆箱

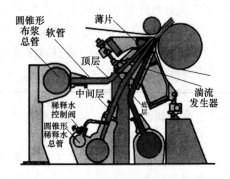

图 10-24　多层流浆箱

主要参考文献

［1］　陈克复. 制浆造纸机械与设备（下）（第三版）［M］. 北京：中国轻工业出版社，2011.

［2］　何北海. 造纸原理与工程［M］. 北京：中国轻工业出版社，2010.

［3］　［美国］B·A·绍帕. 最新纸机抄造工艺［M］. 曹邦威，译. 北京：中国轻工业出版社，1999.

［4］　［加拿大］GA 斯穆克著，曹邦威译. 制浆造纸工程大全［M］. 北京：中国轻工业出版社，2011.

［5］　［芬兰］HannuPaulapuro. 造纸 I 　纸料制备与湿部［M］. 刘温霞，于得海，李国海，等译. 北京：
中国轻工业出版社，2016.

［6］　张美云. 造纸技术［M］. 北京：中国轻工业出版社，2014.

［7］　沙力争. 造纸技术实用教程［M］. 北京：中国轻工业出版社，2017.

第十一章　纸页在网部的成形与脱水

第一节　纸页成形的基本概念

一、湿纸页在网部成形脱水的目的及相互关系

1. 纸页成形及其目的

纸页成形的目的是通过合理控制纸料在网上的留着和滤水工艺，使上网的纸料形成具有优良匀度和物理性能的湿纸幅。从造纸工艺的角度讲，纸页成形过程是一个纸料在网上留着和滤水的过程。

2. 网部的任务和要求

纸页的成形是通过纸料在纸机网上滤水而形成湿纸幅，纸机的网部又称为成形部。网部是纸机的重要组成部分，其主要任务是使纸料尽量地保留在网上，较多地脱水并形成全幅结构均匀的湿纸幅。

纸料在网部脱水的同时，纸料中的纤维和非纤维添加物质等逐步沉积在网上，因此要求纸料在网上应该均匀分散，使全幅纸页的定量、厚度、匀度等均匀一致，为形成一张质量良好的湿纸幅打下基础。湿纸幅经网部脱水后应具有一定的物理强度，以便将湿纸幅传递到压榨部。

3. 网部纸料的脱水

浓度约 0.3%～1.2% 的纸浆，从流浆箱的唇口以接近成形网的运行速度，均匀地喷到网上。随着无端的长网向前移动，靠重力或真空抽吸力，纸料中的水分从网孔中排出。随着纸料在网上脱水的同时，纸料中的纤维及填料等都沉积在网上而形成湿纸页。纸页在网部的脱水量占整台纸机的总脱水量的 95% 以上，纸页离开网部的干度为 18%～23%，高速纸机可达 27%。

4. 纸料在网部脱水与成形的关系

纸料在网部的脱水和纸页的成形是一对矛盾的统一体，两者同时存在又不可分割。纸料在脱水过程中形成纸页，纸页在成形过程中也不断脱水，而脱水与成形又相互制约。

纸页成形既需要脱除大量的水分，但是也不能脱水太快，如果脱水太急太快，纸料纤维在网上来不及均匀分布就已经成形，难以形成良好质量的纸页；但如果脱水太慢，则会引起已经分散的纤维重新絮聚，影响纸页的质量，且在出伏辊时也达不到纸页所需的干度和湿强度。应根据纸浆配料和生产纸种不同要求和不同的生产条件进行权衡，使脱水和成形相互协调和统一，在得到良好纸页成形的前提下，尽量满足脱水要求。

二、纸页成形的过程的流体动力

纸料从流浆箱唇口喷出到成形网，开始成形和脱水，此时，所有纸料由于水的作用，可以相互移动，随着继续脱水，一部分纸料浮出水面，从而固定，不能移动。这时纸料所处位置称之为水线。水线是湿纸幅成形结束的标志。

纸页成形的基本过程可以看作是三种主要的流体动力过程，即滤水、定向剪切和湍动，如图 11-1 所示。

滤水　　　　　定向剪切　　　　　湍动

图 11-1　纸页成形中的 3 种流体动力过程

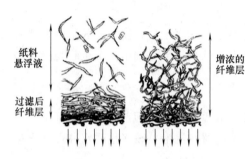

图 11-2　过滤脱水和浓缩脱水

（一）滤水

滤水是指成形过程中纤维悬浮液的水分借重力、离心力、和真空吸力等排出的过程。滤水是水通过网或筛的流动，其方向主要是（但不完全是）垂直于网面的，其特征是流速往往会随着时间起变化。滤水按照两种机理进行，即过滤过程和浓缩过程。如图 11-2 所示。

1. 过滤过程

如果纸料悬浮液中的纤维是易动的或互相间可以无干涉自由运动，就发生过滤。此时沉积在网上的积层与靠近它的稀薄的悬浮体之间有着清楚的边界，在积层以上未滤水的悬浮体的浓度基本没变。过滤过程对湿纸幅成形有以下作用：

① 匀布作用。水向阻力小的地方流，即从积层厚的地方向积层薄的地方流动，使纤维层均匀分布。

② 逐层沉积作用。单根纤维逐层沉积于网上，相互交织穿插，层次分明，使纸页中纤维主要呈二维层状排列的结构。

③ 自然选分作用。成形初期，长的纤维先沉积，随着积层增厚和压紧，细小的纤维沉积量增加；网面长纤维多，而顶面则细小纤维、填料分布多；细小纤维沿厚度方向排列不均匀，是造成纸张两面差的主要原因（圆网抄成的纸两面差更大）。

2. 浓缩过程

若纸料悬浮液中的纤维是不易动的，而且成为互相交缠的网络，网络中的水脱出，网络被压缩，形成的纸的层次不分明，而是交叉的。这一过程称为浓缩过程。

浓缩过程的发生，使纸幅中的纤维成呈杂乱三维排列的结构。

在纸幅成形过程中，过滤机理起主导作用；但由于同时存在着分层与交织两种组织的混合结构，说明过滤与浓缩两者是同时存在的。在脱水的前期以过滤作用为主，随着脱水，纸料浓度提高，成形脱水的后期，则以浓缩过程为主。

（二）定向剪切

定向剪切力是一种水平方向的流体动力，主要存在于纸机的纵向。有的纸机（低速纸机）网案有摇动装置，则存在横向的定向剪切力。纵向的定向剪切力是因浆网速差而产生，横向的定向剪切力是由网案的摇振而产生。定向剪切的作用结果一方面是分散纤维网络，使纸幅的匀度更好；另一方面，是使纸幅的纤维产生定向排列。

（三）湍动

湍动包括真正无定向流的波动和部分定向波动。湍动的主要作用是分散纤维网络，并在有限的程度上使纤维在纸料悬浮液中易动，从而降低纸料悬浮液的絮聚程度，以及作为定向剪切衰减的手段。

第二节　长网纸机纸页的成形与网部的脱水

一、长网纸机网部的组成及作用

典型的长网纸机网部结构如图 11-3 所示，其主要部件是成形网和成形脱水元件。成形脱水元件包括胸辊、成形板、案辊、案板、湿吸箱、真空吸水箱和伏辊等。此外，网部还包括成形网的支承、驱动、张紧、校正、舒展和清洗所用的辅助元件和运行中的操作控制元件（如定幅装置、切边水针、校正辊、张紧辊）。主要组成部件及作用简述如下。

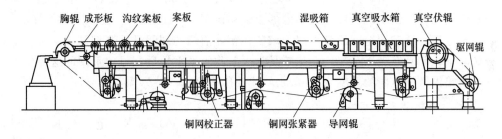

图 11-3　一种长网造纸机网案结构示意图

1. 胸辊

胸辊是一个大直径、硬质橡胶包覆的转动辊，处于流浆箱堰口处。胸辊有一定的脱水作用，脱水作用的大小取决于流浆箱唇口所喷纸料的着网点位置。

2. 成形板

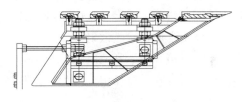

图 11-4　成形板结构图

成形板由一组刮水板组成，如图 11-4 所示。安装在堰口浆流的着网点的下面。刮水板通常为 3～20 个，各刮板间有一定的缝隙。

成形板的作用有：支撑成形网，避免成形网因纸料冲击而下陷；缓和纸料的前期脱水，保证纸页成形的质量，减少细小组分的流失，使纸页中的细小纤维和填料的分布更加均匀，减少纸页的两面差。

3. 案辊

案辊的作用是支撑成形网，在成形网的运行过程中，给予网上的纸料层产生具有脉动真空抽吸力。

案辊用于低速纸机，当纸机车速高于 300m/min 后，因案辊所产生的脉动真空吸力过大，会干扰和破坏网上已成形的纤维层。取而代之的是沟纹案辊，可减低一些脉动吸力。但当车速超过 600m/min，就不再使用案辊，而由其他的脱水元件取代。

4. 案板（刮水板，脱水条）

案板又称刮水板或脱水条。是一组支撑在成形网下的、具有坚硬且耐磨表面的刮板。刮

图 11-5 高速纸机所用的陶瓷案板组

板的上表面与成形网成一个很小的角度，一般为 $3°\sim5°$。高速纸板的案板的角度更小，只有 $0.25°$，如图 11-5 所示，其面板材质有三氧化二铝、碳化硅和氮化硅陶瓷，分别在重力脱水区和真空脱水区使用，其中氮化硅陶瓷脱水条可耐 $600℃$ 高温。案板在网部产生的压力脉冲和真空吸力较为平缓，对网上成形纸页的干扰很少。

单个案板的脱水量比单个案辊要少，但案板所占位置比案辊小得多。通常将几个案板安装于一个箱体上，成为案板组。若案板组箱体接真空系统，则为真空案板组。

5. 湿真空箱（湿吸箱）

湿真空箱又称湿吸箱，为低真空脱水元件（真空度为 $0.2\sim1.0kPa$），箱体以水腿管与网内白水盘或网外的白水坑相接，使箱内形成最初的真空和补偿由于边部密封不好的损失，箱体与风机连接，通过调整减压分离阀门或装在箱体前侧的阀门开度来控制真空度。湿吸箱一般安装在案板和真空吸水箱之间，主要是为了脱除经过案板后穿过成形网的这部分水。典型的湿真空箱沿纸机纵向的宽度为 $500mm$，其开孔率为 $60\%\sim70\%$。

6. 真空吸水箱（干真空箱）

一般情况下，当网上湿纸幅的干度达到 $2\%\sim3\%$ 时，必须靠真空范围在 $10\sim33kPa$ 的干真空箱进行脱水，从而使网上湿纸幅的干度达到 10%。纸页经过干真空箱组时，网上显现出"水线"，纸页在水线处的干度为 $5\%\sim7\%$ 左右。水线是网上纸料镜面和毛面的交线，其中镜面是纸料全部浸于水中，纸料悬浮液表面为水面，对光产生镜面反射；毛面是因为部分纸料露出水面，对光散射。

干真空箱表面紧紧地吸住成形网，使大约 80% 的成形网驱动能量消耗于此，并造成成形网的磨损。实际操作中，适当调整和尽量降低箱内真空度的范围是非常重要的。

7. 伏辊

伏辊有两个功能，第一，为纸机网部的驱网辊，带动成形网运行，在没有驱网辊的纸机中，这是唯一的驱网辊；第二，是长网纸机网部最后一个脱水元件，使纸幅从 $12\%\sim18\%$ 的干度，达到进入压榨部之前的 $18\%\sim25\%$ 的干度。

一般伏辊都是真空伏辊。

8. 饰面辊

饰面辊又称水印辊，用来修饰纸页表面或形成纸上半透明的图案。要使饰面效果好，必须要求纸页进入饰面辊时的干度为 7% 左右，即饰面辊安装在纸页的水线消失之前。

9. 驱网辊（回头辊）

驱网辊一是承担长网成形器的主要传动功能，提供成形网 $50\%\sim70\%$ 的动力；二是在真空伏辊后形成一段网段，便于真空吸移辊将湿纸幅转移到压榨部。驱网辊与胸辊辊体结构基本一样，与成形网的包角与胸辊上的包角相接近。

10. 导网辊、校正辊与张紧辊

成形网回程中一般设有 $5\sim7$ 个导网辊，用于支持网子，其中回程中的第一个导网辊上安装有刮刀和喷水管，以防止纸料缠辊，造成网子起沟。此辊也称为剥浆辊。

校正辊的一端可以作水平移动，控制网子的运行方向，防止成形网跑偏。对于高速纸机，校正装置设在成形网的回程上。

张紧辊可上下移动，调节成形网的张力，控制成形网的松紧。

11. 成形网

成形网对纸机的操作和纸页的质量均有重要的影响，其主要的参数有：定量、目数、支数、厚度、每层的织法、开孔面积率等。成形网靠近纸页面的每平方厘米的铰接点数，成形网的透气度，纵向和横向的伸缩率等，也是非常重要的参数。

二、长网成形器的成形与脱水

（一）纸页成形脱水的三个阶段

在长网纸机的网部，纸料从流浆箱唇口以一定的速度和角度喷到成形网的网面上。随后，纸料受到网下脱元件的作用，脱去大部分水分，形成湿纸幅。一般情况下，网部纸料的脱水和纸页的成形可分为三个阶段。

第一，上网段，从流浆箱堰口（唇口）喷出的纸料与网面接触点（着网点），至成形板或第一根案辊。为保证后续纸页成形的均匀性，该段要求喷射到网面的纸料是均匀分散的，且应最大限度地降低喷射浆流表面的不稳定性。

第二，成形脱水段，从第一段结束点起，至水线为止。在这一段，纸料开始大量脱水并形成湿纸页。

第三，高压差脱水段，从水线开始一直到离开伏辊为止。在这一段，湿纸页已经成形，普通脱水元件难以继续脱除其中的水分，因而要通过较高的压差来进一步脱除水分。该段主要由真空吸水箱和伏辊构成。经过这段脱水后，视不同的纸料，湿纸页干度可以达到 $12\%\sim 22\%$，此时，湿纸页已经具备了一定的湿纸幅强度，可以引入到压榨部。

（二）流浆箱的喷浆速度与纸页的成形脱水

1. 流浆箱的喷射角和着网点

纸料从流浆箱堰口以一定角度喷射到成形网上。喷射角是指纸料自堰板喷浆口喷出之后，其喷射轨迹与堰板下唇板之间的夹角，如图 11-6 所示。喷射角 α 取决于上唇板的斜度、上唇板向下相对伸出量 Y/h_0 和下唇板水平相对伸出量 X/h_0，调节唇口开度可以改变堰板的垂直移动量 h_0，因而喷射角 α 和着网点可以通过改变下唇板地伸出量 X 得到控制。

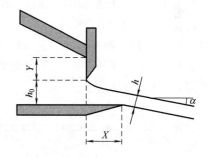

图 11-6　结合式堰板喷浆情况

喷射角和着网点对纸页的成形和脱水有显著的影响。一般情况下，喷射角越大，着网点就越靠近堰板喷浆口，网案上网段的脱水就越强烈；反之，喷射角越小，则浆流喷射距离越远，网案上网段的脱水就较为缓和。在实际生产中通过调节喷射角和着网点，可以控制上网段纸页的脱水程度和成形质量。在一般情况下，纸料的着网点应在成形板的前缘附近。

2. 浆速和网速的关系

（1）浆网速比

浆速和网速的关系一般用浆网速比表示，该速比是指造纸机流浆箱唇口喷浆的速度和纸机成形网运行速度的比率，即：

$$R=\frac{v_{\mathrm{j}}}{v_{\mathrm{w}}} \tag{11-1}$$

式中　　　R——浆网速比；

　　　　　v_{j}——唇口喷浆速度；

　　　　　v_{w}——成形网运行速度。

纸页的成形对浆网速比是非常敏感的，一般适宜的浆网速比范围在 0.90～1.10，最佳的浆网速比应非常接近 1.0。

（2）浆网速比对纸页成形质量的影响

当 $R=1$，即浆速等于网速时，浆速与网速间的相对速度为零，浆流的湍动强度小，使得已分散的纤维在网上重新絮聚，造成纸页上容易形成云彩花状，成纸匀度较差；当 $R>1$，即浆速大于网速时，纤维在网上横向排列较多，当上网浆料游离度较高，在网上脱水速度较快时，容易造成纤维卷曲或纤维垂直于网面排列现象，导致纸页出现波纹状。因而只有在使用黏状打浆的纸料抄造某种薄页纸（如卷烟纸，电容器纸），以及要求伸长率较大的纸种（如电缆纸）时，才使用这种浆网速比；当 $R<1$ 时，即浆速小于网速时，纸料上网后受到网的加速作用，减少了纤维再絮聚的现象，形成的纸页有较好的匀度。但网速高于浆速的比值也不宜过大，否则纸料的下层被网拖带前进，纤维的纵向排列加强，导致纸页的纵横拉力比增大。同时纸张的多孔性和柔软性也变差。

（三）网部主要脱水元件的作用原理

1. 成形脱水段的脱水元件和作用原理

（1）案辊的脱水原理

当成形网上某一处的纸料进入案辊上游时，附在网下的水处于辊网之间，其中部分向上透过成形网进入到湿纸页中，此时，网上的纸料受到一个向上的压力，产生了一个冲刷效应，这对已经部分成形的湿纸幅产生一定的扰动。这种扰动具有松动纸页结构、带走部分微细组分的作用，使纸幅的网面细小组分减少，对纸页的进一步成形和纸页的最后性能，均有一定影响。如图 11-7 和图 11-8 所示。在案辊的下游区，即案辊与成形网之间的楔形区内，水流在案辊和成形网的带动下向外流动，并且截面逐渐变大。由于水有足够的内聚力，水层不会轻易分离，楔形区产生了真空抽吸的排水区间。案辊的这种真空抽吸作用会延续到楔形间隙内水层破裂为止。

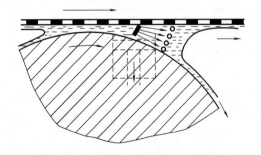

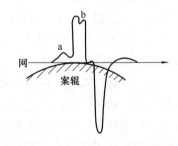

图 11-7　案辊的抽吸作用示意图　　　　　　　图 11-8　压力和抽吸力

案辊的抽吸力与网速的平方成正比，因此，使用案辊具有最大速度限制，约为 $500\mathrm{m/min}$，纸机车速大于此速度时，压力脉冲强度过大，产生的扰动将破坏纸幅匀度，因此，案辊不能用于高速纸机。

（2）案板的脱水原理

在纸机车速较高，案辊不能使用的纸机上，案板为普遍使用的脱水元件。案板的脱水原理和案辊有相似之处，即两者都是在真空抽吸作用下进行脱水。如图 11-9 所示，当成形网运行到与案板锐利的前缘接触时，首先是将悬附在网下的水层刮去。接着，成形网和网上的浆料进入到水平的支承平面上。在这个区间，一部分进入到前缘面和网子之间的水对纸料造成了向上的压力，造成正压脉冲。当成形

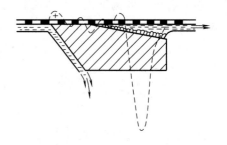

图 11-9　案板的脱水原理图

网移动至倾斜平面上时，在初始阶段，成形网会下垂而沿斜面运动，但成形网的张力会很快使成形网与倾斜面脱离，并与倾斜面组成一个楔形空间，真空抽吸力产生于这一楔形区内。

楔形区内，黏附在网下的水层是以网速沿水平方向运动，而贴在案板板面的水则是静止的。这两个速差很大的水层会产生强烈的涡流或涡漩。当网和板面之间的距离很小时，涡流占有间隙内流体大部分空间时，案板的抽吸作用是很弱的。随着成形网向前运动，楔形区内的水层厚度增加，涡流层只占有间隙中流体中很少部分，由于楔形区间隙内水流的截面是逐渐增大的，案板倾斜面上产生了真空抽吸作用，案板的脱水速度逐渐增加，直到某一最大值。

由于案板间隙内水层相对是静止的并有涡流层的存在，案板产生的真空度较低，脱水过程也较缓和，楔形区末端水层的形状也比较稳定。和案辊相比，案板的压力—真空脉冲比较缓和，其脱水过程的压力波动和最高压力都比案辊脱水小，因而对网上纸浆的扰动较小，有利于提高保留率。

为提高脱水效率，可将多个案板一起安装在低真空吸水箱上构成真空案板组，由此，案板间的空隙也发生真空抽吸脱水。

考虑到车速的提高，以及减少案板和网子的摩擦，更好地控制脱水，出现了一些新型的案板，如可调节角度型、阶梯式角度型、弧面型或渐扩区斜面型案板。

2. 高压差脱水段的脱水元件和作用机理

高压差脱水段主要由真空箱和伏辊两部分组成。

（1）真空箱的脱水原理

湿真空箱上部的纸页水分较大，纸页脱水主要靠纸页上下的压力差，由空气压缩纸页而脱水。而干真空箱上部纸页的水分较小，纸页脱水主要靠空气穿过纸页内部的空隙，将湿纸页中的水分带入真空箱。

（2）伏辊脱水

伏辊分真空伏辊和普通伏辊。在现代造纸机上，所用的伏辊基本上为真空伏辊。真空伏辊主要依靠真空抽吸力进行脱水，其脱水能力较强，因此一方面可以适应含水量较大的湿纸页进和伏辊脱水，另一方面也可以提高出伏辊湿纸页的干度，减少湿纸页在传递过程中的断头，从而为提高纸机车速和抄宽创造条件。

第三节　圆网成形器的纸页成形与脱水

一、圆网纸机的结构

圆网造纸机占地面积小，投资小，生产能力小，目前不再用于生产主流纸品，而用于生

产一些特种纸。圆网纸机可分为传统式圆网纸机和新型圆网纸机两大类，不同类型的圆网纸机的主要特点在于其网部的不同。

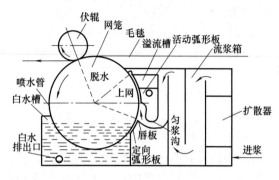

图 11-10　圆网造纸机（活动弧形板式）示意图

1. 传统式圆网纸机网部

传统式圆网纸机的圆网部由网笼、网槽和伏辊三部分组成。如图 11-10 所示。纸页的形成是靠圆网内外的水位差所产生的过滤作用，使纤维在脱水过程中被吸附在网面上形成纸页。网笼内的白水经网槽的边箱排入白水池。形成的湿纸页在网笼上继续脱水并带入伏辊，经伏辊加压脱水后干度可达 8%～10%。由于网笼顶部毛毯的比表面积比网面大，湿纸页在伏辊处受压时，由网面上被吸附转移到毛毯上，并由毛毯引入压榨部。网笼继续转动，经清水管冲洗网面后，进入下一个循环。

根据网笼的转动方向和纸料的流动方向的相对关系，网槽可分为三大类，即顺流、逆流和侧流式网槽。

（1）顺流式网槽

顺流式网槽的基本特征是纸料流动方向与网笼转动方向相同。纸幅在成形过程中，纸料有逐步浓缩的现象，使溢流浆的浓度大于上网浆的浓度。为了保证纸页的匀度，这类网槽大都设有溢流装置。顺流式网槽有多种结构形式，但目前广泛使用的有活动弧形板式网槽和顺流溢浆式网槽。

活动弧形板式网槽对纸种的适应性强。顺流式网槽的有效脱水弧最大（可达总弧长的75%），脱水能力强，可采用较低的上网浓度，纸幅的匀度较好，成纸的紧度大，平滑度好，适合抄造薄页纸，也可以抄造定量较大的书写纸和印刷纸。

（2）逆流式网槽

逆流式网槽的纸料流动方向与网笼转动方向相反。在纸页的成形过程中，由于纸料的不断进入抵消了纸料的浓缩作用，因而不需要设置溢流装置，但必须保持上网纸料量与抄造能力和脱水能力相适应。逆流式网槽上网浓度高，白水浓度大，纤维流失多。另外，纸料由圆网的上旋边进入，纤维受到搅动，所抄成的纸页纵横拉力比较小，纸质疏松。所以逆流式网槽适合于纸板的多层抄造。

（3）侧流式网槽

侧流式网槽的基本特征是网槽的流动方向与网笼的回转方向成一定的角度（一般是90°）。侧流式网槽的特点是，成纸纵横向拉力值比较接近，抄造速度较慢，适合于长纤维抄造薄页纸或是要求纵横向拉力差较小的纸种及某些高级特种用纸。

2. 新型圆网造纸机

因传统圆网纸机纸幅成形效率低，脱水慢，网笼旋转过程中产生的离心力易造成网笼上的纸料甩离，圆网纸机车速受到限制。因此对传统圆网纸机改进后出现了一些新型的圆网纸机。

（1）真空圆网纸机

真空圆网机的主要特征是在圆网内加设抽真空的功能，以增大脱水压力差和纸浆对网面的附着力，有利于提高圆网机的车速。如图 11-11 所示。

（2）加压式圆网

与真空圆网相反，加压式圆网是在网笼的外面形成一个密闭的压力室，以增大网笼内外的脱水压差及浆料在圆网面的附着力。如图 11-12 所示。

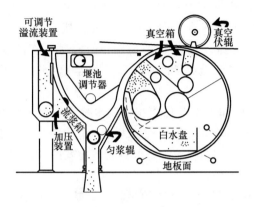
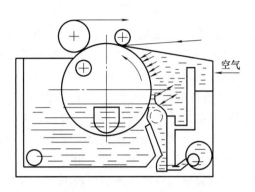

图 11-11 真空圆网纸机　　　　　　　图 11-12 加压式圆网纸机

（3）超成形圆网成形器

超成形圆网成形器保持了圆网结构简单的特点，利用长网纸机的喷浆上网方式取代网槽，以提高车速和改进纸张质量。结构特征是利用与长网纸机相同的流浆箱上浆，在较短的网面上快速脱水。如图 11-13 和图 11-14 所示。超成形圆网纸机多用于纸板的生产。

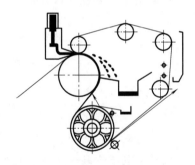

图 11-13 超成 C 形成形器

图 11-14 超成 T 形成形器

（4）斜网成形器

斜网成形器实际上是一个直径为无限大的圆网成形器，如图 11-15 所示。保持了圆网成形器结构简单紧凑的优点，同时克服了圆网成形器的一些缺点，结构形式变化更多。斜网成形器目前主要用于生产高透气度类纸张，要求纵横向强度比较接近。为增加横向排列的纤维，浆网速比应接近于 1 为佳。也适合长纤维的特种纸成形，成纸匀度好、透气度高，上网浓度低（0.020%～0.065%）。

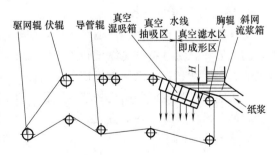

图 11-15 斜网成表器示意图

斜网成形器与普通长网成形器一样有明显的水线，所不同的是这条水线不是在成形器后部的吸水箱区域，而是在堰池液相与固相的分界线（即堰板出口附近）。斜网成形器上网浆量所要求的唇口开度 H，完全被控制在斜网成形区内。纸页的成形是靠装于网下脱水元件成形，真空湿吸箱均匀地真空抽吸，产生过滤脱水，纤维逐渐地从悬浮液中均匀地析出，截留在网上，从而形成连续的湿纸幅，而不是像普通长网纸机的喷浆上网。

斜网成形器的倾斜角度直接影响着纸页的成形质量：

① 倾斜角度越小，相对过滤面积就越大，沿纸机运行方向各部脱水量的差就比较小，容易使纤维均匀地分布，纸机运行时流浆箱的液位较低，成形网与流浆箱的密封比较容易；缺点是容易出现浮浆，流浆箱内纸浆的浓度就会必变，造成纸的定量和厚度出现波动，从而影响纸的质量和成品率；

② 倾斜角度越大，相对过滤面积就越小，从而加大了单位面积的脱水量，加快了纸浆的脱水速度；缺点是沿纸机运行方向各部脱水量的差较大，容易使纤维分布不均匀，纸页表面状态不佳，而且纸机运行时流浆箱的液位比较高，网与流浆箱之间的密封比较困难，同时因密封装置对网的压力加大，也会加速网的磨损。

斜网成形器应按生产的纸种不同，设计不同的倾斜度。合适的倾斜度，既可削除浮浆，又有利于均匀脱水及流浆箱的密封。理想状态是采用可调角度的斜网成形器。某斜网的设计用 15^0 的斜网倾角，既有利于脱水，又使网与流浆箱间的密封变得比较容易。

二、圆网成形器的纸页成形和脱水过程控制

1. 脱水压差和脱水弧长对纸页脱水和成形的影响

圆网纸机的脱水和成形是一个复杂的过程，其脱水过程可用过滤方程（11-2）来描述。

$$\frac{dQ}{dt} = \frac{A\Delta p}{R} \tag{11-2}$$

式中　　dQ——脱水量

$\quad\quad dt$——脱水时间

$\quad\quad A$——脱水面积

$\quad\quad \Delta p$——圆网内外压力差

$\quad\quad R$——脱水阻力

从上式可知，脱水量与脱水弧长成正比，即延长脱水弧长有利于提高脱水量；脱水量与网笼内外压力差 Δp 成正比关系；脱水量与脱水阻力 R 成反比关系。

2. 浆速与网速的关系

与长网纸机一样，在圆网造纸机中，浆速和网速的关系也是十分重要的。浆网速比对于纸页的成形和质量（特别是纵横拉力比）有显著的影响。一般来说，比值越小，则纤维纵向排列的方向性就越强，纸张的纵横向拉力比就越大。

为了能较好地控制圆网机的浆网速比，新式圆网纸机网部采用了喷浆上网的方式，以替代传统的网槽内挂浆上网的方式。

3. 选分与洗刷作用

纸料在圆网机上网成形的过程中，由于纸料各组分具有不同的长度和粗度，使圆网有选择地进行吸附，这种作用称为选分作用。又由于圆网回转与纸料间的摩擦作用，使已经吸附于网面的部分纸料又被冲刷下来，这种作用称为洗刷作用。以上两种作用，对纸页的成形及成形及质量，均有较明显的不利影响。

4. 圆网的临界速度和圆网纸机的极限车速

当湿纸页随同网笼回转离开网槽液面时，湿纸页将受到重力、网面附着力和由于网笼旋转而形成的惯性离心力等的作用。对于圆网网面上离开液面后任何位置的湿纸页，其在该位置所受的重力是一定的，但随着圆网纸机车速的提高，其在该位置所受到的离心力是不断增加的。如果忽略相对较小的网面对湿纸页的黏附力，则当湿纸页受到的离心力和重力相等时，湿纸页处于临界状态，即还可以保持在网面上。我们将湿纸页处于临界状态所对应的圆网圆周速度，称为"圆网纸机的临界速度"，而将对应该圆周速度的纸机车速，称为圆网纸机的极限车速。如果圆网纸机车速进一步提高，使圆网圆周速度超过了临界速度，则湿纸页所受的离心力大于重力，湿纸页就会被甩出，成形的湿纸页就会被破坏，圆网机将无法继续操作。

第四节　双网和多网成形器的纸页成形和脱水

长网纸机网部为单面脱水，这种纸机的脱水效率低，纸机车速受到限制，所抄制的纸页两面差严重，网部成形脱水区不稳定的自由网面过长，纸幅匀度较差。双网或多网成形，有助于解决上述缺点。

双网成形器包括夹网成形器和上网成形器，其中夹网成形在现代纸机中应用最广。多网成形主要用于抄制纸板。

一、夹网成形脱水

1. 夹网成形器的分类

夹网成形器是指在两张成形网间完成全部成形过程的成形器。夹网成形器根据其脱水原理不同又可分为三种形式。如图 11-16 所示。

① 辊式夹网成形器。在辊式夹网成形器中，纸幅的成形是在成形辊上进行的。根据成形辊是否开孔又有单面脱水和双面脱水的区别。这种成形器在成形过程中纤维的留着率最高，但其成形质量较其他成形器差。因网面没有刮板，无摩擦，网子的使用寿命长，动力消耗低。

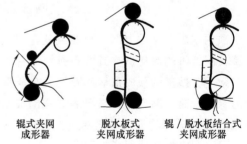

辊式夹网　　　脱水板式　　　辊／脱水板结合式
成形器　　　夹网成形器　　　夹网成形器

图 11-16　几种夹网成形器的成形区配置

② 脱水板式夹网成形器。脱水板式夹网成形器采用静止脱水元件（主要为脱水板）脱水，可抽真空或不抽真空。其成形过程的纤维留着率最低，但成纸质量好。网子易磨损，动力消耗大。

③ 辊/脱水板结合式夹网成形器。此类成形器结合了上述两种成形器的优点，兼顾了纸页的成形质量和纸料的留着率。

2. 夹网成形器的脱水原理

① 恒定压力脱水。设 R 为成形辊半径或成形板的曲率半径，忽略两网间纤维悬浮液的厚度，F 为外网的张力，则纸幅成形过程的脱水压力为 p，则有：

$$p = F_T / R \tag{11-3}$$

式中　p——成形网对成形辊的压力，kN/m^2

F_T——成形网的张力，kN/m

R——成形辊的直径，m

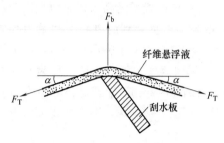

图 11-17　成形板所产生的压力脉冲

② 脉冲压力脱水。夹着纤维悬浮体的两张网挠曲地经过静止的脱水元件（脱水板等），位于脱水板顶端的悬浮液体中将产生一个反作用力，以保持外网在一个适当的位置上，反作用力 F 即为脱水动力，如图 11-17，可表示为：

$$F = 2F_T \sin\left(\frac{\alpha}{2}\right) \tag{11-4}$$

式中　F——脱水动力，N/m

　　　F_T——成形网张力，N/m

　　　α——成形网弯曲角

③ 真空脱水。如果两网之间的纤维悬浮体仅需要单面脱水，则可采用真空吸水箱脱水。

④ 离心力。当悬浮体夹在两网之间沿着曲面移动时，会产生离心力，其作用的方向是朝外的。

3. 夹网成形器的脱水特性

夹网成形器是由两张网子组成的成形器，因此可以进行两面脱水，相当于每一张网形成一层纸幅，然后再复合到一起。与单网脱水相比，双面脱水可使脱水率增加 4 倍。这是由于每一层纸幅的定量和流体阻力仅仅是单面脱水时纸层的一半。夹网成形另一个优点是封闭成形，纸料悬浮液在成形器内不存在暴露空气的表面，而这种自由表面会形成波纹以及其他搅动现象。与长网纸机相比，夹网纸机具有成形质量好，两面差小，掉毛掉粉少，平滑度好以及纸页的横幅定量和水分分布均匀等优点。

二、顶网成形器的纸页成形脱水

顶网成形器又称上网成形器或复合型成型器，也称为反脱水装置。其实，这种成形器是传统长网纸机的改良型。其特点是在原有长网纸机的网部加装上网成形器，使长网纸机部分为"敞网"抄造的预成形区和双网复合成形区，在双网复合成形区段，纸料悬浮液受到脱水压力（如辊筒上网张力、弧形表面或刮板或真空抽吸装置等），从而可以减少纸页的两面差，抄造出 Z 向对称的纸页。顶网成形器分以下 3 种：

（1）刮水板式顶网成形器

刮水板式顶网成型器是由静止脱水元件组成的上网装置，一般采用真空箱或刮水板脱水。如图 11-18 所示。

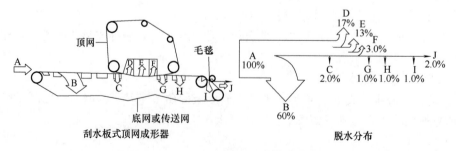

图 11-18　刮水板式顶网成形器及其脱水分布

（2）辊筒式顶网成形器

辊筒式顶网成形器是由辊子组成脱水元件的上网装置，这种成形器根据双网的走向（朝上或朝下），分别用于高速或低速纸机。如图 11-19。

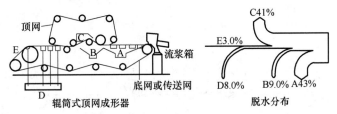

图 11-19　辊筒式顶网成形器及其脱水分布

三、多网成形脱水

纸板的抄造一般采用多层抄造的方法，对应的纸机是多网成形的纸机。纸板历史上是在圆网纸机或长圆网结合的纸机成形的。多圆网纸板机的车速、匀度和层间结合强度都不甚理想。至今，多网成形器有以下几种结构形式。

（1）多长网

这种结构对生产挂面纸板是很具代表性的，如图 11-20。但使用多长网机也存在潜在的问题，即富含细小物质的正面的纸幅跟另一个少含细小物质的网面纸幅的结合问题。结合问题很可能发生在纸板中间层和底层之间，除非很好地选择配比和成形器，各种结构的成形器可导致各种不同的湿纸幅黏结形式。三个以上的长网相结合，至少存在着某个正面与网面的结合问题。

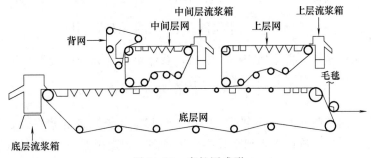

图 11-20　多长网成形

（2）折叠多长网

如图 11-21，面层和芯层成形后首先叠合在一起，然后再叠合到底层上。这种结构的纸板机最流行，抄造效率，纸的匀度都较好。

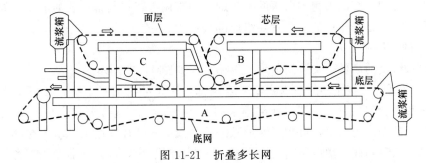

图 11-21　折叠多长网

（3）"湿纸在干纸上"的成形

底层的长网上安装几套成形装置，各自带有自己的流浆箱。如图 11-22。这种"湿纸在干纸上"的成形方式，层间结合较好，减少了微观不均一性，表面针眼等缺陷较少。

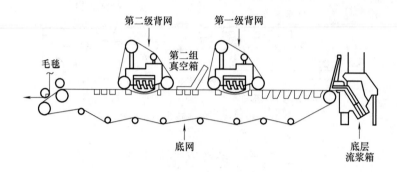

图 11-22 "湿纸在干纸上"的成形

第五节 纸机白水的回用

对于现代夹网纸机，一般上网浓度为 0.9%～1.2%，考虑到网下白水还含有一定量的纸料，这就是说每生产一吨纸，需要排出 100 多吨白水。其中约 95% 是在网部排出的。白水中含有大量的细小纤维、填料、施胶剂及其他助剂。充分利于这些白水，可以减少清水用量，减少原料及药品的损失，回收白水中的热能，降低废水处理的负荷，减少 COD 的排放。另外，纸机生产过程中，还有大量的冲网水，毛毯洗涤水等稀白水需要处理使用。

一、造纸过程网下白水的循环使用

网下白水的循环使用，根据回用位置不同，总体可以划分为两大类：短循环和长循环；根据白水浓度的高低，又可划分为三级循环来回利用。

1. 短循环

短循环是指从网部脱除的部分白水，回用于稀释进入流浆箱的浆料。如图 11-23 所示。由于用于短循环的白水为浓白水，细小纤维含量较高，因此短循环可以增加通过流浆箱的干物质流量，以使纸幅的干物质流量等于从打浆工段送到纸机的干物质流量。

2. 长循环

长循环是指在网上脱除的不用于稀释流浆箱浆料的另外一部分白水，被引送去更前面的生产工序。一般来说，用于长循环的白水为稀白水，是经过白水回收装置处理过的，主要回用于那些不能使用含高固形物的白水的生产的，用来调节浆料制备系统的浓度。如损纸系统中的碎浆和稀释，是长循环的一个重要组成部分。

3. 白水的三级循环

根据白水浓度的高低，又可划分为三级循环。如图 11-24 所示。

① 第一级循环。该循环的白水主要来自网部，用于冲浆稀释系统。真空箱之前的浓白水，其水量及内含的物料量，都占网部排水的 60%～85%，这部分白水应全部用于纸料的稀释。另外，该循环的白水，可用于锥形除渣器各段渣槽的稀释用水。由于这部分白水携带的物料量多，稀释到同一浓度所需的白水多，使总液量加大，从而增加净化设备的负荷，增

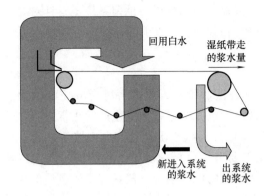

图 11-23　白水的短循环使用

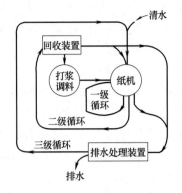

图 11-24　造纸车间白水的三级循环

大动力消耗，因此，此处稀释最好用该循环的稀白水。

②第二级循环。该循环的白水主要是网部剩余的白水和喷水管的水等，经白水回收设备处理，回收其中物料，并将处理后的水分配到使用的系统。经过白水回收设备回收的纸料，微细组分含量高、填料多，气浮法回收的还含有较多的气泡，因此质量降低，一般可以返回损纸系统使用。对于成纸质量要求较高的纸种，可送往成纸质量要求较低的机台使用。对于处理效果好的白水，可作为喷水管使用，一般则可送往打浆调料部分作为稀释水，也可送往制浆车间使用。

③第三级循环。该循环的白水是纸机废水和第二级循环多余的水，汇合起来经厂内废水处理系统处理，并将部分处理水分配到使用系统。该系统水，有许多含有树脂、油污等被污染的废水，所以其中含有的纤维、填料不能再回收利用。这个系统的水处理，不属于造纸车间的水处理，而是由工厂内的水处理系统处理。其处理是为了减轻污染，处理后的水排放而不再回用。但也有的将其经过沉降、沙滤等处理，部分或全部返回生产系统，以节约用水。

二、白水的封闭循环和零排放

将纸机排出的白水直接或经白水回收设备回收其中的固体物料后再返回纸机系统加以利用的方法，称为白水的封闭循环。其循环利用的基本原则是在不影响纸机操作和成纸质量的前提下，尽量对白水加以处理利用，尤其是优先利用浓白水，以尽量减轻物料流失和清水用量。所谓零排放，是指在造纸过程中不排放污染的水。

随着造纸用水封闭循环程度的提高，进入造纸系统的清水量和排放的废水量大幅减少。白水系统中溶解和胶体物质的积累显著增加，系统中的盐类和金属离子的量也显著增加，从而对造纸生产及产品质量产生重大影响。为了减少白水封闭循环对整个正常生产的影响，需要对造纸白水封闭系统进行控制和调节。

1. 控制白水中溶解和胶体物质（DCS）的含量

白水中的 DCS 主要含有大量的亲脂性物质、阴电荷物质以及无机电解质，这些 DCS 物质带有很高的负电荷，称为"阴离子垃圾"，它们的浓度随着回用程度的提高而增加。目前，对白水中的 DCS 的处理方法主要有膜过滤技术、蒸发技术、加入改性沸石等方法。

2. 采用高效的湿部化学品

一些高效的化学品，如聚氧化乙烯（PEO）和特殊的酚醛树脂结合的网络助留助滤体系可适应白水封闭后的湿部化学系统；膨润土与助剂复合使用的微粒助留系统也是针对含有较多阴离子垃圾物质的纸浆，添加特殊的阳离子聚合物如 PEI，以消除其影响，为微粒系统发挥作用提供条件。

3. 沉积物的控制

沉积物通常由有机和无机物组成，比如微生物黏液和细小纤维的各种合成成分的混合物、填料和添加剂。沉积物在机件、网毯表面或管道中沉积会干扰造纸生产的正常进行，进入纸页还可能造成纸病（斑点或孔洞）。造纸沉积物可分为纸浆沉积物和非纸浆沉积物。纸浆沉积物与浆料有关，解决这类沉积物问题往往需要取样分析，确定沉积物的主要组成物质。非纸浆沉积物，如化学品制备有加入后系统中出现的沉积物，一般具有比较单纯的成分和比较简单的形成环境，通常仅需对沉积物样品进行简单的目视观察就可以判断出沉积物的主要组成物质。

4. 白水循环系统中腐浆的控制

腐浆主要由真菌、细菌等引起的。当淀粉、填料等化学品加入时，为细菌、酵母提供了良好的生长媒介。当腐浆与白水循环时，所产生的生物黏泥在成形网、毛毯上黏附，或混入浆料系统时，不仅造成糊网、浆料在网部、压榨部脱水困难，而且湿纸页局部成形较差，严重影响产品质量。为了减少腐浆等污染物的产生，要缩短洗刷周期。但也增加了劳动强度，严重时不得不将未到期的网子、毛毯换掉，直接影响到纸机的连续生产及抄造效益。因此，在现有的设备工艺状况下，造纸白水的微生物控制显得尤为重要，而选择高效、广谱、低成本的环境友好型杀菌剂进行药物防治是一种行之有效的方法。

三、造纸车间的稀白水处理

车间不能直接使用的白水，可在车间进行处理，分离并回收白水中的纤维和填料等，更好地回用处理后的白水。回收的方法主要是过滤法和气浮法。分别采用多圆盘过滤机和超效浅层气浮机。

1. 过滤法处理

采用多圆盘过滤机处理。多圆盘过滤机本体由机槽及气罩、中空轴、分配头及水腿管接口、滤盘及扇片、剥浆喷水装置、摆动洗网装置、接浆斗、出浆螺旋、传动装置等组成。如图 11-25 所示。多圆盘过滤机运转时，当某扇片被带入液面，先进入大气过滤区，槽内液体在静压差的作用下过滤，通过主轴和分配阀，大气滤液出口排出浊滤液，此时扇片开始挂浆，随后转入真空过滤区，大量滤液穿过已挂浆的滤网经主轴及分配阀的真空区滤液出口排出清滤液并在扇片上形成滤饼。当扇片转过了液面时，在真空抽吸下，滤饼进一步脱水，干度提高到 10%～15%。当扇片离开真空区进入剥浆区，压力水将扇片上的浆层剥离，落入接浆斗中并继续冲水稀释至浓度 3%～4%，用螺旋输送机输送至或直接落入浆池。

2. 超效浅层气浮法

超效浅层气浮法的工作原理是，当白水进入溶气罐后把空气加压并强迫溶解于水中，然后经骤然减压再通过释放阀把溶解于水中的气体释放出来，气体气泡中的微小气泡能够充分与白水中的纤维、填料接触，微小气泡附着在纤维和填料的表面，改变这些固形物的密度，使固体颗粒在气浮池的运动过程中浮到气浮池的液面，然后用刮浆装置把浮在液面上的纤维和填料刮入浆池，泵送至生产系统使用。如图 11-26。该设备的特点在于其运行原理是零速度原理，它给予白水以短暂的停留时间和潜层（400mm）的运行条件。白水通过一个转动的多管进料器进入净化槽中，这个进料器是围绕中心而旋转的，其旋转方向与进料方向相反，以至白水运动速度降到最小，从而在气浮槽中实际存在一个不动的水柱，而气泡按垂直的方向将固体物（纤维、填料等）上浮至液体表面。据报告，净化水的质量可达到喷水管用水的质量水平。

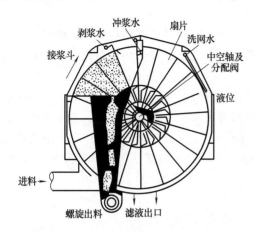

图 11-25　多圆盘过滤机工作原理示意图　　　图 11-26　超浅层溶气浮选装置

3. 沉淀法

沉淀法的特点，是通过沉降的方法将水中的纤维和填料分离出来，达到回收纤维和填料并澄清白水的目的。

主要参考文献

[1]　河北海. 造纸原理与工程 ［M］. 北京：中国轻工业出版社，2010.

[2]　陈克复. 制浆造纸机械与设备（下）（第三版）［M］. 北京：中国轻工业出版社，2011.

[3]　张美云. 造纸技术 ［M］. 北京：中国轻工业出版社，2014.

[4]　［芬兰］HannuPaulapuro. 纸料制备与湿部-造纸Ⅰ ［M］. 刘温霞，于得海，李国海，等译. 北京：中国轻工业出版社，2016.

[5]　沙力争. 造纸技术实用教程 ［M］. 北京：中国轻工业出版社，2017.

[6]　刘忠. 制浆造纸概论 ［M］. 北京：中国轻工业出版社，2007.

[7]　［加拿大］GA斯穆克. 制浆造纸工程大全 ［M］. 曹邦威，译. 北京：中国轻工业出版社，2011.

[8]　［美国］B·A·绍帕. 最新纸机抄造工艺 ［M］. 曹邦威，译. 北京：中国轻工业出版社，1999.

第十二章　湿纸幅的压榨脱水与干燥

压榨脱水的主要功能是脱水、固化纸页、改善纸页的性能以及提高湿纸幅强度以改善干燥部的抄造性能。纸幅通过一道或几道压榨，借助一系列毛毯、辊子和适当的牵引方式，传送到干燥部。

造纸过程中往往力求提高压榨效率，以降低纸机干燥部的蒸发负荷。压榨过程中纸机横向的脱水应该均匀一致，使压榨后的纸页进入干燥部时有均一的横幅水分。一般的纸机，湿纸幅离开伏辊时的干度为 20% 左右，经压榨后纸幅的干度能达至 40% 左右。若采用现代靴式压榨，压榨后纸幅的干度一般能达到 52%。压榨作业可看作是开始于成形部的延续脱水。利用机械方法脱水，要比蒸发方法经济得多。

第一节　压榨的作用及压榨脱水原理

一、压榨部的作用

纸机压榨部的作用有以下几方面：

① 脱水：借助机械压力尽可能多地脱除湿纸幅中的水分，以便在随后的干燥中减少蒸汽消耗，节约能源；

② 增加湿纸幅的强度，提高纸页的紧度，提高纸幅的抄造性能，减少断头；

③ 消除纸幅上的网痕，提高纸面的平滑度并减少纸页的两面差；

④ 传递纸页：将湿纸页传送到干燥部。

二、压榨脱水对纸张结构及性能的影响

压榨可以增加纸页纤维间的接触，促进纤维间更多的氢键结合，同时增加纤维间的结合面积，从而提高纸页纤维的结合强度。打浆时纤维的细纤维化为增进纤维间的结合奠定了基础，而压榨时压辊对湿纸幅的压榨作用使纤维间的结合得以实现，从而完成了纸页三维结构的定型，产生了所谓纸页的固化。

压榨过程对纸页的结构和性质的影响，主要表现在三个方面：

① 对孔隙的影响。压榨对纸页结合和第一个重要影响是降低纸页的孔隙度。一般来说，无论浆料的打浆度高低，纸的孔隙率都随着压榨力的加大而呈直线式降低。此外，压榨线压力一定时，纸的孔隙率随打浆时间的延长而降低。

② 对松厚度的影响。压榨将导致纸的松厚度降低。另外提高压榨力可以增加纤维间的结合和纤维的柔软性，有利于增加纸页的紧度。同时降低纸页的耐折度和孔隙率。压榨对打浆度低的浆料所抄造的纸影响更大。

③ 对不透明度的影响。压榨使纸幅的纤维网络更加紧密，纸页结合面积进一步增加。从纸页的光学物理可知，纸页的不透明性源于纸页纤维中未结合面积上光的散射。而压榨增加了纸页中的结合面积，从而降低了纸页的不透明度。

④ 对两面差的影响。一般认为纸页的两面差是在纸机网部形成的，进入压榨后纸页的

两面差会减轻。但在压榨过程中，也会产生一定的纸页两面差。单毯压榨时，由于靠压毯辊一面纸幅的压实程度较大，纸的干度也较大，因此其他条件相同时，湿纸幅靠近压毯辊一面比靠近平压辊一面更加紧密，结果导致纸的毯面对油墨、胶料和涂料的吸收能力下降。而双毯压榨后的纸页两面差较小，对油墨、胶料和涂料的吸收相差也不大。

⑤ 对纤维角质化的影响。压榨会对纸页产生一些负面影响，主要是引起纤维角质化。纸浆的初始润胀程度越高，把湿纸压到一定干度时，浆料纤维的润胀能力损失也越大。干燥前将湿纸压榨到较高的干度，会加剧纸页的角质化。纸浆纤维的角质化会影响压榨后湿损纸纤维的强度，并且对回用纤维的品质衰变造成一定的影响。

三、压榨脱水机理

（一）压区相关术语

纸页的压榨过程实际就是一个物理容积的减少过程。它主要是压缩纸页以挤出纸幅内部的水分（不包括纤维本身部分）。纸页受压越甚，脱水越多。对纸幅的压榨作用是在两个压榨辊之间的"压区"中与一张或两张毛毯相接触时发生的。

① 压区。压辊（或压靴）之间的接触区域称为压区。压榨部的作用，就是纸幅在压区中与一张或两张毛毯接触时发生的。

② 压区宽度。从湿纸幅和毛毯进压缝开始接触的地方起，到出压缝两者分开时为止，两个压辊的水平距离称为压区宽度。

③ 第一区和第二区。以上下压辊中心线为界，将压区分成两个部分：纸页进压区的一侧，称为第一区，出压缝的一侧称为第二区，如图 12-1 所示。

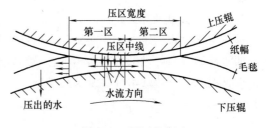

图 12-1　压区的分区

（二）压榨脱水的阶段及压力分布

1. 压区压力及其构成

压榨时，压区的压力主要由机械压力和流体压力两部分组成。如图 12-2 和图 12-3 所示。普通压榨时，下压辊是平辊，毛毯和下压辊的界面没有水通过，压区除了机械压力以

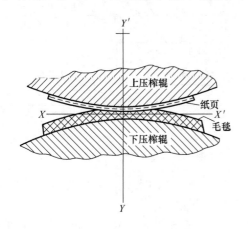

图 12-2　压区的横断面

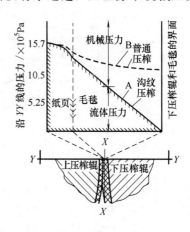

图 12-3　压区压力分布图

外，还有流体压力，见图 12-3 中 B 线，压榨时，水流的脱出动力来源于压区压力。水从湿纸向毛毯转移时，由于水在毛毯垂直方向无法流动，所以压区的流体压力曲线斜率在整个毛毯厚度方向逐渐下降。因为通过纸和毛毯的水的压力梯度变小，所以通过毛毯的水量也必然减少。

普通压榨时，压区的压力梯度较小，主要的压力梯度与压区相垂直，沿 $X—X$ 方向，即从湿纸中压榨出的水沿着水平方向流动。因此水流需在毛毯上流经第一压区很长一段距离才沿下压辊辊面排除。经过毛毯的路途越长，压力梯度越小，流体流动速度越低，排除水量也就越少。总压区压力由流体压力和压缩压力两部分组成，也就是压区中的总压力是流体压力和压缩压力之和。

2. 横向脱水机理

横向脱水指的是平辊的压榨脱水原理。湿纸中压榨脱出的水横向逆着毛毯运行的方向透过毛毯流动。如图 12-4 所示。由于水流速度低，流经毛毯的距离长，因此流动阻力较大，流动速度梯度较小。如果这时湿纸页强度不大则容易出现压花（压溃）。压榨所加的压力越大，压出的水越多。出现压花时相对应的压力，称为压溃压力。压榨的脱水受到压花压力的限制。

3. 垂直脱水机理

沟纹压榨、盲孔压榨、套网压榨、衬网压榨和真空压榨等压榨方式的压榨脱水属垂直脱水，即水流的方向与进纸的方向相垂直。这种脱水方式脱水阻力小，脱水距离短。

根据湿纸、毛毯的水分含量及其中的流体压力差变化将垂直脱水的压区分为 4 个区，如图 12-5 所示。

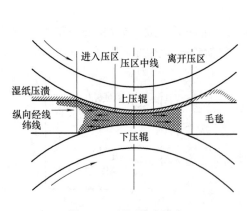

图 12-4　压区横向脱水

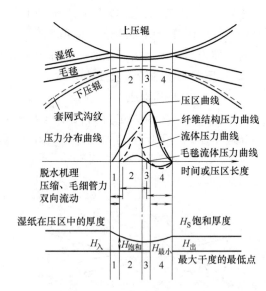

图 12-5　垂直脱水压区的分区

第一阶段：此时纸页和毛毯排出空气，直至纸页达到饱和的水分，不再残留空气为止。在此阶段，纸幅中的水压力不算大，纸页干度几乎没有什么改变；

第二阶段：纸幅被水分饱和，纸页中的水压力上升，使水从纸页转入毛毯，待毛毯也达到饱时，水从毛毯中排出。第二阶段一直持续到压区中部，此时总压力达到最高。一般认为，多数情况下，在压区中部前，就已经达到了最高水压力；

第三阶段：压区缝开始扩大，直至纸页中液体压力降低到零。一般认为，此时纸页的干度最大；

第四阶段：纸页和毛毯开始扩张，纸页变成不饱的状态，此时，水有可能借一种或几种机理（毛细管吸水，纸页内部空隙回湿）又返回纸页。

水分在第四个阶段的"回湿"，此种现象是毫无疑问存在。除非纸页中毛毯在经过压区后立即分开。

在普通压榨中湿纸所有挤出来的水，只能通过毛毯运行的逆向在毛毯内水平流出，而无法从毛毯向压辊方向的垂直流出，这种脱水形式，水流速、流经毛毯的距离大，水流阻力较大，容易出现"压花"。因此，普通压榨一般线压不宜太高，车速不可能太快。

在真空压榨中，湿纸页挤压出的水，穿过毛毯，垂直流入真空辊孔眼中。因此，流动距离短，流速大，阻力不大，有利于增加线压，从而提高脱水效率。

在真空辊孔眼内，一部分水进入真空室，一部分留于孔内，待孔眼离开真空室时，受到离心力的作用而甩出或附于毛毯或被排走。同时，受到毛毯膨胀的影响而被吸收。对于真空压榨，在孔眼附近，脱水机理近似于沟纹压榨，而在眼孔之间部分的则接近于普通压榨。

沟纹压榨的脱水与真空压榨相似，因辊沟与大气相通，使界面上液体压力降至大气压，在压区垂直方向有一定的压力梯度。以湿纸中压出的水，通过毛毯流入辊沟的路径比较短，而压差又大，液体排出也容易得多。

第二节　压榨辊的类型及组合

一、压榨辊的类型及其脱水原理

1. 平辊压榨

平辊压榨也称普通压榨，上辊为石辊（花岗岩），下辊为胶辊，两个辊均具有光滑的辊面。花岗岩石辊组织中有许多微孔，有利于湿纸的剥离。但其成本高，易脆裂。随着纸机车速的提高，采用橡胶与石英砂混合制成的人造石代替天然花岗石，作为上压石辊。

下辊为包胶的铸铁辊。包胶除了提供压辊耐腐蚀性质之处，更重要的是具有良好的弹性，缓和上压辊对湿纸和毛毯的压榨作用，从而延长毛毯的使用寿命，同时减少湿纸"压花"。包胶辊还能够保证两辊接触良好，脱水均匀的效果，并补偿下压辊中高的误差。上、下辊的有 50～100mm 偏心距，偏向进纸侧，以便使湿纸页受到一个逐渐增加的压力。

2. 真空压榨

真空压榨的下辊是真空吸水辊，上辊通常是花岗岩石辊。真空辊为开孔的空心辊，开孔率为 15%～25%，内有真空箱。其脱水原理如图 12-6 所示。

当湿纸幅通过真空压榨的压区时，由于纸幅被上辊紧紧压住，真空抽吸力并不对纸幅直接发生作用，湿纸幅仍是在压力下脱

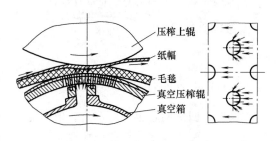

图 12-6　真空压榨的脱水原理示意图

水。所以真空压榨的脱水动力和普通压榨是相同的。真空抽吸力的作用主要是把聚集在压区前侧的水吸掉，并使毛毯保持良好的滤水性能。真空压榨脱水的特点在于压区内水分的排出

方式。压区内被挤压出的水分，可以经过不大的水平移动后，便垂直地进入辊面上的小孔中。真空的作用在于保持进入辊孔中的水分在适当的时间释出。当真空消失后水分被离心力甩到接水盘里；在低速下，也可能有一部分水分被吸入真空箱而从真空泵排出。真空还可以排出纸页、毛毯及其两者之间可能带入的空气。

真空压榨的线压力的大小根据湿纸水分、纸的定量和种类，辊壳强度等而有所不同，一般为 20～50kN/m。中速纸机真空辊的真空度一般为 40～50kPa，高速纸机约 60kPa 左右。上压辊在出纸侧有 50～60mm 的偏心距，以便对真空箱吸口有一个密封作用，避免空气进入而降低其真空度。

真空压榨脱水量大；纸幅较少压溃；纸的全幅宽脱水均匀；毛毯因有自净作用，使用寿命长。但真空辊是空心辊，强度低，结构复杂，动力消耗大，某些纸种表面易出现孔痕。真空压榨只能作为纸机的第一道压榨或作为复合压榨一组分。

3. 沟纹压榨

典型的沟纹压榨的结构和布置与普通压榨类似，只是采用了表面有很多沟纹的辊筒作为压榨下辊。一般高速纸机上沟纹的规格是：沟宽 0.5mm，深 2.5mm，沟纹节距约 3.2mm，其开口面积大约是 16％。使用沟纹压榨时，可以提高压榨的线压力而无压溃和产生印痕的危险，压榨后的纸幅干度高而且脱水均匀。在一些高速纸机上，沟纹压榨取代了真空压榨。

沟纹辊上的沟槽，为压区内被挤压出的水分提供了排泄渠道。如图 12-7 所示。沟槽使压区的下方与大气相通，压区内的水分可以沿着垂直的或接近于垂直的方向穿过毛毯进入沟槽。水分在毛毯内所需横向移动的距离不大于沟纹间距离的一半，流阻较小。

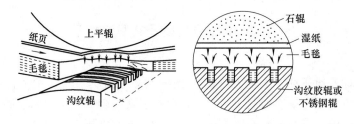

图 12-7　沟纹压榨的脱水原理示意图

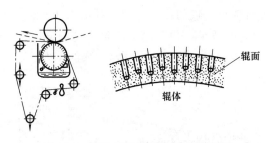

图 12-8　盲孔压榨原理及辊面结构图

4. 盲孔压榨

盲孔压榨是从真空压榨派生出来的一种压榨形式，就像一个关掉真空泵的真空压榨。如图 12-8 所示。在盲孔辊辊面的胶层上有许许多多的盲孔，用以容纳压出的水分。通常盲孔的孔径为 2.5mm，孔深 10～15mm，开孔率 29％。在出压区时盲孔中的部分水分会回到毛毯上去，因此脱水效率不及真空压榨，回湿问题也相对严重。但因能容纳被压出的水分而可以采用较高的线压力以加强脱水，所以脱水效率比普通压榨要高。

盲孔压榨辊的橡胶层不像沟纹辊那样易损坏，因此可以使用较软的胶层，约 70～90 肖氏硬度，从而增加压区的宽度，提高线压力。

高速纸机盲孔内的水分大部分被离心力甩到辊面，用一般的刮刀即可清除。另一部分的水分被毛毯吸收，再借吸水箱从毛毯中吸走。

盲孔压榨适合采用高线压，往往用于高速纸机中的大辊径压榨。与真空压榨相比，盲孔压榨投资和运行费用要低得多。

5. 平滑压榨（光泽压榨）

平滑压榨也称为光泽压榨，它没有压榨毛毯，不起脱水作用，上、下两辊没有偏心距。平滑压榨的作用是压平纸面，消除网痕和毯痕，提高纸板的平滑度和紧度。平滑压榨的下辊通常是包铜或镀铬辊，上辊包胶。平滑压榨一般用于板纸的最后一道压榨。

平滑压榨要求浆料的清洁度高，如果浆料中的砂粒和树脂等杂质的含量较高时，平滑压榨的包胶辊很快被这些杂质黏住，失去平滑的表面。

6. 宽压区压榨

（1）大辊径压榨

提高压辊的直径，降低辊面包胶材料的硬度，可以提高上、下压辊的接触面积，提高压区的宽度。大辊径压榨是最经济的宽压区压榨。其辊径在 1500～1900mm，辊子的包胶的弹性以及毛毯的压榨性确保大辊径压榨的压区宽度在 80～120mm，这比传统辊式压区的长度 20～60mm 有了很大的提高。压榨时最大线压力能达到 350kN/m。

（2）靴式压榨

① 开式结构的靴式压榨。开式靴式压榨最早在 20 世纪 80 年代早期就已安装投产。它使用了一个带有液压的靴式支撑装置与上压辊一起构成压区，纸幅夹在两床毛毯之间与一条位于靴式支撑面一侧的胶带一起通过压区，如图 12-9 所示。

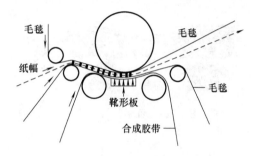

图 12-9　开式结构的靴式压榨原理图

② 闭式结构的靴式压榨。利用一个柔性辊壳（靴套）内含凹面靴形板的下辊，其上辊为可控中高辊（NIPCO 辊）。如图 12-10 所示。

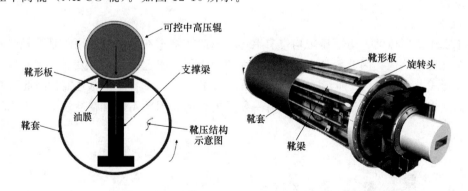

图 12-10　闭式结构靴式压榨结构原理及其实物图

③ 靴式压榨的靴形板。靴式压榨为高冲量压榨，高冲量压榨是指这些压榨与辊式压榨相比具有较高的压榨冲量（压区内压力—时间曲线下的面积）。靴式压榨与辊式压榨压区的压力分布及其压榨冲量比较见图 12-11。现代靴压辊的靴形板为可调倾斜式，如图 12-12；其角度变化后产生压榨冲量变化见图 12-13。

④ 靴式压榨的特点。靴式压榨由于压区宽，约 100～300mm，脱水时间长；线压力大，

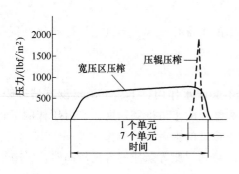

图 12-11　靴式压榨压区压力分布

注：1lbf/in² = 6.89kPa

约 1000kN/m，比压小；压榨过程中，湿纸幅回湿少，脱水能力强，出纸干度可大幅提高，超过 50%，节约干燥用蒸汽。靴式压榨还可以提高纸页松厚度及纸板的挺度。靴式压榨允许压榨部使用较少的压区数量，甚至一个压区，特别适合高速纸机。但设备结构复杂，投资大，靴套更换费用较高。

二、压榨部的配置与组合

根据湿纸幅的脱水要求，纸机压榨部一般多由 2～3 道压榨配置而成。通常有以下几种组成形式。

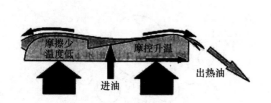

图 12-12　可调倾斜式靴形板

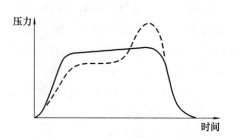

图 12-13　相同冲量下的不同的压力脉冲形状

1. 直通式组合

直通式压榨是指湿纸幅直接通过各道压榨，每组压榨装置包括一个光滑的上压辊和一个带毛毯的下压辊，所以只有纸页正面接触到光滑的辊面，如图 12-14 所示。直通式压榨为最古老和最简单的压榨部组合。但事实上，高速纸机，为了避免离心力将纸料甩掉，也都采用直通式组合。

2. 反压榨组合

由于直通式压榨的 3 组下压辊均带有毛毯，因此，纸页在压榨时一面总是接触光辊，而另一面总是接触毛毯，因此会产生纸页的两面差。为了克服这一缺陷，发展了带有反压榨组合的压榨形式，如图 12-15 所示。该组合在第二道压榨时，将下辊设为光辊，因此可减少纸页的两面差现象。但是由于纸页的走向有一段是逆行的，因此不适宜在高速纸机上采用。

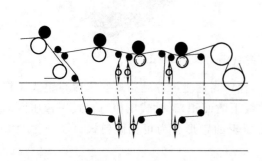

图 12-14　直通式压榨组合

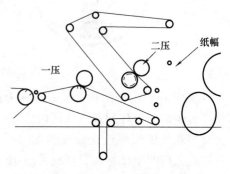

图 12-15　带有反压榨的压榨部组合

3. 复合压榨

复合压榨是指由多个压辊构成的多压区压榨，是一种多辊压榨的组合。

复合压榨有以下几大特点：a. 较高的压榨部脱水效率和进烘缸部纸的干度；b. 压榨部的损纸易于处理，反压引纸无障碍；c. 对称脱水，有利于减少纸幅的两面性；d. 缩短造纸机压榨部的长度和建筑面积；e. 对纸种的适应性好，适应于中高速造纸机。f. 引纸简单：复合压榨能做到全封闭引纸，或在复合压榨之后开放引纸，可以减少纸机湿部断头的次数，提高纸机车速；g. 草浆抄纸采用复合压榨有利于解决草浆抄纸时纤维短、非纤维性细胞多、抄纸时黏辊、断头等问题。

复合压榨也有缺陷，当车速过高时，由于离心力作用，易将辊上的纸料甩出，毁坏湿纸幅。复合压榨通常有三辊两压区和四辊三压区组合，如图 12-16 和图 12-17 所示。

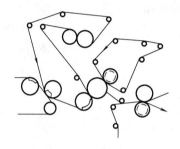

图 12-16　三辊两压区复合压榨

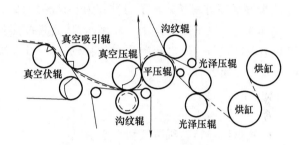

图 12-17　四辊三压区复合压榨

4. 靴式压榨组合

靴式压榨是现代造纸机压榨部最常用的组合形式，一般由两道压榨组成。第一道压榨为普通压榨，第二道压榨采用靴式压榨。

最新的靴式压榨是单靴压榨技术，即压榨部只有一道靴式压榨。这种配置适用于一些不含磨木浆未涂布纸的抄造，主要生产复印纸。

第三节　压榨部的引纸

在压榨部，生产过程中纸页必须从不同形式的表面被揭离并向前输送。首先是从网子上到压榨部，然后是从一道压榨到下一道压榨，最后从压榨部到干燥部。引纸方式有开放式引纸和封闭式引纸。

一、开式引纸

开式引纸，纸页的转移依靠纸幅的张力将湿纸从伏辊上剥离下来，并传送到压榨辊上。如图 12-18 所示。

湿纸幅离开伏辊的位置称为剥离点，伏辊在剥离点的切线与湿纸页的夹角称为剥离角。如果剥离点位于真空伏辊的真空区，揭纸时可能受到很大的张力，容易引起湿纸的断头。但若剥离点位于真空区以后，进入眼孔中的水被离心力甩至喷水区内，纸的水分增加，湿纸强度降低，也容易引起断头。所以湿纸的剥离点应在真空区以后和喷水区以前，即图 12-19 中 B、C 之间，A 点最好。通常剥离点应略微超过真空伏辊的真空室后方边缘。

湿纸页在伏辊处剥离和传递，主要是靠伏辊和一压之间的速度差，使湿纸页受到一定的

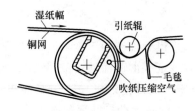

图 12-18　压缩空气引纸

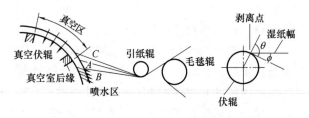

图 12-19　湿纸剥离点

张力,从伏辊处的网上剥离下来。开放式引纸依靠湿纸本身强度,经引纸辊传递到一压毛毯上去。

为了防止断头,可以通过以下途径提高车速:a. 增加剥离角;b. 提高湿纸幅的干度;c. 减少湿纸幅对网子或辊子的黏着力和调整网部与一压之间的速比。

引纸辊有以下几个作用:a. 保证湿纸幅按照最优曲线运行减少张力;b. 控制湿纸幅,使其不在伏辊与一压之间产生大的抖动;c. 引导湿纸幅取得大的剥离角,同时,使自我平衡机构更加起到有效的作用。

二、闭 式 引 纸

闭式引纸包括黏舐引纸和真空引纸。

1. 黏舐引纸

黏舐引纸是通过引纸毛毯将伏辊上的湿纸转移至下一道工序的引纸方式。这种引纸方式主要用于中速和生产低定量的纸的纸机,图 12-20 是大直径单缸纸机中的黏舐引纸。

黏舐引纸的优点是结构简单,纸幅网痕较轻。但黏舐引纸对操作运行要求条件很严格。引纸时,纸和毛毯的含水量很重要。黏舐引纸依靠毛毯面的水膜黏附力和毛毯转过揭纸辊产生的微弱抽吸作用来传递湿纸。因此对黏舐引纸毛毯的要求是组织结实、编织细密、毯面平整。同时要求毛毯清洁,特别是在两边要干净。圆网纸机基本上是黏舐引纸。

2. 真空引纸

真空引纸适用于高速纸机和生产薄型纸的超高速纸机。如图 12-21 所示。真空引纸依靠真空作用,从伏辊处转移纸幅。真空引纸可用于伏辊至一压间的引纸,同样适用于各道压榨间的湿纸传递。

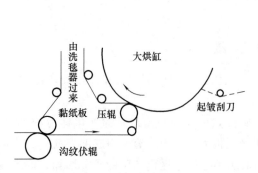

图 12-20　黏舐引纸

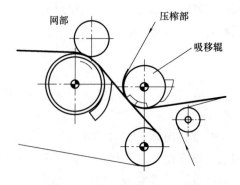

图 12-21　真空引纸

真空引纸辊装在伏辊上方或真空伏辊两个真空室之间。如果纸机网部有主传动辊,则多装在传动辊之前,位于真空伏辊与传动辊之间。理论上讲,真空引纸的引纸毛毯速度应与网速一致。毯速如低于网速，湿纸幅有可能产生皱褶。反之，若毯速太高，则会引起湿纸伸长，影响纸页的强度。

第四节 造纸压榨毛毯

一、压榨毛毯的作用

造纸毛毯是造纸机上很重要的部件，造纸压榨毛毯是使用于纸机压榨部位的脱水织物，其主要作用是：

① 吸收从湿纸页中压榨出来的水；

② 在压区中，能将压力均匀分布在湿纸页上，并起支撑湿纸页防止产生压花；

③ 在真空、沟纹、盲孔压榨辊等各种压区模式下，能均衡实心部分和沟纹（或眼孔）部分面积上的压力，从而可以消减在纸页上形成"影痕"；

④ 毛毯需要承托湿纸页从成形部送至干燥部，起到传递湿纸页的作用；

⑤ 提供纸页的整饰作用，赋予纸页所希望达到的表面性质；

⑥ 毛毯在压榨运行过程中，由它带动压榨部所有从动辊子的转动，也起到了传动带的作用。

二、对压榨毛毯的质量要求

毛毯的材料结构对脱水效率有较大的影响，优良的湿部毛毯应该柔软而富有弹性、有很高的透水能力和良好的压缩性能。它必须能容纳从纸页挤出的尽可能多的水分而又不使纸页压溃，而且能使水在垂直和水平方向以最小的水压梯度流动。

网基针刺毛毯、复合毛毯和无纺毛毯等新型毛毯的问世，对改善纸页脱水和延长毛毯寿命起了重要的作用。

三、毛毯的运行

毛毯的运行状况对脱水影响也很大。新上机的毛毯由于纤维的毛细管作用，吸水能力很低，要在运行过程中经过不断压缩而改善其毛细管作用。因此新的毛毯上机后须先空运转一段时间，其慢速运行时间与毛毯的定型处理和纤维的材料有关。

毛毯进入压区前的水分含量对压榨效率也有影响，一般毛毯含水量不超过40%～50%，毛毯含水量越大，接受从纸页挤出水的能力也越弱，从而影响出口纸页的干度。在普通压榨和低真空度的真空压榨中，这种影响很显著，而在垂流压榨中则影响相对较小。为降低进压区含水量，毛毯洗涤器在喷水冲洗后应及时用挤压或真空抽吸方式脱除毛毯水分。

毛毯运行过程中连续受到磨损，大量掉毛，而且不断有树脂、硫酸铝和填料等杂物填塞其毛孔，从而增加毛毯对水的流动阻力，使纸页挤出的水不易通过毛毯排除，严重时引起压花。当达到丧失压榨效率和产生纸页压花的临界点时，就必须及时更换毛毯。

第五节 影响压榨脱水的因素

纸幅的压榨脱水的效率与压区压力、压区宽度、水的黏度等因素有交。同时受到其他压榨设备和工艺的影响，如配浆的性质、打浆状况、压榨温度以及毛毯的配置等，主要有以下几种：

（1）压榨压力

湿纸和毛毯上的压力是影响压榨脱水的主要因素。现代毛毯和辊子覆面能够承受较高的线压力，大直径压榨辊线压力可达 350kN/m，靴压辊线压可达 1000kN/m，这两种压榨装置可获得 46％～50％ 的压榨干度甚至更高。

（2）受压时间、压区的宽度和车速

湿纸幅在压榨过程中的受压时间越长，脱水越多。受压时间与压辊变形宽度成正比，与车速成反比。

提高车速对纸页在压区的停留时间有明显的影响。车速每提高 100m/min，压榨干度通常会下降 1.5％，高定量的纸一般比低定量的纸下降得更多。

（3）压区的脱水能力

压区的脱水能力取决于压榨的类型和毛毯的特性。

（4）脱水阻力

压区脱水阻力包括湿纸幅和毛毯两方面的因素。前者与浆的种类、打浆度、温度、定量、厚度相关。后者与毛毯的透水性、温度、纤维层的压缩性、清洁程度有关。

（5）进压区的水分

进压区的水分包括毛毯和湿纸幅进压区的水分。进压区的水分越大，压榨后湿纸幅的水分含量也越大。

（6）纸的回湿

根据垂直脱水原理，湿纸在第四个区域解除压力，产生回湿。湿纸在第四区域产生回湿源于毛细管水的转移。回湿时水从毛毯进入湿纸。即通过压辊的通道，例如沟纹压辊的沟缝，转入毛毯，再进入湿纸页。纸的回湿主要受到分离初期湿纸与毛毯界面水分的影响，毛毯含水量对纸的回湿远超过毛毯毯面组织结构的影响，所以在压区第四区域的毛毯越干越好。

主要参考文献

[1] 河北海. 造纸原理与工程 [M]. 北京：中国轻工业出版社，2010.

[2] [芬兰] HannuPaulapuro，著. 造纸 I 纸料制备与湿部 [M]. 刘温霞，于得海，李国海，等译. 北京：中国轻工业出版社，2016.

[3] 陈克复. 制浆造纸机械与设备（下）（第三版）[M]. 北京：中国轻工业出版社，2011.

[4] 张美云. 造纸技术 [M]. 北京：中国轻工业出版社，2014.

[5] 沙力争. 造纸技术实用教程 [M]. 北京：中国轻工业出版社，2017.

[6] [加拿大] GA 斯穆克，著. 制浆造纸工程大全 [M]. 曹邦威，译. 北京：中国轻工业出版社，2011.

[7] [美国] B. A. 绍帕，编. 最新纸机抄造工艺 [M]. 曹邦威，译. 北京：中国轻工业出版社，1999.

第十三章 纸幅的干燥

第一节 纸机干燥部概况

一、干燥部的作用和组成

纸幅经压榨脱水后，其干度范围在40％～52％之间，从纸页成形的角度看，尚未完成纤维间的氢键结合并获得稳定的结构和预定的强度。要实验这一目标，必须使成品纸达到92％～95％的干度，这需要后续的干燥工序来完成。

纸机干燥部的主要作用是：a.蒸发脱除湿纸幅中残留的水分；b.进一步完成纸页的纤维结合并提高其强度；c.增加纸页的平滑度；d.对某些纸种进行表面施胶。

干燥部组成因生产的纸种而有所不同，主要由担负干燥任务的干燥元件（如烘缸、红外干燥器等）组成，同时还包括蒸汽系统、冷凝水的排除和处理系统。对于需要表面施胶的纸机，在干燥部的中间部位还配有表面施胶系统。

在造纸生产中，最常见的干燥方法是采用烘缸组进行干燥。烘缸干燥具有以下优点：a.汽化强度高，可达32～42kg/(m²·h)，热效率可达65％～75％；b.可提高纸的强度、平滑度；c.用蒸汽作热源，费用低；d.运行可靠。来自压榨部的湿纸幅，通过由一系列的烘缸组成的干燥部。烘缸的直径一般为1.2m、1.5m和1.8m等3种规格，现代纸机烘缸多为1.8m。烘缸中的蒸汽热量通过铸铁外壳传递给纸幅，从而给纸幅加热干燥。干燥织物（干毯或干网）将纸幅紧紧包覆在烘缸上，使纸幅更好地与烘缸接触，从而强化传热过程。

二、湿纸幅向干燥部的传递

1. 开放引纸

湿纸从最后一道压榨进入干燥部，对于一般传统造纸机以及有些现代纸机，引纸段有一段开放地带，即湿纸幅在这一段既不受辊子表面支撑，也不受网毯支撑，湿纸幅依靠自身强度通过该开放地带。有的会采用低牵引力从压榨部递纸，如图13-1所示。

2. 封闭引纸

在现有装备及技术条件下，经靴压后纸幅干度甚至可达55％，在此情况下，对于一般印刷用纸，开放引纸允许的造纸机车速极限为1600～1800m/min，超过此极限车速，湿纸幅将无法承受由此带来的速度、气流等影响，而造成断纸。

当湿纸幅自身强度已无法适应高速造纸机开放引纸的要求时，承托引纸（即封闭引纸）

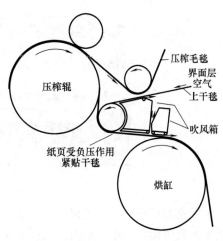

图13-1 低牵引力从压榨部递纸

就成为了必然。图 13-2 为一种封闭引纸方式，湿纸页依托压榨毛毯通过压区，由转移真空吸移辊从压榨毛毯转移至干网，整个过程没有开放段。

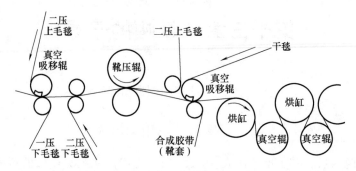

图 13-2　压榨部至干燥部的封闭引纸

三、干燥部的类型

纸机干燥部一般为多烘缸构成的干燥系统。在烘缸系统中，有传统的双排布置，也有新式的单排布置。

1. 双排多缸布置

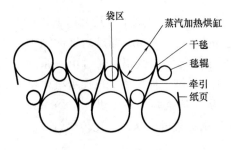

图 13-3　双排多缸布置

双排多烘缸布置是最常见的传统干燥部形式。造纸机设计的主要要求之一是提高造纸机的速度、蒸发效率、降低能耗。双排烘缸的排列方式可以有效地减少干燥部的长度，降低生产成本。双排烘缸系统中的烘缸一般交错上下排放，上下烘缸分别使用不同的干毯或干网。如图 13-3 所示。使用干网代替干毯，可以提高干燥效率。

双排烘缸系统的优点是操作方便、引纸简单、干燥效率较高。

2. 单排多烘缸布置

在新式的现代高速纸机上，干燥部由单排布置的烘缸组成。如图 13-4 所示。

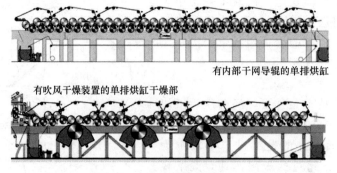

图 13-4　单毯单排多缸布置

单排烘缸延伸到整个干燥部的上排，下排布置小辊为真空辊。这些真空辊通过负压效应使纸幅贴紧辊面，以稳定纸页来改善纸机高速时抄造性能。对文化用纸的生产，单排烘缸纸机的车速可达 2000m/min。单排烘缸既可单独使用，也可与双排烘缸组成使用，如图 13-5

所示。

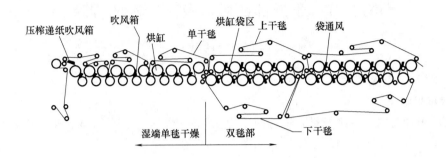

图 13-5　单毯单排烘缸与双毯双排烘缸组合布置

单排烘缸布置的主要优点有：

① 运行稳定。离开最后一道压区之后，纸幅被转移到第一组烘缸的干毯上，并被干毯支承通过整个烘干区。这保证纸机的稳定运转，将断头减少至最少。稳定器（或真空辊）技术保证纸幅稳定地在干燥部传递。

② 单层布置使纸幅在烘缸上的包角更大，从而传热面积增加及传热效率更高。同时由于下辊是真空辊，纸幅下行时蒸发距离更长，有利于提高蒸发脱水效率。

③ 烘缸单排布置可减少纸幅断头的处理时间，损纸直接落到下面的传送带上，并自动送达水力碎浆机。

④ 纸幅稳定技术可通过真空将离开烘缸的纸幅固定在干毯上，因此纸幅的纵向伸长和横向皱褶都很低。单排烘缸干燥时，湿纸幅的伸长能够由速度调节来补偿，从而防止皱褶现象。

由于烘缸是单排布置，在相同烘缸数量的情况下，无疑会增加干燥部的占地投资。同时真空辊需要动力，也增加了一些运行费用。但是单排烘缸在高速抄造时的卓越表现抵消了其成本的提高。

为了解决单排布置的占地问题，干燥部可安装热风干燥辊，如图 13-4 中的下图，或采用 V 形安装布置。以减少干燥部的长度。

3. 气垫干燥系统

除了烘缸干燥部之外，还有使用其他干燥元件的干燥系统。气垫式干燥也是一种广泛使用的干燥系统。图 13-6 为气垫干燥原理图。该系统主要用在涂布加工纸、浆板和纸板的生产上。

气垫干燥器的工作原理是：热交换机将预热的空气送入干燥器底层，经蛇管换热器加热后由循环风机送入各吹箱的面孔吹向纸幅，然后再进入上层循环风机的各压力室，依次循环逐级向上通过干燥层。完成

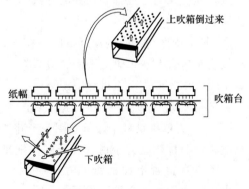

图 13-6　气垫干燥工作原理

干燥的湿热空气由顶棚开孔抽出，进入热回收系统。下吹箱的气流将纸幅悬浮起来，水分蒸发靠热空气通过吹箱上孔吹向纸幅的底部来完成。

第二节 干燥部的供汽及冷凝水的排除

一、烘缸的传热原理

（一）烘缸的干燥过程

1. 双排烘缸干燥

纸页的干燥是通过造纸机烘缸进行的。为便于分析，可以把传统双排烘缸干燥过程的每一个烘缸单元分为 4 个不同的干燥区，如图 13-7 所示。

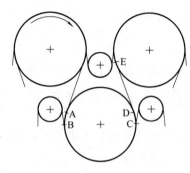

① 贴缸干燥区（A—B 段）：湿纸从烘缸表面吸取热量来提高湿纸的温度和蒸发水分；

② 压纸干燥区（B—C 段）：湿纸被干毯（或干网）压在烘缸表面上。在这个干燥区中，传热量最多；

③ 贴缸干燥区（C—D 段）：湿纸在恒温下进行单面自由蒸发；

④ 双面自由蒸发干燥区（D—E 段）：纸已经离开烘缸，仅依靠本身的热量蒸发水分。同时纸页本身的温度下降，需要在下一个烘缸重新升高温度。在高速造纸机中，双面自由蒸发干燥区纸页的温度下降 4～5℃，普通

图 13-7 双排烘缸干燥的 4 个阶段

低速造纸机下降 12～15℃。由此可见，每个烘缸在各个干燥区的传热效率是不相同的。

由于 A—B 和 C—D 两个干燥区不仅很短，而且纸幅和烘缸表面贴合不太紧密，故蒸发水分较少，只占干燥部脱水量的 5%～10%。B—C 干燥区蒸发水量最多，低速纸机可达到 80%～85%，高速纸机也有 60%～65%。D—E 干燥区的干燥能力随着干燥过程的进行，纸幅的含水量逐渐减少，温度也逐步降低。所以越在干燥部末端，蒸发水分的能力越小。

蒸汽分压的下降远远大于温度的降低，因此，在干燥部的各个烘缸上，纸页都经历升温、降温和再升温的循环过程。也正是由于蒸汽分压的下降远远大于温度的降低，而纸中水分的蒸发速度又与湿纸幅和外界的蒸汽分压差成正比，所以双面自由蒸发干燥区的温度下降将会降低纸机的生产能力。

D—E 干燥区中纸幅的温度下降，在干燥部前端最大，后端较小。另外，纸的温度下降还与纸机车速有关。单烘缸干燥，或只有一个大直径烘缸干燥时，湿纸幅没有降温过程，所以其干燥效率一般大于多烘缸干燥。

2. 单排烘缸干燥

图 13-8 为单排烘缸干燥示意图，上排为烘缸，下排为真空辊。上排烘缸的干毯（或干网）把纸页紧压在烘缸上。下排真空辊上面的纸幅在干毯（或干网）的外面。干燥过程的每一个烘缸单元可以分为 4 个不同的干燥区：

A—B 段为贴缸干燥区；湿纸幅从烘缸表面吸取热量以提高湿纸幅的温度和蒸发水分；

B—C 和 D—E 段为自由蒸发干燥区：湿纸幅一面与

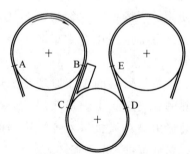

图 13-8 单毯单排式烘缸干燥的 4 个阶段

干毯（或干网）接触，另一面自由开放蒸发水分，与干毯（或干网）接触的一面，由于干毯（或干网）有良好的透气性，因此，这一面也可以大量蒸发水分。在这两个区域，纸页已离开烘缸，仅依靠本身的热量蒸发水分。

C—D 段为真空干燥区：湿纸幅紧贴干毯（或干网）的一面，依靠抽真空来脱除纸页蒸发的水分，非接触干毯（或干网）的一面自由开放蒸发水分。

在 A—B 区段，纸页受烘缸的加热作用，温度逐渐升高。纸幅离开 A—B 区后温度下降，需要在一个烘缸重新升高温度。在 A—B 区，随着纸的温度升高，干燥速率随着升高。纸幅进入 B—C 区后停止了受热，纸幅温度逐渐降低，但由于进入开放区，纸幅不再贴缸，因此，干燥速率快速增加，达到最大值后，由于纸幅温度降低的影响，干燥速率开始下降。在 C—D 区，纸幅温度已有较大的降低，干燥速率进一步下降，但由于真空辊的真空抽吸作用，因此，保持了一定的干燥速率。在 D—E 区，纸页的温度进一步降低，纸页进入开放区，因此，干燥速率先稍微升高后进一步降低。纸页在 A—B、B—C 和 C—D 区都有大量水分蒸发脱除。

（二）烘缸干燥的热传递

传统的烘缸干燥装置通过蒸汽进行加热，热蒸汽在烘缸内部冷凝释放的汽化潜能热为干燥部提供干燥纸幅所需的热能，热量从烘缸的壁面传递到纸幅，这种热流在沿其传递路径中需克服热阻。图 13-9 显示了热量传递过程和热阻元件。热量传递面积对烘缸来讲为整个烘缸的外表面积；而对纸幅而言，传热面积仅是纸页与烘缸表面接触的面积。

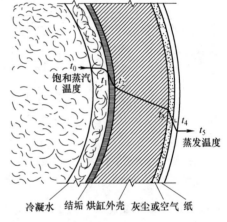

图 13-9　蒸汽到纸幅的热传递过程

烘缸内壁的冷凝水环形成了第一道阻力，其大小取决于冷凝水环的厚度、车速、烘缸内壁面的特性（平滑程度、沟纹或沟槽等）；然后是水垢的热传递阻力以及缸内的不凝性气体导致的热传递阻力。这些构成了烘缸内壁的传热系数为 α_1。

影响传热过程的下一道阻力来自于烘缸壁，烘缸的壁厚取决于烘缸直径大小、纸机幅宽、缸体材料和设计压力。烘缸的传热系数 λ 主要取决于铸铁材料的类型。

热量在烘缸与纸幅表面间的传递过程存在很大的热阻，其传热系数为 α_2。

按照传热理论，烘缸中蒸汽传给湿纸幅的总热量 Q 为：

$$Q = U(t_\pi - t_b)A \quad (\text{kJ/h}) \tag{13-1}$$

式中　U——总传热系数，$\text{kJ}/(\text{m}^2 \cdot \text{h} \cdot \text{℃})$

　　　t_π——缸内饱和蒸汽的温度，℃

　　　t_b——纸的平均温度，℃

　　　A——烘缸有效干燥面积，m^2

其中，总传热系数如下：

$$U = \cfrac{1}{\cfrac{1}{\alpha_1} + \cfrac{1}{\lambda} + \cfrac{1}{\alpha_2}} \quad [\text{kJ}/(\text{m}^2 \cdot \text{h} \cdot \text{℃})] \tag{13-2}$$

式中　α_1——冷凝蒸汽对烘缸壁的传热系数，$\alpha_1 = 41860\text{kJ}/(\text{m}^2 \cdot \text{h} \cdot \text{℃})$

δ——烘缸壁厚，m

λ——烘缸壁的导热系数，$\lambda_{铸铁}=226kJ/(m^2 \cdot h \cdot ℃)$

α_2——烘缸外壁对纸幅的传热系数，$\alpha_2=377 \sim 2093kJ/(m^2 \cdot h \cdot ℃)$

由上式可知，要提高烘缸的总传热系数，应分别提高各部分的传热或导热系数，即：

① 即时排除烘缸内的冷凝水和不凝性气体，以提高 α_1；

② 增加干毯或干网的张力，使纸幅紧贴缸面，降低湿纸幅与烘缸表面间空气膜的厚度，以提高 α_2。

二、干燥部的干燥温度曲线

烘缸干燥曲线是指纸机干燥部各个烘缸操作温度值变化曲线，是干燥部运行控制的重要参数。一般干燥温度的曲线的形状如图 13-10，开始逐渐上升，然后平直，最后稍有下降。

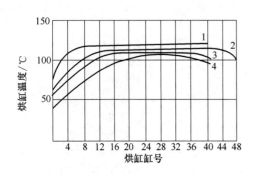

图 13-10 大型纸机的干燥温度曲线
1—瓦楞板纸 2—新闻纸 3—书写纸 4—印刷纸

根据抄造纸种的不同，开始温度从 40~60℃ 逐渐上升到 80~110℃。对于大多数纸种，烘缸最高表面温度为 110~115℃。高级纸和技术用纸，最高干燥温度应稍低一些，为 80~110℃。达到最高温度后将一直保持，直至干燥部末端的两三个烘缸，温度下降 10~20℃ 左右。因为此时纸幅的水分已经很低，如烘缸温度过高，将有损纸页的质量。但对于有些纸种（如 100%硫酸盐浆生产纸袋纸等），干燥部末端的烘缸温度也可以不降。

干燥初期如升温过高过快，纸幅中会产生大量蒸汽，导致纸质疏松，气孔率高，皱缩加大，并且会降低纸页的强度和施胶度。

对于游离浆料生产不施胶或轻微施胶的纸种，烘缸可较快地升温。反之，如生产施胶、紧度大的纸，则宜缓慢升高温度。当施胶纸的干度未达到 50% 以前，烘缸温度不宜超过 85~95℃，以免影响施胶效果。前几个烘缸升温太快，会导致施胶效果降低，而且还会产生黏缸的毛病。原因是纸幅中水分含量过高时，熔融的松香胶料粒子容易凝聚，可能造成纸页憎水性下降和黏缸。

三、干燥部的通汽方式

根据纸机生产能力、纸的种类和烘缸的干燥曲线，造纸机的干燥部有两种不同的通汽方式，即无蒸汽循环利用的单段通汽和有蒸汽循环利用的多段通汽。一般低速、窄幅、低产能的纸机大多采用单段通汽（或两段通汽），而生产能力大的纸机多采用多段通汽。

（一）单段通汽

单段通汽时，蒸汽由总管分别引进各个烘缸，冷凝水通过排水阻汽阀沿总排水管排出，收集在槽内，再泵送回锅炉房。单段通汽方式可以回收利用冷凝水中大量的热能，同时不需做净水处理。但单段通汽有很多缺点：一是没有蒸汽循环利用，空气会逐渐在烘缸内积蓄，必须定期打开烘缸的排气阀排放空气；二是需要很多排水阻汽阀，管理和维修的工作量大；三是排水阻汽阀发生故障会引起蒸汽的损失，或使冷凝水充满整个烘缸，大大降低烘缸的蒸发能力，增加传动动力消耗。

（二）三段通汽

为解决单段通汽所造成的问题，纸厂一般采用分段通汽的干燥方式。分段通汽依靠各段烘缸之间的压力差，或者借助于最后一段烘缸连接的真空泵产生的负压通蒸汽。常用的分段方案为三段通汽，图 13-11 为三段通汽工艺流程图。

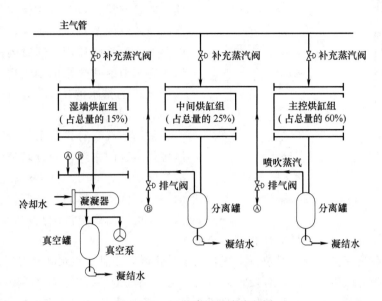

图 13-11　三段降压通汽流程图

一般情况下，各段烘缸数目分配为：从纸机末端算起，第一段烘缸占总烘缸数的 55%～75%，第二段为 20%～35%，第三段（即接近压榨的那一段）占烘缸总数的 5%～15%。

在各段烘缸间依靠闪蒸压力及冷凝水系统的压差推动蒸汽冷凝水闪蒸所产生的二次蒸汽作为低温段的热源，蒸汽的能量利用比较充分。

进汽总管高压蒸汽经压力调节阀后分别进入一段烘缸和烘毯缸组进汽管。通常压力调节阀是受各供汽管的压力变送器来控制，借以保证各供汽管中有稳定、符合工艺规程要求的压力。通过第一烘缸段和烘毯缸段的喷吹蒸汽和凝结水进入各自的水汽分离器。喷吹蒸汽和闪蒸汽由汽水分离器进入第二段即供汽压力稍低的烘缸的供汽管，作为其一部分的加热汽源，不足部分则从生蒸汽管来的蒸汽经压力变送器控制压力后补充到第二段烘缸的供汽管中。第二段烘缸组的喷吹蒸汽和汽水分离器中的闪蒸汽同样地进入第三段烘缸组供汽管。第三段烘缸的供汽压力通常都较低，其汽水分离器接真空冷凝器，在真空下进行乏汽的冷凝。各汽水分离器中的凝结水则送回热电站。

有蒸汽循环的分段通汽可以保证烘缸温度逐渐上升，使干燥曲线稳定。同时加热蒸汽循环和排除烘缸内的冷凝水和空气又可以保证整个烘缸温度均匀、大大增加总传热系数，提高烘缸的干燥效率。另一方面，分段通汽时，由于各段烘缸的蒸汽压力逐渐降低，各自加热蒸汽的热焓相应减小，因而可以节约干燥时的蒸汽消耗。所以，蒸汽循环分段通汽方式，对于保证产品质量和节约蒸汽消耗具有良好的作用。

（三）热泵通汽

蒸汽喷射式热泵是一种没有运动部件的热力压缩器，如图 13-12 所示，由喷嘴、接受室、混合室和扩压室等元件构成。高压蒸汽通过喷嘴减压增速形成一股高速低压气流，带动

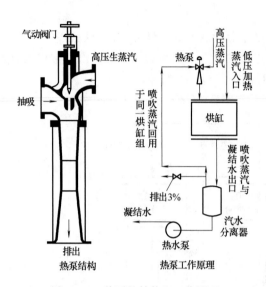

图 13-12　热泵的结构和工作原理

低压蒸汽运动进入接受室。两股共轴蒸汽的速度得到均衡，同时混合蒸汽的速度降低，压力提高，得到中压蒸汽。蒸汽喷射式热泵可以代替阀门的节流式减压，利用蒸汽减压前后能量差使工作蒸汽在减压过程中将冷凝水闪蒸罐的闪蒸汽压力提高，形成中间压力的蒸汽供给纸机使用。同时闪蒸罐的压力也因为蒸汽喷射式热泵的抽吸得到了降低，增大了纸机的排水的压差。图 13-13 为一热泵供汽流程图。

采用蒸汽喷射式热泵代替蒸汽节流式减压各段烘缸的供汽，同时以蒸汽通过热泵前后的能量差为动力，将蒸汽冷凝水系统产生的二次蒸汽增压后同新鲜蒸汽合作为烘缸用汽，即可提高此蒸汽的品位，又可降价各段烘缸汽水分离罐的压力，使烘缸具有可靠的排水压差。

纸幅断纸或负荷发生变化时热泵系统有利于防止低温段烘缸积水和高温段烘缸过热的问题。热泵供热为并联供热系统，各段烘缸用汽压力、用汽量可采用直接控制入口的蒸汽压力及流量方法加以控制，使热泵消耗较少的新蒸汽，具有较小的二次蒸汽压缩比。

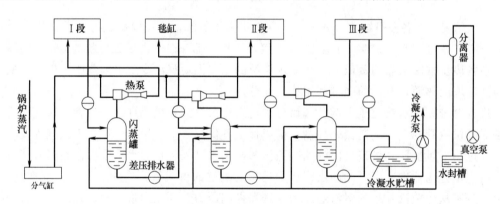

图 13-13　采用热泵的干燥部供热系统示意图

四、烘缸冷凝水的排除

（一）烘缸内部的冷凝水状态

尽管冷凝水连续不断地从烘缸内部排除，但在稳态操作条件下，依然有少量冷凝水存积在烘缸内部。这部分冷凝水的状态和烘缸转速、烘缸直径、冷凝水量和烘缸内表面的形式（光滑、沟纹或沟槽）密切相关。图 13-14 为缸内冷凝水的状态示意图。

在烘缸低速转动下，冷凝水在烘缸的底部形成水坑，水坑的湍动很弱，烘缸内其他部分内表面没有冷凝水的存积，此时，蒸汽与烘缸间的热传递系数很高，水坑在纸机车速低于 150m/min 时才会形成。

当纸机车速提升时，由于烘缸内表面对冷凝水的摩擦作用，将水坑向上带起。此时水坑

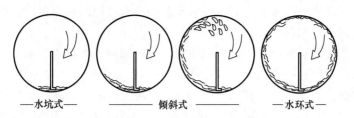

图 13-14　不同车速下烘缸内凝结水状态

的湍动开始增强，当纸机车速进一步提高，冷凝水被扬起接近烘缸顶部，其中一部分由于重力作用回落到烘缸底部，这种现象称为冷凝水的倾泻。发生在纸机车速超过 150m/min 的状态下，冷凝水的混流和湍动很强，可以有效地传热。

当烘缸转速继续提升时，冷凝水最终会在烘缸的内表面形成均匀的水环。冷凝水由倾泻状态过渡到水环状态的车速范围在 300～425m/min 之间，根据冷凝水量的多少过渡状态的车速会有不同。冷凝水环并不是稳定不变的，其在烘缸的内表面不断的往复晃动。由于重力的作用，水环在向上扬起的过程中晃动速度会降低，在向下回转的过程中晃动速度会加快。这个过程水环处于降速和加速的交替变化下，水环内部产生湍动扰动，从而强化热传递过程。当烘缸的转速提高时，晃动作用会减弱。

当烘缸转速提高直至水环形成，此时的速度称为轮缘速度，当减缓烘缸的速度直至水环破坏时的速度称为瓦解速度。

（二）烘缸内凝结水（冷凝水）的危害

① 凝结水的热导率是 2.6kJ/(m^2 · h · ℃)，只有铸铁导热系数的 1/88，如果烘缸内有凝结水积累，则会大大增加烘缸的热阻，极大地降低干燥效率。

② 凝结水在烘缸内因随烘缸旋转而呈流动状态，车速高时会形成瀑布状态，这就极大增加纸机的功率消耗。如果达到形成水环的车速时，随着凝结水量的增加，水环的厚度会逐渐加厚，当水环厚度增加到一定临界值时，烘缸内凝结水环的形成和破坏，不仅导致纸机功率消耗大大增加，而且使传动功率剧烈波动，极大影响纸机的正常运行。

③ 烘缸内凝结水的存在会出现不规则的温差，这种温差可达几度甚至几十度，从而使产品造成干燥不匀，纸层卷面等纸病。这种干燥不匀等问题最常见于干燥部湿端。如果湿纸在这里发生了干燥不匀，则就很难在后工序予以校正。烘缸表面温度差应控制在 3℃ 以内为佳。

（三）烘缸凝结水的排除装置

冷凝水的排除主要有汲管和虹吸管两种。当纸机车速为较低车速时即小于 300m/min 时，可采用汲管和固定式虹吸管排除冷凝水。图 13-15 为汲管排水装置，排水汲管装在烘缸

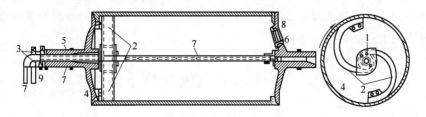

图 13-15　普通烘缸汲水管排水装置

1—集水室　2—汲管　3—接头　4—烘缸头　5—轴颈　6—人孔　7—进蒸汽管及口　8—排气口　9—冷凝水排出管

内部，随着烘缸转动将缸内水舀出并经过轴头和进汽管之间的环隙排出缸外。烘缸通常采用双汲管，每转一周排水两次。

固定式虹吸管排水装置一端固定在壳体上，另一端伸入烘缸内。如图 13-16 所示。虹吸管的弯下部分与传动缸盖距离为 300mm，管口装有平头管帽，管帽与缸壁距离为 2～3mm。虹吸管位置偏向烘缸转动方向一侧约 15°～20°，偏角大小决定于缸内冷凝水数量。

纸机车速超过 300～400m/min 时，烘缸内冷凝水形成水环，则需使用活动虹吸管排水。如图 13-17 随着车速的提高，离心力增加迫使凝结水甩向烘缸内壁。为了保证凝结水的排出，需要增加烘缸内外的压差。旋转虹吸管所需的压差通常为 30～70Pa，或者更高，压差的大小主要取决于虹吸管的尺寸。相应的泄流蒸汽量为 20%～35%。旋转虹吸管要求泄流蒸汽在吸管开口处及时将凝结水转变为液滴，并且使得流体在立式虹吸管内的流动速度足够大（最低为 30～40m/s）。

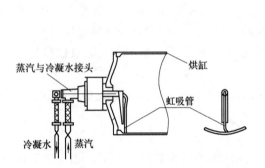

图 13-16　固定式虹吸管排水装置

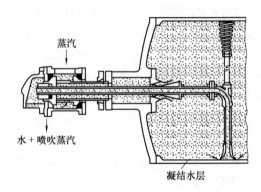

图 13-17　活动（旋转）式虹吸管排水装置

如果凝结水的厚度将虹吸管开口覆没，并阻碍泄流蒸汽的流动，这时凝结水的排出将会出现问题。为了克服虹吸管内凝结水的离心力作用，必须增加烘缸压差。同时为了防止虹吸管的入口被凝结水覆没，虹吸管的管道上通常会打通细孔，以使蒸汽可以流入虹吸管道。这会降低烘缸积水的风险，同时有利于排出积水烘缸内的凝结水。

五、冷　　缸

干燥后的纸幅含水量为 4%～6%，温度为 70～90℃，需先经过冷缸降温，然后才能进入压光机压光。冷缸的作用一方面降低纸的温度，如使纸幅温度从 70～90℃ 降到 50～55℃。同时依靠外界空气冷凝在缸面上的水，提高纸的含水量，即增加约 1.5%～2.5% 含水量以增加纸的塑性。然后通过压光机提高纸的紧度和平滑度，并且减少纸的静电。

为了冷却纸的两面，一般在干燥部的末端装有两个冷缸，上下层各一个。但也有只在上层装一个冷缸的，冷却网面和提高网面的含水量，另一方面则通过通水的弹簧辊冷却。为了增湿，有时冷缸上还装有增湿毛毯。

第三节　干燥部的通风及热量的回收

一、传　质　原　理

纸机干燥部的传质以分子扩散、对流或湍流扩散和通风三种不同形式进行。分子扩散是分子级的混合作用。它产生于层流状态。在纸机干毯包着烘缸的部分即图 13-7 的压纸干燥区（B—C 段），水蒸气穿过干毯并透过湍流界面的薄层，以分子扩散形式进行传质。对流或湍流扩散是一种大规模的湍流混合。它产生于传质时存在湍流的情况，如界面层的湍流部分或空气主体运动有湍流的时候。通风是指空气流置换水蒸气。分子扩散和对流扩散，分别类似于传热中的传导和对流，而通风只是流体流动带动水蒸气脱除。如图 13-18 所示，蒸发发生在水—空气界面，由于水分子扩散作用，水蒸气经层流薄层，其压力从界面的 p_0 降到层流薄层的 p_1。进一步由分子扩散和对流扩散流过缓冲层，其压力再从 p_1 降到 p_2。最后通过对流扩散作用流过湍流界层，蒸汽压力从 p_2 降到空气中水蒸气分压 p_3。与传导不同的是，缓冲层是一个从层流转变为湍流的过渡层，

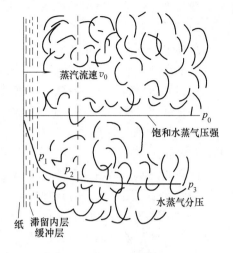

图 13-18　传质——水蒸气转入空气中

层间界面无法确切定义。缓冲层可能完全是层流或湍流，也可能兼而有之，但就整体而论，可以认为是由完全层流逐渐转变到完全湍流。

　　影响传质速率的因素很多，首先是纸幅的温度。通常湿纸幅温度的小幅变化能导致蒸汽压力发生较大的变化。提高通往烘缸的蒸汽压力，增加传给纸幅的热量，使湿纸幅温度提高、传质速率增加，提高了干燥能力。另一影响干燥速率的重要因素是湿纸幅周围空气的水蒸气分压。为了便于蒸发湿纸幅的水分，空气中的水蒸气分压必须低于湿纸幅的蒸汽压力。空气中的水蒸气分压越低，烘缸干燥纸幅的速率越高。空气的水蒸气分压由通风决定。干毯是影响传质的又一重要因素。当干毯将湿纸幅压到烘缸上时，干毯的温度不高，含水量不大，透气性很好，这些对传质都很有利。干毯的气泵作用，对烘缸气袋通风有一定好处，这也是使用开敞编织干毯或改用透气度高的塑料网代替普通干毯以提高传质速率的原因。

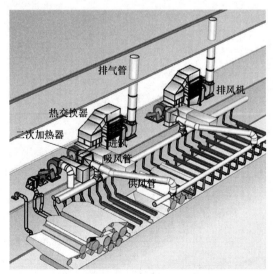

图 13-19　有封闭可移动汽罩的
纸机典型干燥部通风系统

二、袋区通风及纸幅的稳定

（一）纸机干燥部通风系统概述

　　纸机干燥部通风系统如简图 13-19 所示，主要包括：a. 汽罩，其作用是捕集干燥部水汽。汽罩的结构形式决定了干燥通风系统的其他部件的组成；b. 汽罩排风机；c. 汽罩供风装置，包括加热盘管、风机、风管、喷嘴。供风装置将热风引入干燥部，平衡从汽罩排出的风量。

　　通风系统的作用是：a. 从干燥部捕集、去除水分，提高干燥能力、提高纸机产量；b. 提供可控的干燥环境，袋区通风系统和汽罩必须协调操作，使袋区的湿度均一，纸页横幅水分一致；c. 稳定纸幅运行，提高

纸机效率；d. 保护纸机装备，如果汽罩的抽风和供风的气流设计和平衡不好，就会有冷凝现象，使毯辊、烘缸、结构件等锈蚀；e. 优化节能效率。

（二）汽罩

纸页在干燥部的含水量从 $60\%\sim70\%$ 降低到 $5\%\sim8\%$，蒸发出来了大量的水分，形成了一定的水汽分压 p_D。为降低这一水汽分压，则要将大量的湿热空气排走。在纸机干燥部通风罩和高效通风箱是一种有效的措施。

空气是纸张干燥过程的一个重要部分，根据使用哪种汽罩装置形式，蒸发每 kg 水所用的空气量从 7kg 到 20kg 不等。为了防止汽罩内部的滴水、结垢和腐蚀，排出空气的容量和温度必须足够，以免局部冷凝。

开放式顶盖汽罩　　半密闭汽罩　　密闭汽罩

图 13-20　干燥部汽罩的几种形式

图 13-20 为汽罩的几种形式。早期的烘缸汽罩只是一个带抽气的风机夹层顶篷。所有的生产过程的空气都从纸机厂房中抽出来而没有得到有效的利用。局部封闭汽罩是一种改进，而全封闭汽罩则提供了更好的排气控制，保证了有更舒适的操作环境。新型汽罩（也称高露点汽罩）不但密封而且隔热，渗漏空气被全部消除，补充新鲜空气的数量大大减少。

（三）袋区通风

未装通汽装置的烘缸气袋如图 13-21 所示，气袋是由烘缸、湿纸幅和毛毯三者所围成的一个空间。当纸和干毯离开前一个烘缸分别进到后一个烘缸和转到干毯辊的时候，湿纸幅烘缸和干毯之间出现一个负压气袋，如图 13-22 所示。反之，在湿纸幅离开前一个烘缸与毛毯辊传来的干毯汇合到下一个烘缸时，则出现一个正压气袋。普通帆布的透气性很差，气袋中滞留着湿热的空气。气袋中空气湿度既大，又不流通，会大大降价双面自由蒸发区湿纸幅的对流干燥效率。使用气袋通风的方法可以解决这个问题。具体做法有：a. 低速纸机使用热空气对着气袋进行横吹风；b. 横跨气袋安装热风管，管上定距离地开有眼孔和缝口，在 $20\sim25m/s$ 范围内控制风速吹送热风。有的纸机通过毯辊进行供气分配，但实践证明其在高速纸机上并不是很有效。

图 13-21　未装通风装置的烘缸气袋

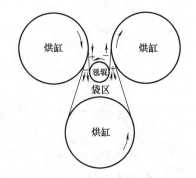

图 13-22　毯辊与干毯的运动所形成的压力

高速袋区通风的要求是：a. 平衡和控制进出袋区的空气流量；b. 使袋区的湿度低而均一；c. 有矫正纸卷横幅水分分布的能力；d. 可将热风送到汽罩。

（四）纸幅的稳定

1. 双毯（网）双排烘缸干燥区的纸幅稳定

双毯布置中的干燥织物都有很高的透气率，加速了供气从毛毯到袋区之间的流通。但是同时，高透气率的织物也容易形成空气泵作用。这会在高速纸机上产生一系列问题。袋区的空气泵作用是纸机车速、织物类型、透气率以及纸机结构共同作用产生的结果。图 13-23 显示的是双毯烘缸组中在没有通风的袋区周围，毛毯产生了一个典型、显著的边界流层。进压区形成一个低压带，将空气从毛毯中吸出并引入袋区。而在出压区又会形成一个高压带，使空气穿透毛毯离开袋区。

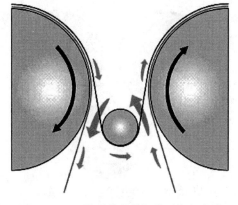

图 13-23　双毯干燥部烘缸袋区空气流动

但是如果空气湿度较高，仅仅依靠袋区的"自然通风"是远远不够的。采用更多的开式毛毯，袋区中就会产生更多的纸幅摆动。用低透气性织物毛毯，的确是可以减少纸幅摆动，但在袋区，纸幅会形成不均匀的横向湿度。采用特殊性能的吹风箱可以平衡烘缸不需要的气流，稳定纸幅的运行，并置换了袋区的湿热空气。如图 13-24 和图 13-25 所示。

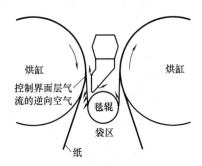

图 13-24　高速纸机吹风箱袋区通风

图 13-25　吹风箱对纸幅运行稳定性对比

2. 单毯（网）单排烘缸干燥区的纸幅稳定

在单毯干燥中，不存在类似双排烘缸的袋区，干燥部的结构设计较为开放，能够有效地进行空气交换。而且大部分水在纸幅离开烘缸之后都会被蒸发掉，纸幅在辊子上运行，不会再覆盖在毛毯上。

如图 13-26 所示，把供气导入单毯，当纸幅离开烘缸后，通风设备会沿着刮刀方向向开压区鼓入空气，之后空气会随着辊子运行，这样气流就会接近纸幅，此时纸幅的蒸发速率为最大值。另外，喷嘴也有助于均衡开压区的低压，使纸幅紧贴毛毯。

图 13-26　单毯干燥袋式通风装置

随着纸机速度的不断增加，确保干燥起始端良好的运行变得越来越具有挑战性。由于在开式烘缸区域存在着自然真空效应，以及缸上的高强黏着力，纸幅通常会有一个很强的倾向，要贴附在烘缸表面而不会在干燥毛毯上一直保持平衡。图 13-27 是在单毯干燥袋区内纸幅受到的作用力。而这些作用力则是靠纸幅稳定器

215

（吹风箱）和真空辊的真空抽吸力平衡抵消，使纸幅稳定运行。如图 13-28 所示。

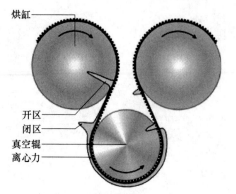

图 13-27 单毯干燥纸幅受力分布

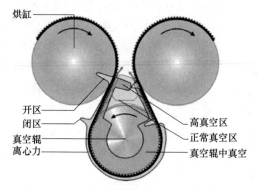

图 13-28 单毯干燥纸幅稳定的平衡力原理

三、热量回收

虽然操作不良的蒸汽/冷凝水系统可能浪费了不少蒸汽，但绝大多数用于纸张干燥的热能最终浪费在排气（排风）上。因此蒸汽耗用量跟所用空气量与可回收到供风中的热量多少有密切的关系。所有新型汽罩均配用类似于图 13-29 所示的热回收系统。其主要设备是空气热交换器，它将湿热排气中的热量传递给新鲜的外来供风。

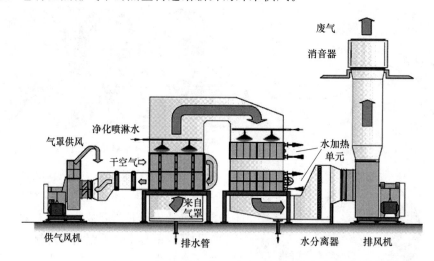

图 13-29 当代造纸机典型的热回收系统

在高露点汽罩情况下，因为空气用量少，以及有可能从水汽冷凝实现更高水平的热回收，蒸汽用量可以很低，纸机厂房的供风和生产用水的热量往往和热回收系统相结合。

第四节 干毯（网）

一、干毯（网）的作用

干毯（网）是干燥部重要的组成部分，其作用如下：
① 传递纸幅；
② 带动烘缸和干燥部的毯（网）辊、张紧辊和校正辊转动；

③ 将纸压在烘缸上，增强纸与缸面的接触，提高传热效率。同时干毯还能避免纸在干燥时起皱和产和褶子。

此外，干毯还能吸收湿纸干燥时蒸发出来的水汽和湿纸表面的水分，增加蒸发面积，提高干燥效率。

干燥织物要求具有良好的耐久性、尺寸稳定性、透气性、吸水性、平滑性和柔软性。耐久性是指织物的耐热、耐磨、耐折和耐腐等性能；尺寸稳定性是指织物抵御经纬线收缩或伸长变形的能力，这些均是对织物的基本要求。透气性和吸水性良好的织物本身也容易干燥，同时可提高纸幅的干燥效率。平滑性和柔软性良好的干毯既不会在纸上留下布纹，又能均匀地将湿纸紧密地压在烘缸表面上，提高传热和干燥效率。

二、干毯（网）的分类和性能

干燥织物分为干毯和干网两类

（一）干毯

这类织物有棉毯和棉-合成纤维混纺毯，俗称帆布或大布。这类织物价格低廉，使用方便。干毯常以精纺线编织成两2或3层，以增加其稳定性，如图13-30所示。

（二）干网

干网是用合成纤维单丝或复丝织成。单丝网的网线为直径0.3～1.0mm的单丝，复线网的线则用若干根纤维的单丝合股而成。

干网的合成材料有聚酯、聚氨酯、聚丙烯和聚丙烯酸纤维等。干网最简单的织法是平织。为了保证干网尺寸稳定性，宜采用较粗的网线。干网多采用多层织法，由单层发展到两层、两层半和三层的多层。多层网不但能够改善干网的稳定性，还能获得较平的网面。

干网透气性较高，使用寿命长，是干毯寿命的1.5～2.0倍。相对于干毯，干网具有以下优点：

① 提高干燥效率。采用干网后，造纸机的干燥效率可提高10％～25％。

② 提高纸页横幅干燥的均匀性。

③ 干网由于用合成纤维编织，因此不需要干网烘缸，可大大节省蒸汽用量。

干网的结构有对称和不对称之分，如图13-31，其纺织方法如图13-32。

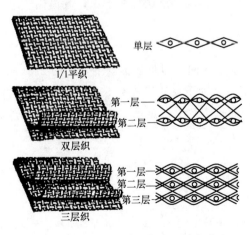

图13-30 传统干毯（帆布）的织法

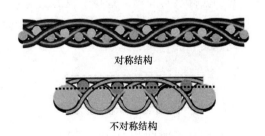

图13-31 干网的不同结构型式

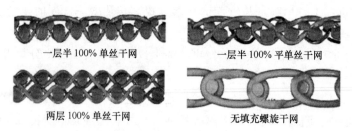

一层半 100% 单丝干网　　　　　一层半 100% 平单丝干网

两层 100% 单丝干网　　　　　　无填充螺旋干网

图 13-32　干网的不同织法

三、干毯（网）的选用

1. 烘缸干毯（网）各干燥区品质选择要点

（1）湿区

本区为含高水分的区域，对纸张表面影响最大，应特别注意干毯的表面及接头状态，使用废纸作原料的纸板机，应注意干毯（网）的污染问题；对于生产新闻纸、文化用纸等高车速纸机，应注意干燥区域纸页的煽动问题。

（2）主干燥区

本区为水分蒸发最多区域，为提高干燥效率，应使用高透气度的干毯（网），通过使用透气度在 $1000\sim20000\text{mL}/(\text{min}\cdot\text{cm}^2)$ 范围的干毯（网），使用中应特别注意纸页横向水分的均一程度。

（3）后段区（表面施胶后）

此处应当使用施胶液或涂布液不易黏附且易脱落的干毯（网），还应考虑到纸页的翘边以及横向水分分布的均一性能，应选择适当透气度的干毯（网）。

2. 干毯尺寸的选择

（1）宽度的选择

干毯（网）的宽度一般应该比烘缸的宽度窄 $5\sim10\text{cm}$，缸面带有引纸沟槽的，应该根据实际生产需要，适当添加或除去引纸绳沟槽所占的宽度。同时还应该考虑不同品种干毯（网）收缩量不同，一般情况下，普通干毯的收缩量较大，约 $6\sim10\text{cm}$，而 BOM 干毯和植绒干毯的横向收缩量较小，一般不超过 5cm，特别是基网为多层结构的干毯，其横向收缩量就更小了。

（2）长度的选择

干毯长度设定原则与压榨毛毯的长度设定原则基本相同，即张紧辊置于紧向的 $2/5\sim1/2$ 处时的实际绕行长度。选择干毯的长度时要考虑不同品种干毯的伸长率不同，普通干毯的伸长率较大，约 $3\%\sim5\%$；BOM 干毯和植绒干毯的伸长率较小，在 $0.6\%\sim2\%$ 范围，干毯的基网越多，其伸长率越小。

主要参考文献

［1］　［芬兰］Markku Karlsson，［中国］张辉著. 造纸 Ⅱ　干燥 ［M］. 张辉，沙九龙，窦靖，等译. 北京：中国轻工业出版社，2018.

［2］　陈克复. 制浆造纸机械与设备（下）（第三版）［M］. 北京：中国轻工业出版社，2011.

［3］　张美云. 造纸技术［M］. 北京：中国轻工业出版社，2014.

［4］　沙力争. 造纸技术实用教程［M］. 北京：中国轻工业出版社，2017.

［5］　［加拿大］GA斯穆克，著. 制浆造纸工程大全［M］. 曹邦威，译. 北京：中国轻工业出版社，2011.

［6］　［美国］B. A. 绍帕，编. 最新纸机抄造工艺［M］. 曹邦威，译. 北京：中国轻工业出版社，1999.

［7］　河北海. 造纸原理与工程［M］. 北京：中国轻工业出版社，2010.

第十四章　纸页的压光、卷取与完成

第一节　纸页的压光

一、压光的作用

纸页在干燥之后卷取之前先进行压光处理，压光是纸页在纸机整个抄造过程中受到的最大的压力区域。与涂布纸主要针对涂层的压光作用不同，抄纸过程中的压光只是针对未涂布的纸页。其主要作用有：a. 改善纸页成形的不均匀性；b. 提高纸页的平滑度和光泽度；c. 提高纸页厚度的均一性。

纸页在压光机的作用下，其强度和物理性能会发生一定的改变。纸页性质的变化及其幅度，与通过压光辊的次数（压缝数）有关。一般来说，随着通过压缝次数的增加，纸页的纵向和横向的裂断长都有所下降。但当纸页事先用水进行了湿润处理再进行有加热辊干燥作用的超级压光，强度可能会提高。压光后，纸页的吸收性下降，平滑度上升。

二、压光机的结构类型和作用特性

（一）压光机分类

按照使用范围，压光机分为机内压光和机外压光两种；按照压光设备使用的压辊表面材料的性质，压光机又分为硬压光机和软压光机两种；按照压光辊是否加热又可分为冷压光和热压光。

常见的普通多辊压光机属于硬压光机，即压区由两个硬辊构成。软压光机压区由一个硬辊和一个表面包覆有弹性胶层的软辊构成，包括普通超级压光机、光泽压光机、纸机软压光机、新型超级压光机、宽压区压光机等。硬压光机和软压光机的特性如图 14-1 所示。

机内压光包括普通压光机、机内软压光机、宽压区压光机等。机外压光是指纸机外作业的超级压光机。

因成本和压光效果的原因，大多数压光作业都是在机内进行的。机外压光成本高，只有当机内压光满足不了纸张表面整饰要求时才使用。

20 世纪 70 年代以前，纸张的整饰主要靠机内硬压光机和机外的超级压光机，后者由蒸汽加热的铁辊（辊面温度低于 85℃）、纸粕辊（软辊）交替构成。如图 14-2 所示。机内压光仍局限于传统的作业，即让纸张通过一系列的铁辊组成的一个以上压区，主要用来调整纸张厚度、紧度、平滑度和光泽度。超级压光机主要用以提高纸张紧度、平滑度、光泽度、透明度，减少掉毛掉粉等。超级压光机主要适用于高档纸张如铜版纸、美术纸等。这种传统的机内压光与超级压光纸张，在印书质量上差别很大。

19 世纪 80 年代开始，由于采用了新型弹性辊面材料和改进的设备设计，机内和机外压光的纸张性能之间差别很小。对大部分纸张和某些压光要求不太高的纸种，机内软压光压光机已足以取代机外的超级压光机。

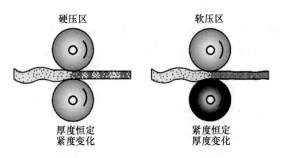

图 14-1　硬压光和软压光纸的比较

图 14-2　超级压光机

（二）辊式压光机

1. 多辊压光机

多辊压光机通常配备 3～10 个压光辊，垂直重叠安装在机架上，如图 14-3 所示。压光机最下面一个辊是原动辊，其余的辊子则由相邻的辊子摩擦带动。中、低速造纸机常安装 3～6 辊的压光机，高速新闻纸机多配用 8～10 辊的压光机。

压光辊表面为极为光滑的冷硬铸铁辊，硬度不低于肖氏 80°～85°。压光机加压时，加压辊和承压辊受到单向线压作用，两端支承的普通辊辊面会产生相当大的挠曲，通常采用底辊、顶辊辊面磨中高的方法来抵消辊面挠度。压光机仅上下两辊有中高，有时也可以把最下辊的中高分配 10％～15％给倒数第二个压光辊。

多压辊刚性压光过程中，纸幅横向会伸长，而纸幅到下一个压区时却没机会伸长，这会导致纸幅起皱及断头；纸幅的拉长引起纸幅吹动而不接触压辊，产生鼓泡，在压辊和纸幅之间产生一个气袋。如图 14-4 所示。

图 14-3　四辊硬压光机

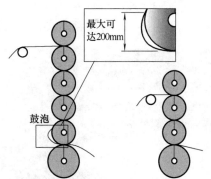

最大可达200mm

鼓泡

可获得同样的厚度、平滑度、抗张强度，只是四辊压光机压后的纸光泽度有少许减少。鼓泡程度还和纸质有关。

图 14-4　多辊压光机的产生鼓泡

在最新设计的多辊压光机中，也有将多个压光辊倾斜布置的型式，其主要优点是便于引纸和更换压辊，同时可改善机架的承重负荷。

新型压光机的底辊采用浮游中高辊，是一种可控中高压辊。如图 14-5 所示。

压光辊辊间线压分布调控，是压光操作的关键。一般采用改变压辊挠度和改变压辊外径（中高）两种方法。前者可采用可控中高辊（如浮游辊），后者使用横向分区控制热风装置。或同时采用两种方法。

2. 双辊压光机

多辊压光机压光时容易造成纸页紧度过大的问题，而胶版印刷纸对纸页的油墨吸收能力、光泽度、紧度等指标有较高的要求，双辊压光机可适应这一要求。

双辊压光机的两根压光辊，通常一根是聚氨酯面辊，为可调中高辊，另一根是金属加热辊，采用油循环加热。如图14-6所示。也有两根都是金属辊，其中一根为加热辊，一根为可调中高辊，如图14-7所示。操作时，可以根据纸页平滑度的要求，选用一对压光辊或两对压光辊串联使用。为了让纸页的两面达到同样的压光效果，也可将串联的两对压光辊中的聚氨酯包胶辊和可控中高辊上下位置互换。

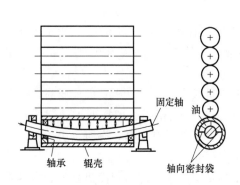

图14-5　多辊压光机的浮游中高底辊

图14-6　上辊加热辊、下辊包胶辊

（三）宽压区压光

为了进一步改善纸页的松厚度、挺度、表面性能和印刷性能，在20世纪90年代，出现了宽压区压光技术。有两种形式，分别是靴式压光机和带式压光机，如图14-8所示。

图14-7　上辊金属热辊，下辊可控中高金属辊

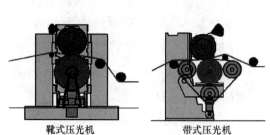

靴式压光机　　　　带式压光机

图14-8　宽压区压光机

1. 靴式压光机

靴式压光技术是建立在靴式压榨基础上，由装设在软质衬套辊内的液压加压靴而形成一个宽压区，其宽度可达50~270mm。

靴式压光机是由一根热辊和一根靴型辊组成。热辊为上辊，与软压光机的热辊相同，是用水、蒸汽、油或感应加热的金属辊；靴形辊为下辊，是由靴式加压部件、润滑油系统和一个靴衬套组成。

靴式压光机的靴形衬套辊利用液压加压靴将衬套辊压向热辊，形成靴形压区。衬套通过加压靴连续被润滑以消除运行时的摩擦力。在压区内纸幅表面与软衬套和上热辊吻合全面接触整饰，使纸幅均匀受压，产生均匀一致的压光整饰效果。

靴式压光机的软衬套包覆层材质的弹性模量仅为软压光机软辊包覆层的十分之一，这对于纸幅表面在压区内的完全吻合接触更为有利。在靴式压光技术中，上热辊的表面温度最高可达 200℃。

2. 带式压光机

带式压光也具有压区宽的特点，是继靴式压光机后开发的又一新技术。其上、下辊和靴式压光机一样，此外，两辊间还有一条传递弹性带。弹性带包绕着下辊并跨越校正辊和张紧辊而运行。纸幅在上辊和传递弹性带之间通过，进行压光整饰。弹性软带的特性对带式压光有决定性的影响，弹性软带在压区中的变形大小与其弹性模量有关，因此，必须正确选定弹性软带的弹性模量，相同的硬度可能有不同的弹性模量。

弹性软带不会出现弹性模量的急剧下降。另外，对弹性软带表面粗糙度的要求也不同于软辊包覆层那样严格，因为弹性软带材料变形量较大，即使是有些轻微的不平，也能在压区中补偿消失。

宽压区压光主要应用于各种纸板，如液体包装纸板、白色挂面纸板和白色衬里粗纸板的压光整饰。同时对于新闻纸、印刷纸、书写纸和不含机械浆的未涂布纸等纸种的压光整饰，也具有巨大的开发潜力和广阔的应用前景。

三、软压光的技术与原理

软压光（又称软辊压光）技术是一种新型的压光技术，其技术的核心是将压力弹性变形与纸页的高温塑化相结合。软压光后纸页的紧度均一，平滑度、光泽度较高，松厚度较好，消除或大大降低了两面差，印刷适印性好，对于一般纸页，不需要机外超级压光。

（一）软辊压光机结构

软辊压光机由加热的铸铁辊和可控中高弹性辊（背辊）构成。可使用一组、两组或多组软压光单元。图 14-9 为两组串联式双压区软压光设备工作原理图。

软辊压光机的部件包括软辊、加热辊、加压系统和一些辅助装置如裁边器、辊边吹风口和辊面温度纸外摄像监视仪等。软辊为可控中高辊，宽度小于 4m 时多采用浮游辊，宽度大于 4m 时多采用分区多点控制中高的可控中高辊，如图 14-10 所示。辊面通常包覆 12～

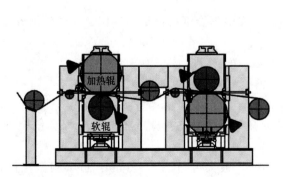

图 14-9　两组串联式软压光设备

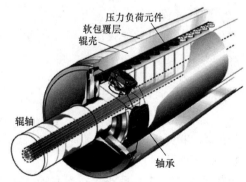

图 14-10　分区可控中高辊结构示意图

13mm 厚的弹塑性材料。材料要求有较高的耐热性、抗压性、硬度、弹性和耐磨性等。

加热辊为冷硬铸铁辊，辊面温度可达 200℃以上。对加热辊的要求是高效率地将热量传递给压区，同时保持压区的温度均匀一致。加热辊的热源可以是电、蒸汽。当加热介质是水或油时，其温度应比压区温度高 30℃左右。温度控制系统应保持压光时温度恒定。加压操作由液压系统通过抬高底辊完成。对加压系统的要求是压力可调，同时当出现问题时，能够紧急撤压，两辊迅速分高。

（二）软压光辊的工作原理

在压光过程中，纸页的初始温度和压辊表面温度影响到纸面中纤维素、半纤维素等组分的玻璃化转化温度。如果纸页温度接近玻璃化转化温度，则作用于纸页的压区剪切力可以使其塑变，有益于完成纸页表面的重整作用。

软压光时的软辊和加热辊构成一个高温压力压区，加压时，软辊辊面发生弹性变形而使软辊在压区辊面的圆周速度下降，而加热钢辊的线速恒定，压区中纸的两面辊速不一致导致纸幅在加热钢辊面上产生滑移，因摩擦力而使纸页面向金属热辊这一面光泽度提高；而在压力和高温的作用下，纸页表面的纤维软化、变形，导致平滑度提高；软辊的弹性变形导致压区面积增大、比压减少，因此，纸张的松厚度损失少，强度损失减少，纤维的压溃减少。

第二节　纸幅的卷取和完成

一、纸幅的卷取

（一）中、低速卷纸机的特征

卷纸机有轴式和辊式两种。

轴式卷纸机在卷成卷筒的过程中，卷筒直径不断增加，但其圆周速度却不变，因此必须使纸卷筒的回转速度随着纸卷的直径加大而逐渐减小。轴式卷纸机仅限于低速纸机。目前除卷烟纸、电容器纸等薄页纸纸机外，已很少见。

辊式卷纸机又称表面卷纸机，是目前还在用的一种中、低速卷纸设备。这种卷纸机适合各种速度的纸机。辊式卷纸机卷成的纸卷比较紧实，纸幅受到的强力也较小，在生产中不容易产生断头。辊式卷纸机由放在一对支架上的卷纸轴和卷纸缸组成。卷纸缸以一定的速度回转，卷纸轴上的纸卷则压在缸面上，被卷纸缸带着回转，连续卷纸。但这种只适用于低速纸机，而且有很多缺陷，如：

① 不适应造纸机和后加工设备的高车速卷纸和再卷纸的要求；

② 卷纸过程中的损纸量大；

③ 没有精确灵敏的线压力调控装置，卷纸过程中不能维持恒定的线压力，导致纸卷紧密度不均匀，纸卷结构不佳；

④ 卷纸中不能调控纸幅的张力，张力变化大，卷纸质量差；

⑤ 无辅助卷纸的中心驱动，不能进行主、辅两中心转矩的协调控制；

⑥ 支撑纸轴的两个主臂移动不平行，导致横向卷纸不均匀，产生诸如皱纹、褶子、压痕等纸病，纸页表面性能受到损伤，降低了纸页质量，尤其是对涂布纸和高级文化用纸表面性能的破坏更是不容忽视；

⑦ 卷成纸卷的直径小，一般仅有 1.5～2.0m，最大可达 2.6～2.8m。造纸频繁操作，换卷次数多，损纸量增大，生产效率低。

（二）高速卷纸机的特性

高速卷纸机由于车速快，传统的卷纸机已不适应要求。而且高车速又会产生新的问题，如有一些不稳定的气流，给卷纸的操作带来麻烦。如图 14-11 所示。这都是要在高速卷纸机设计中要克服的缺陷。如图 14-12 所示，采用卷取缸，其作用是引导纸幅并吸收卷纸过程所需的压区载荷；卷取缸外壳通过一个螺旋形沟纹把随纸幅带来的空气去除掉；卷取缸有一个单独的传动装置。卷取缸采用特殊的覆层，可以将压区密封，使纸保持表面质量，松厚度下降得最少。所有其他设计都避免了中低速卷纸机的那些缺陷。

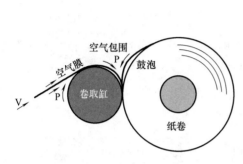

图 14-11 气流引起纸卷鼓泡

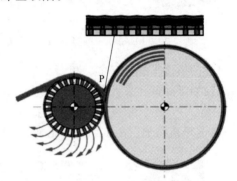

图 14-12 卷取缸覆层密封压区

图 14-13 显示是的一种现代高速卷纸机。高速卷纸机一般由主要由卷纸缸、轨道滑架、纸轴架及移送装置、下方纸页启卷装置、切割纸页刀具、空气刮刀、纸卷限位器和机架等组成。同时还设有卷纸缸驱动、主中心驱动、辅助中心驱动和负荷装置驱动等驱动装置。在调控技术方面，装有中心转矩、压区线压力、纸幅张力控制系统，还有滑架位置及纸卷推力传感器、液压缸和液压控制系统。还配有纸幅孔洞检测仪，卷取缸上线压力控制系统及卷纸缸组件相关配制，见图 14-14 及图 14-15。

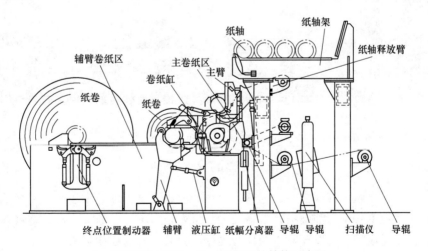

图 14-13 MasterReel 卷纸机的结构示意图

纸机在整个换卷程序中都是受控的。当纸卷达到目标直径时，纸卷在滑架上被移送到换卷位置，空纸轴从轨道滑架上被移送到卷纸缸的位置上。空纸轴加速到位后，放到卷取滑架上。这时纸页被位于下方的刀具切断，并将切断后的纸头吹向空纸轴进行卷纸，然后再移送到主卷纸轴位置。在换卷过程中，由于完善的装备和控制系统的配备，例如纸卷脱离和空纸

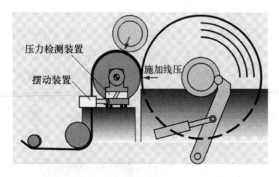

图 14-14 MasterReel 卷纸机控制系统

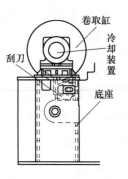

图 14-15 卷取缸组件

轴启卷的衔接平稳、安全、和谐受控，既不损伤纸卷的面层，也不破坏空纸轴底层部位的卷层，使损纸降低到最低限度。这是现在卷纸机的重要特征之一。

图 14-16 显示的是另一种高速卷纸机的结构及其换卷过程，其结构和前面所述的 MasterReel 卷纸机类似。图 14-17 是其换卷过程的断纸及上卷机构。

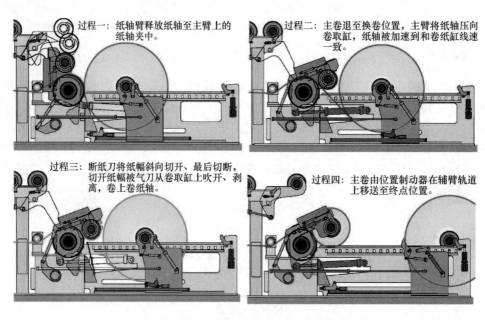

图 14-16 新型高速卷纸机的结构及其换卷过程

二、纸幅的完成整理

从纸机下来的纸卷，其规格不一定适合用户的使用要求，纸卷中还存在许多的缺陷需要整理，如有的两边不齐，内部破损，直径较大，纸卷松紧不一，断头，有的宽度与加工设备或印刷设备不相适应等。所以要对纸卷进行复卷、包装，有的还须切成平张纸。

（一）复卷

复卷的目的是将纸幅分切成要求的宽度、切边、断纸处接头。复卷机的任务是将全幅宽、大直径的纸卷断开并卷成合适规格的纸幅。

复卷机按引纸方式分为上引纸和下引纸式，如图 14-18 所示。复卷机由退纸架和卷纸机构组成，后者包括张紧辊、纵切装置、压纸辊、支持辊、伸展辊等。新型的复卷机两支持辊用两台变速电机带动，可以根据复卷的不同阶段调整两支持辊间的合适速差。退纸卷用制动电机带动，以灵活调整纸页的张力。高速复卷机的复卷速度可达 $2000\sim2500\mathrm{m/min}$ 以上。

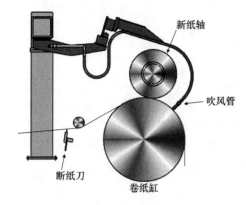

图 14-17　换卷联动装置示意图

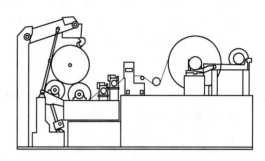

图 14-18　下引纸式复卷机

复卷过程中的纵向分切一般为剪切式，其上刀为圆形，底刀为碗形。底刀装在转轴上，上刀装在其上方的一短轴上，利用一弹簧压在底刀之上形成剪切。刀速通常比纸速快 $10\%\sim20\%$。

复卷纸要低速下引纸，纸幅上卷后逐渐提高车速。纸卷的复卷质量与纸卷松紧密切相关，过松则贮存时易变形，过紧则易断头。

复卷松紧控制取决于支持辊的大小和排列的几何形状、压辊的线压、支撑辊的速度差、纸幅张力。卷纸松紧主要由支持辊大小决定，小支持辊卷出的卷筒比较紧。

影响复卷质量的因素有：

① 纸卷对支持辊的线压力，该线压力可由压纸辊调整，一般控制在 $2\sim15\mathrm{N/cm}$；

② 复卷时纸幅的张力，过小易产生复卷褶子，一般要求 $1\sim5\mathrm{N/cm}$，张力用制动退纸架控制；

③ 两支持辊的速差对复卷紧度也有影响。

卷筒纸还须进行封头和包装，然后贴上相关的标签。

（二）切纸

随着印刷行业的发展，平版印刷纸的需求相对减少，因此只是少量纸要求切成平板纸，图 14-19 为纸厂广泛使用的轮转式切纸机。这种切纸机可同时切裁 $6\sim10$ 个纸卷。

纸幅通过导纸辊进入纵切装置，由圆刀沿纵向切成规定的宽度，然后进入牵引辊，再利用横刀切成规定的长度最后传送带送入升降式接纸台。

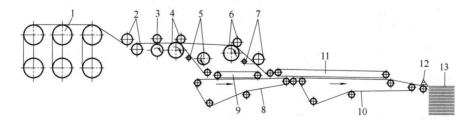

图 14-19　复刀轮转平板切纸机

1—纸卷　2—导纸辊　3—纵切装置　4—第一牵引压辊　5—第一横切机构　6—第二牵引压辊　7—第二横切机构
8—第一运输带　9—第一运输带的压紧带　10—第二运输带　11—第二运输带上的压纸带　12—纸张堆放台　13—纸堆

主要参考文献

［1］ 陈克复. 制浆造纸机械与设备（下）（第三版）［M］. 北京：中国轻工业出版社，2011.

［2］ 河北海. 造纸原理与工程［M］. 北京：中国轻工业出版社，2010.

［3］ 张美云. 造纸技术［M］. 北京：中国轻工业出版社，2014.

［4］ 沙力争. 造纸技术实用教程［M］. 北京：中国轻工业出版社，2017.

［5］ ［加拿大］G. A. 斯穆克. 制浆造纸工程大全［M］. 曹邦威，译. 北京：中国轻工业出版社，2011.

［6］ ［美］B. A. 绍帕编，曹邦威译. 最新纸机抄造工艺［M］. 北京：中国轻工业出版社，1999.

［7］ ［芬］Pentti Rautiainen. 造纸Ⅲ 纸页的完成［M］. 何北海，文海平，刘文波，译. 北京：中国轻工业出版社，2017.